生土民居的安全与环境性能

陈宝魁　熊进刚　文　明　著

中国建筑工业出版社

图书在版编目（CIP）数据

生土民居的安全与环境性能 / 陈宝魁，熊进刚，文明著. —北京：中国建筑工业出版社，2023.5

ISBN 978-7-112-28777-2

Ⅰ. ①生… Ⅱ. ①陈… ②熊… ③文… Ⅲ. ①土结构—民居—研究—中国 Ⅳ. ①TU241.5

中国国家版本馆CIP数据核字（2023）第099255号

本书首先对我国不同地区生土民居的发展与现状，结构的安全性能、耐久性、环境性能进行了详细阐述；并且结合国内外现有研究与本团队近10年的工作成果，进一步对生土民居的材料性能、抗震性能、评价方法、加固技术等方面进行全面介绍与案例分析。本书不仅对生土材料的低碳环保性、可持续性、蓄热性等开展了试验研究，更结合生土墙等结构构件对其抗震性能开展了系统研究。其中涉及的各种材料改性方法、减隔震技术及安全性评价指南都可以在现代城镇建设和乡村振兴事业中为生土民居的传承与发展开辟广阔的应用前景。此外，也可为发展生土环保建材，减少水泥等高碳排放建材用量提供参考、更是助力“碳达峰”“碳中和”的有效手段。

本书内容为土木工程领域相关的研究人员与工程师提供了翔实的参考，并且书中全面总结了目前行业最先进的研究成果与创新发展前景，为相关研究、管理与工程人员提供有效的技术指导。

责任编辑：曹丹丹
责任校对：芦欣甜
校对整理：张惠雯

生土民居的安全与环境性能

陈宝魁　熊进刚　文　明　著

*

中国建筑工业出版社出版、发行（北京海淀三里河路9号）
各地新华书店、建筑书店经销
北京鸿文瀚海文化传媒有限公司制版
建工社（河北）印刷有限公司印刷

*

开本：787毫米×1092毫米　1/16　印张：13¾　字数：333千字
2023年9月第一版　2023年9月第一次印刷
定价：**65.00**元

ISBN 978-7-112-28777-2
（41231）

前 言

中国生土民居建造与使用的历史十分悠久，并已形成极具地方特色与历史传承价值的建筑文化。相比现代材料，生土材料存在力学与耐水性能较差等问题，近年来生土民居建造数量已逐年减少。但目前我国乃至世界范围内仍有大量生土建筑存在，且生土民居亦具有建造方便、冬暖夏凉等优点，因此增强既有生土民居的安全性能与耐久性能十分必要。生土材料是天然的零能耗建材，且可重复或回田使用，具有突出的环保价值。在传统生土民居建筑风貌基础上，进一步增强房屋的抗震安全性与环境效益，发展兼顾文化、安全耐久、舒适与绿色环保特征为一体的新型生土民居，具有重要的社会效益与研究价值。基于以上初衷，笔者团队主要以江西省及周边地区的生土民居为研究对象，针对生土材料的力学性能、耐久性能与环境性能做了大量的微观与宏观试验，并且对生土结构的安全评价、抗震性能以及加固方法开展了系统研究。

笔者团队基于近年的研究与实践经验，并结合国内外既有成果，完成了本书的撰写工作。本书共分 5 章，第 1 章介绍了中国生土民居的历史文化与结构特点，并基于发展现状与相关政策，提出新型生土民居的发展思路。第 2 章从试验研究角度介绍生土材料的力学性能、耐久性能与环境性能。第 3 章介绍了生土民居的安全缺陷与震害，并总结适用于生土民居的抗震方法与构造措施。第 4 章介绍生土民居安全性能与耐久性能，总结现有村镇生土民居安全评价方法与基于机器学习的生土民居安全快速评价技术。第 5 章结合生土民居加固改造案例，介绍生土民居的主要加固与维护技术。

本书由南昌大学陈宝魁、熊进刚、文明撰写。第 1 章由文明负责、第 2 章与第 3 章由陈宝魁负责，第 4 章与第 5 章由熊进刚负责。另外，田洪祥、邱钰鑫、沈琳敏、温修生、敖灵清、杨煜林、陶文翔、李晓东等也参与了本书的资料收集、试验研究、数值分析与文稿校核等工作，在此对团队同仁能齐心协力、热情饱满地完成本书撰写工作表示由衷的感谢。

由于生土民居的发展源远流长，其结构的抗震安全与环境特性等问题非常丰富，本书对生土民居的发展与介绍难免挂一漏万。对此，笔者团队将在今后的工作中不断提升对生土结构民居的认识和研究。由于作者水平有限，书中难免有不足之处，衷心希望读者批评、指正。

目　录

第1章　中国生土民居的发展与现状 / 001

第2章　生土材料的物理力学性能与环境特性 / 034

第3章 生土民居的抗震性能 / 104

第1章　中国生土民居的发展与现状

1.1　生土建筑的起源与发展

1.1.1　生土材料

中华大地，土载万物，土壤与人类生活息息相关，其不但为人类的耕作提供土地，还是一种重要的建筑材料。生土材料是指以原状生土为主要原料，无须焙烧，仅需简单加工便可用于房屋建造的建筑材料，其在我国的应用与发展已有数千年的历史，并在人类文明史上留下熠熠生辉的篇章。

生土是经过上万年的沉积而自然形成的原生土壤，其颜色均匀、结构紧密、质地紧凑。生土作为一种传统建筑材料，在世界各地被广泛使用并沿用至今，具有诸多优点。首先，生土具有极高的生态效益。生土在加工过程中几乎不产生任何污染，属于天然的零能耗建材，其加工能耗和碳排放量远低于烧结砌体和混凝土等建筑材料，对环境十分友好。并且，当生土建筑重建或被拆除时，不会产生大量的建筑垃圾，废弃的生土既可以循环利用，也可以熟化后还田使用，该特性是其他建筑材料无法比拟的。其次，生土的经济效益也十分突出。生土作为建筑材料，可以因地制宜，就地取材，不需要经过复杂的加工就可以直接使用，可以显著节约生产与运输成本。最后，生土还具有优良的热工性能，能够自发地对室内外的温、湿度和空气质量进行调节，其优良的蓄热性能可以使生土房屋达到冬暖夏凉的居住效果。生土材料因具有上述优点而在我国村镇地区被广泛使用。目前，全国各地如陕西、福建、江西、新疆等仍存有大量的生土民居。

生土材料也存在明显的不足之处，比如生土的抗弯强度、抗剪强度等力学性能较差；耐久性差，易被风雨侵蚀，生土民居在地震等自然灾害下极易发生破坏。但是，研究发现，通过对生土材料进行化学与物理材料改性，可以显著提高生土材料的力学强度、耐水性能以及热工性能等。此外，近年科研人员研发出一些功能型生土材料，比如轻质保温隔热生土材料、重质蓄热生土材料等，其耐久性和抗裂性都得到显著提高，本书后续章节将详细阐述现有生土材料的改性方法。

1.1.2　生土建筑

以生土作为主体结构的建造材料，辅以石头、木和草等材料混合建成的房屋或构筑物，通常称为生土建筑。生土建筑起源于我国中西部地区以及黄河中上游地区，这些地方干燥少雨，森林资源匮乏；然而，生土以其取材方便、施工简单、可塑性强和耐火性好等优点在这些地区广泛使用。

我国生土建筑的建造与使用有着十分悠久的历史。许多传统生土建筑历经岁月流转而屹立至今，并承载着当地鲜明的历史文化和地域特征，甚至部分文物建筑已成为当地旅游的名片。依托不同地区的文化、历史和地理环境，各类因地制宜、构造独特的生土建筑应运而生，如甘南的藏族民居、宁夏回族民居、新疆维吾尔族民居、南方福建土楼以及西北地区的汉族民居。这些传统生土建筑都是人们经过长期实践后创造出的建筑成果，是生土建筑与当地人文互相适应、互相成就的结果。

生土建筑的结构体系大致经历了掩土结构体系、夯土结构体系及土坯结构体系三个阶段，如今保留下来的生土建筑大多位于黄土高原地区。生土墙是最古老的墙壁形式之一，传统土墙又可分为土坯墙和土筑墙。其中，土坯墙又有两种，一种直接由生土夯打成型，另一类则由生土和麦秆混合制成土泥胚后经过晾晒成型。土筑墙是将黏土填充进事先准备好的模具中夯实形成的，模具多使用木板，在传统制造过程中，还会在黏土中加入细沙、砾石、灰土、糯米浆等材料，使其能紧密结合，达到提高墙体稳定性的目的。此外，土墙也是古代城墙防御及建造房屋宫殿等常用的建筑构造。我国地域辽阔，不同地区的自然环境和温度变化差异较大，因而对房屋墙体的功能要求也会有所不同。例如，我国南方地区的夏季漫长而炎热，梅雨季节雨水多，且雨季长，这些地区对墙体的功能要求着重于遮风挡雨和透气隔热，所以墙体大多只作为重要的空间维护构件，主要起隔热、通风、分割空间的作用。北方地区冬季气温低风沙大，对保暖和抗风功能要求较高，建筑形式也以封闭式为主，大多采用厚实的土墙，墙基和墙体都需要达到一定的厚度，隔绝外界冷空气，以达到室内保温的效果。经过高温灼烧之后的墙体坚硬厚实，可以起到良好的承重作用。

我国的生土建筑主要分为覆土式和独立式两大类。覆土式生土建筑是指一部分或者全部被原生土覆盖，以建筑下沉或者依山靠崖等手法，实现“山洞式”居住空间。依山靠崖，可以利用原有地形来建造房屋，因地制宜，将不利变为有利，也能阻挡寒风和沙尘；建筑下沉可以避免恶劣气候，下沉类建筑通常四周被土包围，屋顶采用土石覆盖，比如地室、窑洞等。覆土式生土建筑具有良好的保温隔热性能，冬暖夏凉，居住环境适宜，但房屋的整体下沉造成其采光通风性能较差。独立式生土建筑是指由土坯砌筑或者夯土建造的独立式结构，建筑物可简单地用生土建造，也可同时与木瓦相结合，主要房屋在地面以上，比如土坯房、土楼等。独立式生土建筑与覆土式生土建筑相比，通风采光性能更好，但保温效果没有覆土式结构突出。

1.1.3 发展历程

生土建造工艺是人类建筑发展史中一颗璀璨的明珠，是中华民族发展史的佐证，是祖辈留给我们弥足珍贵的宝藏。人类社会从原始时期发展至文明时期，生土建筑的形式和特点也随着历史的变迁而发生改变。据史料记载，中国传统土木建筑伴随着中华文化的发展和历史传承而发展至今，已经历了至少八千年的历史。

生土材料的建造技艺最早可追溯至石器时代，那时的原始人就已经创造出各种各样的生土建筑，比如距今 7000 年前的磁山文化、裴李岗文化等，以及大地湾文化时期就已出现的圆形和方形的半穴式房址。同时期黄河中游的氏族部落也开始用黄土来建造墙壁，并辅以草泥或木材建造半穴居住所。到了奴隶社会，人们初步掌握了夯土技术，并在实践运用中逐渐走向成熟。经过夏、商、周三代，中国大地上营建了许多都邑，此时的夯土技术已广泛应用于筑墙造台。春秋、战国的各诸侯国均各自营造了以宫室为中心的都城，这些工程大多使用夯土版筑，墙外筑以城壕，辟有高大的城门，宫殿布置在城内，建于夯土台上。秦、汉时期，木结构建筑渐渐兴起，但因北方气候寒冷，建筑仅以木材作为结构骨架，围护结构仍以夯土为主，起保温隔热的作用。随着汉朝开辟了丝绸之路，各国之间的交流日益加强，生土夯筑技术也随着丝绸之路发扬传播，并且在不断的相互借鉴、改进的过程中愈发完善；直到佛道大兴的三国、两晋、南北朝时期，随着寺庙、塔、石窟等建筑的大量出现，除生土建筑之外的木结构和石结构建筑才逐步兴起。在秦、汉、隋、唐时期建造的著名构筑物，如未央宫、大明宫，以及宋、元、明、清时期建造的汴梁城、元大都和紫禁城等，这些建筑物的地基、高台和墙体也都是由生土夯制而成。

现出土的所有夯土遗址中，城墙、宫殿以及古民居是最具有代表性的构筑物。迄今为止，我国发现的最早夯土建筑基址群是在河南偃师二里头遗址发现的夏王朝宫殿。其中，正式挖掘出来的两座宫殿面积均达 10000 多平方米，可见当时的生产力已经达到相当高的水平。陕北地区的窑洞是我国典型的传统夯土建筑，其最早始于周代，以半地穴式为主，秦、汉后发展为全地穴式，也就是现在的土窑。并且随着时代的发展，生土中还会加入糯米汁、红糖、蛋清、灰浆、竹条及秸秆等材料，以此来增强生土建筑的强度与耐久性。

然而，随着时代的发展以及新型建筑材料与工艺的不断涌现，目前更多的村镇建房选择用烧结砌体或混凝土构件代替生土墙体，在很多人眼中，生土民居逐渐被看作落后的象征，这种观念使得生土结构这一古老建筑形式逐渐没落。但生土建筑自原始社会传承而来，在中华大地上历经变迁与演化，已成为人类历史与中国建筑发展史中的宝贵财富，对生土建筑的保护与发展意义重大。

纵观生土建筑千百年的发展变化，它在时间上体现为从原始时期到现代的历史变革，在空间上表现为从南到北的地域变化，在社会意识形态上也从原始的生存与阶级意识到现代舒适与文明意识，再向可持续发展的绿色生态意识逐渐转变，其主要历程可分为以下几个阶段。

第一阶段是传统生土居建筑大量涌现的时期。在这个阶段，人们出于生存的需要，且还未出现较为先进的建筑材料和技术，基本上只能采用简单易得的生土作为主要建筑材料来建造居所。在这个过程中，生土建筑的施工工艺越发成熟，传统生土民居也在我国遍地开花。在这个时期，一些建造工艺合理、具有较重要历史文化价值的生土建筑成功抵抗风雨侵蚀而保留至今，成为生土建筑研究中不可多得的珍贵历史遗迹。

第二阶段是近、现代发展阶段。传统生土建筑因其材料强度的不足，并受到现代先进材料与建造技术的冲击，在现代化的城市中已逐渐被钢筋混凝土建筑取代。虽然我国村镇仍保有较多的生土民居，并且很多既有生土民居仍在使用，但与现代砌体以及混凝土结构房屋相比，传统生土民居的采光与居住舒适性较差，被较多村镇居民打上了“贫穷、落后”的标签，导致很多生土民居被遗弃和拆除。生土建筑的数量逐年减少，传统建造工艺失传。这导致具有各地特色的传统民居逐渐被方方正正、风格单一的砌体和钢筋混凝土结构所取代，各地的建筑风貌与人们心中的那份乡愁也渐渐淡去。

第三阶段开始于 20 世纪末，人们意识到保护环境和控制污染的重要性，并且提出绿色建筑发展观。生土建筑以其环境友好、绿色环保、可循环利用等特点，逐渐被赋予新的意义和使命，发展现代生土建筑成为各国研究与工程领域的热点方向之一。伴随着生土改性技术的发展，生土材料的强度与耐久性显著提高，并且辅以钢材、混凝土等材料，在保留传统生土结构风格基础上，房屋的采光、耐久与使用舒适性大大提升。并且，随着人们对环保建材与生态材料的追崇，以及生土材料优良的热工性能等优点，现代生土建筑重新走入人们的视野。

此外，为了保留各地乡村的风土文化，应加强保护具有一定历史价值的生土民居，更不能将其视为农村风貌落后的象征。既有生土民居不但刻录了家乡的历史痕迹，还具有特殊的地区风貌与文化内涵。对传统生土民居进行墙体加固与建筑改造，使其更符合现代的居住要求，不但有利于继承生土建筑的生态精髓，保证房屋的使用安全，降低住户新建房屋的经济压力，还有利于减少建筑垃圾与能源消耗，应作为生土建筑发展的主要目标之一。

1.1.4 传统生土民居

在中国近代乃至更深远的历史上，生土经常被应用于建造各式各样的城墙及居所。古时人们建造房屋时，大多就地取材，使用土、木、石、竹和草等自然材料进行巢居建设，随着时代的发展，最常使用的仍是土和木，因而建设活动在古时候被称为“土木之功”。生土不只在中国作为建筑材料被使用，在全球范围内都被广泛应用，是历史最为悠久的建筑材料之一。工业革命以前，使用夯土建屋造墙是重要的建造方式，如今全球范围内仍然留有许多生土建筑群，例如西班牙比亚尔城堡、也门希巴姆古城等。生土通过版筑、夯筑等形式成为房屋建设的主要材料，其营造的建筑具有丰富的地域文化之美，并形成传统古村落。在漫长的岁月里，我国保留了许多优秀的传统生土建筑群落与建筑，它们顺着地形、山势有机地排布，与周边大自然生态环境完美融合，其粗犷原始的沙砾质感墙面，也仿佛能让人们闻到大地气息。下面介绍一些传统的生土民居，以展示传统生土建筑之美。

1. 高台民居

高台民居位于我国新疆南部的喀什噶尔古城，是世界上现存规模最大的生土建筑群之一，也是我国保存完整的一处以伊斯兰文化为特色的“迷宫式”城市街区，位于噶尔古城的东北一隅。与噶尔古城相似，高台民居内街巷纵横交错，布局灵活多变，曲径通幽，民居大多为土木、砖木结构，不少传统民居已有上百年的历史。

高台民居因建在高崖之上，故而得名，维吾尔语里称其为“阔孜其亚具希”，图 1.1-1 为高台民居鸟瞰图。高崖在 2000 多年前就存在，1000 多年前维吾尔先民在此建房安家。后因帕米尔高原突如其来的洪水冲击，高崖便被分成南、北两部分，如今互不连通。喀喇汗王朝时期的宫廷遗址位于北崖上，居住在北崖上的居民，大部分都是喀喇汗王朝的皇亲和贵族后代，伊斯兰文化风情浓郁。高台民居位于南崖的东边，相传东汉名将班超、耿恭也曾在此留下足迹。它是我国目前唯一保存下来的一处具有典型古西域特色的传统历史街区。

高台民居整体是房连房，楼叠楼式的聚落形式，民房多以土木、砖木构成，极具西域风情。房屋主要由泥巴与杨木搭建，具有稳定的受力系统，因此虽然大多数民居实际已有数百年乃至上千年的建筑历史，如今仍然坚固耐用，民居内仍有大量居民，民俗文化浓郁，是传统手工艺制作的绝佳场所，也是维吾尔族雕刻与绘画艺术的天堂。

高台民居现有的居民都是维吾尔族，其建筑风格主要是在伊斯兰文化和自然环境的影响下形成的，经过数百年历史的演变，形成独特的建筑艺术之美。其院落平面布局十分灵活，多为当地居民根据实际需求通过适应地形搭建，体现出自然生长的理念。后来出现了巧妙的“过街楼”，即从二楼跨街过巷，搭过对面，既不影响楼下路人行走，也不影响楼上人居住生活，此外，还有占街面一半的“半街楼”。在小巷深处，甚至有将楼房建在小巷十字路口上的“悬空楼”。民居庭院封闭性强，当地气候冬季寒冷，夏季酷热，冷暖变化剧烈，降水稀少，气候干燥，封闭性的庭院具有较好的遮蔽作用，可防风防寒，十分适应喀什环境。房屋外形上常有维吾尔族和伊斯兰教传统纹样的装饰，室内布置具有传统特色工艺的花毡、地毯等，并配以绿色植物等，形成丰富的人文景观，图 1.1-2 便是高台民居街巷的绿植布置，可见居民对自然的热爱，也展现出丰富的民族文化和维吾尔族人民对家和故土的眷念。

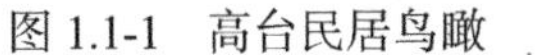

图 1.1-1　高台民居鸟瞰

图 1.1-2　街巷

2. 交河故城

在吐鲁番市以西 13km 的一座岛形台地上，一座气势雄浑的城市坐落于此，它被分流的河水环绕，是绿洲中心的明珠。该城是河水分流形成的柳叶形地块，故被称为交河故城。图 1.1-3 为交河故城鸟瞰的风景。《汉书·西域传》中也有记载：“车师前国，王治交河，河水分流绕城下，故号交河。”交河故城历史地位极高，它是世界上最大、最古老、保存得最完好的生土建筑城市，也是我国保存 2000 多年最完整的都市遗迹。

图 1.1-3　交河故城全城大览

交河故城处于丝绸之路要冲，受千年来古老的东方文明、希腊文明等西来东往文化的熏染，它的佛寺采用古印度佛教文化一脉相承的中心塔柱形；当地车师人墓葬中也发现了透露着浓浓的古希腊风情的带柄式的铜镜；讲究居中、对称，以及坊的建制，均与盛唐长安城的建筑理念相通。这些都是交河故城成为民族大融合、文化大交汇的最好见证。

交河故城内的建筑遗迹庙宇众多，尽管大多坍塌，也已看不出曾经的庄严，但其展现出的昂然姿态仍令人向往。如修建在“城市”中轴线顶端的大佛寺，主体建筑面积超过 5000m^2，大寺两厢是众多僧房，左前方是一座 10m 高的佛寺鼓楼，寺院佛殿中央方形塔柱上有 28 个土制佛龛，以高大的佛塔为中心，四周各有 25 个小佛塔，100 个小佛塔环卫着 1 个大佛塔，如同排兵布阵般神秘奇妙，又暗藏玄机。图 1.1-4 是寺院区的照片，可见其宏伟苍凉的建筑体格。

图 1.1-4　寺院区

城东南角是一处宏伟巨大的下沉式建筑，结构复杂、工艺精细、通道门栅甚多，顶上有 11m × 11m 见方的天井。天井东面南道，设有四重门栅，还有一条长 60m、宽 3m、高 2m 的地道，与城内东、西、南、北的干道巧妙相通，据考察推测，可能是安西都护府的住所（图 1.1-5）。

图 1.1-5　官署遗址

交河故城最为突出的特点便是整座城的建筑物几乎都是由生土构成，寺院、官署、城门、民舍的墙体基本为生土墙。相对于传统的夯土房屋制作，整座城的建筑并不是通过夯筑和版筑而成，而是从高耸台地上的黄土里硬“掏”出来的，这一独特的建筑方式称为“减地留墙”，又称为“压地起凸法”，即建筑物是从高耸的台地表面向下挖掘而得来的。它的美学除了表现在客观的城市孤高恢宏的氛围和斑驳墙面的特殊纹理，更因其拥有车师国之历史和丝绸之路的繁华过往，整座城市如同精美的雕塑艺术作品，凝结着千年以前古人的智慧劳动。李颀在《古从军行》一诗中提到“白日登山望烽火，黄昏饮马傍交河”，交河故城也有诗句里的壮阔与安宁的意境之美，每当人驻足此处，似乎能与千百年前的诗人产生共鸣。

3. 客家土楼

客家土楼（图 1.1-6 和图 1.1-7）是中国非常著名的庭院式住宅，2008 年 7 月，以永定客家土楼为主体的福建土楼被列入《世界文化遗产名录》。2016 年国风电影《大鱼海棠》上映，其中以福建土楼为原型制作的动画场景惊艳了无数观众，更进一步打响了客家土楼的知名度。客家土楼是客家人聚族而居的堡垒式住宅，由于新地域地理位置较为偏远，需

图 1.1-6　五风楼鸟瞰

图 1.1-7　方楼与圆楼

要防御豺狼和小偷，传统土楼发展至后期几乎都比较强调防御功能——“御外凝内，聚族而居”，这一居住方式，也将家族人员凝结一体，在楼内共同生活，反映客家人传统的宗族血缘伦理观念。客家土楼主要集中分布在我国福建、广东和江西，是客家人从黄河流域迁徙到南方之后保留下来的一种远古的生土建筑艺术。

土楼主要分为五凤楼、方楼和圆楼。

五凤楼是高贵庄重的礼制建筑，是一种层层叠高的堂横式建筑，堂横式建筑至少有上、下两堂，横屋以二、四、六等双数对称分布，最标准的平面形式是“三堂两横”，即中间有上、中、下三堂（也称前、中、后），两侧各有一排横屋，图 1.1-6 为五凤楼外景。五凤楼是黄河中游域古老院落式布局的延续和发展，其文化特点是主次有别、尊卑有序。在其群体组合中，坚厚的夯土承重墙只用于主厅。

方楼，别称四方楼，是客家土楼中数量最多、分布最广的一种。方楼与圆楼联系紧密，且建造的历史早于圆楼，有圆楼之处便有方楼。方楼的布局同五凤楼相近，但其坚厚土墙从上堂屋扩大到整体外围，防御性大大加强。

圆楼，也称圆寨，也是堡垒建筑。在圆楼中，相对于五凤楼和方楼，原作为较尊贵地位的三堂屋已被隐藏，严重削弱了前身房屋的尊卑主次，而是首要强调防御功能，成为有效的准军事工程。

图 1.1-7 为方楼与圆楼的外景，在福建，方楼与土楼常常交相辉映，彼此相依，可以说有圆楼必有方楼。对于客家土楼的建筑特色，有学者总结出其具有经济、坚固、耐寒、耐热、防御性强和造型艺术感强这几大优点，这些优点离不开生土材料的特殊性，并结合本地文化和优良的建筑设计手法而展现出民族建筑之美，震撼世人。

4. 李家山村

李家山村位于山西省临县碛口镇，虽地处深山，却有着令人惊叹的自然风貌，如今仍留存着许多完整的窑洞民居建筑。吴冠中曾这样评价过的李家山村：“从外部看像一座荒凉的汉墓，一进去是很古老讲究的窑洞，古村相对封闭，像与世隔绝的桃花源”，并将其称为“活着的汉墓”。李家山村因地制宜，依附于 70° 的山坡之上，将黄土风貌与自身建筑形式相结合，形成了独特的民居建筑群落，其历史悠久，在 2009 年被列为“中国历史名村”，虽占地面积不足 $10km^2$，但能容纳 200 余户，700 多人口，院落数量高达 200 院，窑洞 400 余孔。正是因其充分利用地形，将山体与院落交叠错落放置，使窑洞层层叠加，才能疏密有致地修建起如此多的窑洞院落，如图 1.1-8 所示。北方常有窑洞，多层窑洞却很少见，李家山村的特色也在于此。

图 1.1-8　李家山村整体大观

谈及古村建设原因，离不开碛口古镇发达的水运。码头经济繁荣，晋商云集，按规矩晋商不能携带家属，所以商人们都只得在碛口附近的山坡即李家山村建造房屋，便于安顿家人。

李家山村民居建筑形式十分独特，以靠崖式窑洞和箍窑为主，每层窑洞的左、右两侧都有阶梯或陡坡方便出行，与陕西、内蒙古等地的传统窑洞民居有较多不同之处：首先，古村的建筑形制融入了山西大院和北京四合院的特点，设有正房、厢房、侧房、地窖、宅门等部分，规模较大的四合院还有供骡马休息的侧房。此外，村庄的街巷格局呈现“个”字形，主路由西北向东南延伸，小路依山势变化明显，时而陡峭狭窄，时而宽阔平坦，水路布局巧妙，水源四通八达。民居内部砖、木、石雕等精美装饰处处可见，砖石窑洞明柱厦檐四合院是当地代表建筑形式，如图 1.1-9 所示，但古村形制各异，多达八种以上，既有豪华的清代建筑群，也有古朴的土窑洞，各种建筑形式交相辉映，形成独特的建筑风貌。

(a)

(b)

图 1.1-9 砖石窑洞明柱厦檐四合院外观

统观整个古村，其在横向上无明显布局规律，但在竖向上发现该地具有强烈的尊卑观念。富庶或有权势的人家高居山顶，普通人家则于山脚或者半山腰处修建房屋，相邻的上、下层院落也要按照辈分居住，长辈在上，晚辈在下。

李家山村蕴含丰富的历史底蕴，是碛口文化的延伸，建筑形式符合中国天人合一的传统思想，创造性地将北京四合院和黄土高原窑洞文化结合起来，形成了独树一帜的建筑风格，是研究晋商文化和窑洞文化的重要组成部分。

总的来说，传统生土建筑之美体现在文化美、生态美与社会美。传统生土建筑总是有着深厚的历史与民俗文化，它们斑驳的外墙总能让人们感受到历经风雨的历史沧桑感，独具特色的花纹、雕饰映射地域文化的审美与特色，这样的建筑如同活化石一般，是现在与过去联系的桥梁。生土建筑由于其特殊的材料——“生土”而具有生态美，建造活动取用的生土总是来源于当地，是家乡之土。所以，生土墙的色彩与质感也与地域土质息息相关，住在家乡的房屋，便也孕育出家乡的气质。土墙材料环保，贴近自然，以花草树木点缀其间，能创造出诗意的婉约与禅意的宁静，夯土墙也是当代景观设计中十分重要的建筑配件。生土建筑在过去往往是当地百姓自发而建，总能给建造自身居所的人们带来成就与满足，每一座生土民房都凝结着人民的智慧与劳动，具有丰富的劳动美。建筑的形式也体现一个聚居社会的人群关系，这种丰富的社会关系也让生土建筑有了特殊的社会美。

以上这些传统生土建筑仅是我国现存的优秀民居的个例，还有很多现存传统生土建筑的学术内涵和历史文脉值得挖掘。它们不仅在建筑形式和技巧上各有所长，值得学者和研究者们对其多加关注，在传承当地民俗文化上也功不可没。传统生土民居像是矗立在历史长河中的地标，用建筑语言沉默地记录着岁月变迁，通过对它的研究，我们既可以感受到地域文化千百年来对当地人们在居住方面的影响，也能学习到建筑与地理、文化环境共生的智慧。此外，据调查得知，传统生土材料在乡村房屋建设中的应用遍及各地，在中西部12个省或自治区，以生土作为房屋主体结构材料的既有农房的比例平均超过20%，在甘肃、云南、西藏等省或自治区的部分地区，该比例甚至超过60%，传统生土民居的美还有许多待发现之处，除了结构形式，造型外观，更多的是民俗文化之美，需要妥善地保护与研究它们。

1.2 各地生土民居的形式与特点

1.2.1 生土民居的分布与特点

我国的生土民居主要有以下三种类型：窑洞建筑、夯土建筑、土坯建筑。这些建筑物结合当地的地理位置、气候环境、物质文化等，形成了各具特色、风格鲜明的建筑形象，不同建筑类型以及分布地区详见表1.2-1。我国的生土民居在黄河以北覆盖了多个省份，主要分布在陕西、山西、甘肃、河北等省。截至20世纪80年代，我国有近三分之一人口仍居住在黄土高原150个县内的窑洞建筑和其他生土建筑当中。我国南方现存的生土建筑主要集中在福建、广东、云南、江西、湖南等省，福建的土圆楼是其中的典型代表，堪称世界建筑奇观。但现今只在闽南几个县内保有生土建筑，湖南的生土建筑集中在湘西，广东地区以梅县民居最为著名。但无论在北方还是在南方，传统生土建筑都与当地的环境生态融为一体，人们充分利用地势气候特点创造了适宜群居的建筑样式，是千百年来建屋造舍的智慧结晶。

在中国西北部、黄河中上游的黄土高原地区，生土建筑的主要表现形式为窑洞民居。窑洞的分布受地理、地形和地貌的影响最为显著，是中国生土建筑中最有特色的一类；其主要分布在陕西、山西、甘肃、河北等地，也有少量分布在内蒙古中部地区。地处陕西的窑洞民居主要分布在秦岭以北的大半省区，包括延安、铜川、榆林、宝鸡、西安等地，其中由砖或石材箍起的靠山窑最为常见。不同窑洞村落的形成，则取决于当地的自然因素和社会因素。

夯土建筑多分布在河北、东北三省和内蒙古等沿黄河以北的半干旱地区以及华中地区，这些地区冬季气候寒冷，生土具有的热工性能能够得到良好体现，厚重的土墙也可以在遮挡冷空气的同时调节房屋内、外的湿度，使房间内部保持干燥温暖。夯土建筑也可以称为版筑建筑，民间称其为“干打垒”，版筑建筑中的夯土部分主要起围护和承重墙的作用。南方地区使用版筑夯制技术可以使生土民居达到二层以上，例如福建永定地区的多层客家土楼。华南地区具有代表性的传统夯土民居建筑有土楼、潮汕民居等。夯土建筑在新疆地区也十分常见，且历史悠久，楼兰古城、高昌古城等是夯土建筑中具有代表性的文物古迹，喀什高台民居、吐鲁番维吾尔族民居等夯土民居仍被广泛使用。

土坯建筑分布在我国大部分地区，常见于华北地区的河北、内蒙古，华东地区的福建、江西，以及华中三省和东北三省的部分地区。这些地区不同于黄土高原凹凸不平、沟壑纵横的复杂地貌，普遍地势平坦，雨水丰沛，不适合建造窑洞建筑，这种地势和气候更适合在地面上建造房屋。并且这些地区植被繁茂，树木紧密，方便修建木质屋架结构，并方便将秸秆等植物纤维材料混入泥料中，使房屋更加坚固。“土坯”一词来源于埃及词语“软泥”（thobe），意思是砖形物，土坯是世界上出现得最早的原始建筑材料之一，在烧结砌体成为主要建材之前，我国北方农村地区主要采用土坯建造房屋。土坯的出现是生土建筑建造历程中一项重要的科技进步，也是建筑材料的一大革新，它为砖的出现做了铺垫，也大大加强了生土房屋的耐久性和安全性。

生土民居分布特征 表 1.2-1

	窑洞建筑	夯土建筑	土坯建筑
分布地区	西北、黄土高原等	华北、东北、华中、华东	华中、华北、华东、东北
所处省（自治区）	山西、陕西、甘肃、河北等省	河北、东北三省部分地区、内蒙古、湖北、江西等	江西、福建、河北、东北三省部分地区、内蒙古等
建筑形式	下沉式、独立式、靠山式窑洞	夯土版筑墙体	黏土、草泥胶合的土坯
原因	冬季干燥寒冷、气候与地貌特征	冬季寒冷，生土的保温性能可以得到体现	地势平坦、降水较多、植被丰富等

1.2.2 窑洞

窑洞是由原始社会的穴居演变而来，曾有文献记载：“北方穴居，南方巢居”。当面临极端天气时，动物的本能会使其寻找洞穴来躲避伤害，在古代，因受到生产条件限制，人们开始模仿原生洞穴的样式挖掘窑洞用于居住。旧石器时代创造出的石斧等工具为挖掘洞穴提供了物质基础，至新石器时代，窑洞的安全性等方面已经有了明显提高。魏晋南北朝时期，建筑工艺水平与工具质量等均上了一个台阶，人们不仅提高了窑洞的舒适性和实用性，还进一步提升了窑洞的外观。以巩义石窟寺举例，为了使窑洞更牢固，材质上得到更新，窑洞开始采用石砌、石窟的形式，建造的洞穴更为细致规整，空间设计也更加合理。

窑洞民居主要分布在黄土高原。黄土高原为窑洞的产生、发展和传承提供了材料与地质基础。黄土高原具有十分鲜明的气候条件，其位于北温带大陆性季风气候区。夏季太阳高度角增大，白昼变长，气温高，光照资源丰富；冬季寒冷干燥，最低月气温在0℃以下，容易出现沙尘暴和霜冻现象。西部地区缺乏水资源，降水量较少且降水不均，旱季时间长。降水的缺乏导致该地区树木稀疏，土地暴露，厚实的黄土层经过千万年的雨水冲刷，呈现“千沟万壑”之态。由于树木资源匮乏，当地发展出了通过掘土挖穴的窑洞来躲避恶劣天气的方法。

窑洞民居历史悠久，在材料加工、建造工艺、空间布局等方面都已经形成了一套完整的制造体系。窑洞的典型特征是拥有“拱形”空间单元和立面形式，这一建筑形式与当地的地理条件和居住环境有直接联系，窑洞是依山开凿而来的洞穴，因黄土本身具有直立不塌的特性，拱顶的承重能力比平顶的要好，所以窑洞一般会选择采用拱顶来保证建筑物的稳定性。

中国传统窑洞建筑大多为覆土式生土建筑，可以体现为挖窑和锢窑两种形式。挖窑是依据地势条件在地下挖出地坑用于居住；锢窑则是采用土坯或者砖石砌筑成拱形，再往上覆土形成房屋。窑洞一般由窑门、窑洞和通气孔三部分组成，通常会设置三道窑门，形成缓冲带，用以挡风抗寒，隔绝冷空气，门宽一般为 1.0 ～ 1.5m，门高 3m 左右，门距 3 ～ 4m。窑门的方向对阻挡冷空气的进入也至关重要，以朝北为宜，窑身长 30 ～ 50m，宽和高则根据土质和建筑材料确定，一般为 2.5 ～ 4.0m，用以主巷道通风的侧窑（子窑）长度不宜超过 10m。通风孔设在窑身的最后部，排气窗和通气孔的下直径以窑宽的 1/3 ～ 1/2 为宜。由于窑洞是靠窑门进风和通气孔出气来进行自然通风的，窑洞口与通气孔的标高差越大，自然风压力也就越大，通风效果越好。因此，建造窑洞时，应充分利用地形，尽量加大窑门和通风孔的高差。建筑窑洞时，还应尽量避免出现急拐弯、突然扩大、突然缩小的情形，尽量使窑洞平整光滑，以减少自然通风的局部阻力。

按照窑洞的建造材料，可将其简单分为土窑和砖石窑两大类。按照建筑布局与结构形式，可将窑洞分为下沉式窑洞、靠山式窑洞与独立式窑洞等种类。而当地老百姓习惯将窑洞分为土窑、接口窑、靠山窑、四明空窑与下沉式窑洞几种类型。其中，顾名思义，土窑是指在土质山崖挖出被覆结构的山洞或土屋，是陕北窑洞的原始形态。

砖石窑是对砖窑和石窑两种建材的混合使用，用砖或石与灰浆砌筑而成的窑洞。开挖土窑时，要选择在土质坚硬、与土脉平行的山崖上挖掘，避免在倾斜山脉和土质松软的地区建造土窑，因为在土质坚硬的山体上建造出的窑洞不易坍塌，平行的山脉也更安全，不容易出现山体滑坡等灾害。

“见树不见村，进村不见房，闻声不见人”，是下沉式窑洞的真实写照，下沉式窑洞又称为庭院式下沉窑洞或地坑窑，借助具有“壁立不倒”特点的黄土直立边坡，在开阔的黄土平原向下挖方坑，坑内在向四面掏出窑洞，形成四面闭合的地下庭院，院落中的各窑分为主窑、副窑、厨窑、牲口窑、粮窑、柴草窑、门通道窑等各种功能的窑。根据窑洞院落和地平面的关系，可以进一步将下沉式窑洞分为全下沉式、下沉式和平地式窑洞三种；根据窑洞院落的位置又可以分为院内式、院外式和跨院式三种。有庭院的窑洞还包括地上庭院形式，该种窑洞多依山而建，由窑洞与窑洞或窑洞与黄土崖、围墙等围合而成，这种有庭院的窑洞可以在室内外形成热缓冲空间，防止冷风侵袭，具有采暖保温的效果。

陕北窑洞则普遍以靠山窑为主，靠山窑是在天然土壁内开凿横洞，往往数洞相连，或上、下数层，并在洞内加砌砖券或石券以防止泥土崩塌，有时也在洞外砌砖墙，用来保护崖面。黄土高原多沟壑，因黄土层的垂直纹理，沟壑多沿崖向上形成壁立的断崖，人们便在断崖上水平地挖掘进去，这种窑洞称为“靠崖窑”，是最简单的窑居形式，一户人家一般有三孔或五孔窑洞，而在崖外建造大规模，足以形成院落的窑洞群称为靠崖窑院。有的深沟边断崖很高，自然形成几层错错落落狭窄的台地，每层都挖有窑洞，这种窑洞群便为“板架窑”，在高断崖处开挖出的上、下两层窑洞，上层称为“高窑”，比较矮小，常用于储存杂物。人们会在崖壁上凿出台阶或者狭窄的道路通行，落差较高，坡度较陡的断崖处也会借用梯子。此外，两侧的崖壁也常被用来挖窑洞，成为“沟崖窑”。

接口窑是在土窑的入口以土坯或砖石做出人工立面，以提升土窑窑口的安全性和美观性。独立式窑洞是指平地箍起的窑洞。无论是靠山式窑洞，还是下沉式窑洞，都是在原土层里面开凿出来的洞穴，需要考虑地形地势的影响，而且受土质的限制很大。独立式窑洞可以在地面上利用土坯或者夯土筑墙，然后用券胎板起拱。由于拱是分开砌筑，所以结构并不稳定，一般修建于窑洞的前侧面，不作为主要生活空间使用。

传统生土窑洞民居的结构体系完全由纯原状土拱作为窑洞的自支撑体系，无须使用栋梁等其他支护结构支撑，即可坚守数百年不坍塌。土窑的受力变形与拱的跨度、窑腿宽度、侧墙高度、拱矢和覆土厚度有关。窑洞的最大应力和竖向位移会随着跨度的增大而增加，并随着窑腿宽度的增加而减少；在洞高不变的情况下，侧墙高度的增加不利于土体的稳定，其竖向位移和最大应力都会随着侧墙高度的增加而加大；土拱的拱矢直接影响土拱的受力，在相同的受力条件下，拱矢越高，受力越好；对于覆土厚度来说，覆土厚度增加，会增加洞室的最大应力和最大竖向位移，洞室底部跨中附近会出现竖向裂缝，且裂缝宽度会随着覆土厚度的增加而增大。

窑洞在黄土高原地区具有至关重要的地位，它的优点显而易见。首先，传统窑居属于覆土式生土建筑，厚重的覆土结构能够阻挡冷空气，热稳定性较好，能够适应当地冬季寒冷干燥的气候，达到冬暖夏凉的效果。并且由于土壁深厚，窑洞的隔声效果好，可以有效降低外界的噪声干扰。窑洞一般依山就势、因地制宜修建，能够与生产生活的场地相协调，充分利用场地优势，与黄土高原的地理条件相融合。其次，修建窑洞主要利用黄土、砖石等材料，也可以就地取材，建造成本较低，极大地节约了造价。再次，传统土窑，特别是下沉式土窑，它的拱形结构结实耐用，其地板比地上建筑的地板能承受更大的荷载，使用寿命长，耐久性好。最后，传统窑洞所用材料都取于自然，不会轻易破坏原有生态环境，真正做到了与环境和谐共生，例如，地坑式窑洞顶上的土地可以栽种庄稼，而庭院式下沉窑洞在院落划分、布局设计、地段利用和排水方面都有其巧妙的设计，具有极高的传承与研究价值。

当然，传统窑洞建筑依然有一些缺点。首先，窑洞内部通风、采光功能较差。例如，下沉式窑洞位于地下，采光通风功能会受到一定的影响，室内采光不均匀，空气质量差；靠山窑南向入口相比北向来说保温效果要差，而且窑洞越往里采光越差。其次，在雨期，土窑顶上的覆土容易被雨水冲刷，有渗水、塌顶的风险。由于黄土的特性，传统窑洞内部十分潮湿，木制家具不能直接靠墙放置，否则容易造成家具腐烂，所以传统窑洞虽然可以囤积粮食，但是依然要经过十分复杂的防潮处理。最后，传统窑居如靠山式窑洞，入户道路有一定的坡度，出入、上下以及搬运物品时多有不便。但随着供电供水等基础设施的建设，以及建造技术的改进，窑洞民居建筑的安全性与舒适性均有了大幅度的提高，并且具有典型西部特色的窑洞建筑也逐渐成为当地文化传承的标志与旅游开发的特色。

1.2.3 夯土结构

夯土结构也是生土建筑的重要代表，“夯”是指借助夯锤等工具，在建造模板的约束下将具有一定湿度的生土材料冲击压实成为墙体的建造过程，是应用最广泛的传统生土建造工艺之一。“夯”的动作和“砸”相似，“夯”的目的在于通过挤压泥土之间的孔隙，排去泥土中的空气，使土质变得更加密实坚硬，使用这种方式建造房屋，可以增加房屋的使用年限和安全性。

夯土技术长久以来被广泛使用，早在6000年前的仰韶文化早期，中国就已掌握夯土技术。在仰韶文化的代表——陕西西安半坡遗址中，发掘的半地穴式民居的柱洞底土就已采用了夯筑技术，并且在夯筑过程中还加入了碎陶片作为骨料，逐层夯实。此外，在山东滕州北辛文化遗址中也发现了此类夯土柱洞，这类夯打工艺虽然仍原始粗糙，但已与沿用至今的夯筑技术大同小异。夯筑技术发展至商、周、秦、汉时期已达到新的高峰，这个时期已出现了大规模的夯土建筑群和夯土城墙。夯土技术的应用也更为广泛，现存的万里长城、马王堆汉墓、秦始皇陵这些古建筑物的地基基本都由夯土制成。

夯土是通过重复且连续性的“夯击”动作来使其内部粘结成型，工作原理与常见的混凝土基本一致，均是以胶粘剂将形成骨架的粗骨粒和细骨粒粘结在一起，但不同于混凝土使用人工生产的水泥作为粘合剂，夯土利用天然土作为粘合剂。夯土材料的骨架由生土中的石块、石砾和砂组成，由于不同地区生土颗粒的大小、松散性以及含水量都不一样，在建造过程中要求各生土颗粒比例均衡，需控制好水的用量及含量。在建造过程中检验生土含水量是否满足要求时，可参照“手握成团，落地开花”的经验加水拌和。在选择作为粘合剂的生土材料时，要考虑它的吸水膨胀性，如果材料的吸水膨胀性明显，制成的夯土墙体干燥后会产生较大的收缩裂缝，降低夯土墙的强度。在传统夯造过程中，还会根据原状土土质，掺入一定比例的沙石、灰土和糯米浆等，使材料粒子结合更紧密，减少生土中的孔隙，提高结构性能。

传统夯土房屋的竖向传力路径为屋面材料（如瓦片、茅草等）荷载—木檩条—横墙—基础—地基，作为竖向承重构件的墙体，夯土墙主要以受压为主。如果屋盖产生变形或基础发生不均匀沉降，将会对墙体产生横向推力，使墙体在平面内出现弯曲，发生偏心受压。因此，在夯土墙体的施工过程中，要从基础施工开始严格控制每个建造阶段，使夯土房屋做到经久耐用。

传统夯土建筑的施工流程分为准备阶段、基础施工阶段、筑墙阶段以及封顶阶段。准备阶段包括选址、备料等工作。在准备阶段，应选择原状土，并且要通过晾晒和翻拌使其含水量低于30%；用于基础施工的石材一般就地取材即可；生土民居的屋架和门窗多采用完全干燥后的木材，有些地区还会将竹条作为土墙的内部骨架，起稳定墙体的作用。建造工具包括木制模具、小推车、尺等辅助工具。夯土结构承重墙下会设置条形基础，以保证墙体的稳定性。基础施工包括场平、打线、开挖基槽、砌筑基础，通常使用条石基础、毛石基础、砖墙基础和灰土基础等，基础埋置深度为250～800mm，为了保证基础的稳定性和整体刚度，有时会在基础内部灌入比重较大的泥沙，以提高建筑物的抗震性能。在某些地下水丰盈的场地，应采用换填技术，将局部地基的淤泥进行换填，并在内部掺入混合料，提高地基的承载力。在闽南地区，部分生土建筑还会采用生土与碎石混合后夯实，以提高地基基础的综合承载能力和刚度。

传统夯土建筑按照模板形式可分为板式和椽式。在木材资源相对匮乏的北方流行椽式夯土，南方则多用新兴起的板（又称“版”）式夯土，一南一北，一新一旧，从南到北的变迁，夯土技术也有了改进。板式夯土建筑可以看成是由大块的夯土块堆垒砌筑成的，一版一个大砌块逐层夯筑，一堵墙就在这些砌块的互相交错堆叠中矗立起来。这种砌筑方法遵循错缝搭接的原则，优势是模板支拆灵活，但是会留下横竖不一的裂缝。传统椽式夯土建筑与板式有鲜明的区别，椽式模板形制更长，也更为原始，木椽自下而上、从低到高交替成模，一夯至顶，形成下宽上窄的梯形墙体断面，是完全竖向的整体版建筑墙体，完工后，再向另一侧继续夯筑下一堵墙。由这种方法建造出来的夯土民居筑有两个特点：其一是墙面会留下一道道褶皱楞子，也就是所谓的“版花”。在后续将墙壁抹平时，版花可以起到拉结抹层、附着灰土的作用。其二，需要事先在相邻夯土墙体之间凿出具有一定深度和宽度的凹槽，以便于在砌筑后一道墙体时，可以与前面的夯土墙相互衔扣。利用这些凹槽连接墙体，可以提高生土墙的连续性和整体性，避免墙体出现竖向通缝。

传统夯土民居不仅具有造价低廉、绿色环保、冬暖夏凉等生土房屋的普遍优点，还有一些自身的独特优势：首先，夯土建筑的建造技艺和工具简单，施工方法易上手，对人力物力要求低，村民可以自己建造房屋，节省施工队的成本。其次，夯土房屋具有“呼吸”功能。因为夯土可调节室内湿度，当室内湿度较大时，夯土墙可吸附一定量的水蒸气，降低室内湿度；反之，室内较干燥时，又可释放水分，提高室内湿度，使室内湿度维持在稳定舒适的范围。另外，夯土墙体较为厚重，防御性能强。夯土外墙厚度一般不低于40cm，并且夯筑时会在黏土中掺有一定比例的石灰、细砂，组成三合土，还在关键部位浇入一定比例的糯米汁等有机材料，按照这种方法夯筑成的夯土墙，硬度和韧性都相当高，防水能力和抗震性也成倍提高。传统夯土建筑的缺点也显而易见，夯土材料的耐水、隔潮、防蛀、防蚀等性能远低于其他现代建筑材料。传统夯实工艺仍使用手动夯锤，建造过程耗时较长，需要花费较大人力。此外，传统夯土材料清洁困难，墙面容易走砂，在雨水长期冲刷侵蚀下，房屋的强度和耐久性均会下降。

1.2.4　土坯结构

土坯结构是传统生土建筑中常见的形式之一，具体做法是将生土料加水和成泥，然后挤压至木制模具中，去模后成砖形，再通过晾晒干燥后，即可用于砌筑墙体，其与黏土砖的区别在于土坯不经过煅烧。传统土坯建筑最早被发现于铜石并用时代中早期的仰韶文化、屈家岭文化和良渚文化时期，该时期的土坯多用生土直接制造，没有加入其他材料的痕迹，并且大小形状不一，土坯建筑多为方形，土坯墙的建造利用了浅基槽等建筑工艺。在铜石并用时代晚期，已出现模制土坯，此时土坯的规格基本趋于一致，流行圆形土坯建筑，土坯垒砌技术还出现了明显的错缝垒砌和填泥垒砌工艺。进入青铜时代以后，传统土坯建筑受到了夯土和版筑技术的冲击。在此期间出现了双层墙体，有的两层皆为土坯墙，有的内层为土坯墙，外层为石墙。在垒砌过程中，根据地区条件，土坯与土坯之间会用黄黏土或者白灰粘合。

土坯砖也叫“水脱坯”，是一种大约长 50cm、宽 30cm、厚 10cm 的黏土块。在制作传统生土砖时，为了增强建筑物的抗拉稳定性和耐久性，往往会在泥浆中加入秸秆、稻草等纤维物，起到拉结的作用，提高土坯强度，减少裂缝的产生。土坯的制作方法可分为干制坯、湿制坯与“刀割水土坯”三种；其制作方法，除“刀割水土坯”外，都可以采用选泥—捣碎—拌泥—夯打（湿制坯无此工序）—脱模—晾干等工序。“刀割水土坯”，则是先在平坦的田地上用石滚反复碾压，待到泥土粘结较好时，再用石灰在表面放线，分成符合一定模数的矩形，然后用直铲刀切成小块，最后用特制的土坯锹，把土坯从水田中拿出晾干，即可用于砌筑墙体。在我国南方水稻种植较多的地区，会在水稻收割后水田干硬前，将包裹着水稻根系的潮湿土壤通过这种碾压的方法制作生土砖。

传统土坯房屋的施工流程为选址—基础施工—制作土坯—砌筑土坯墙—加盖屋盖—墙体抹灰等。房屋场址会选择地质坚硬、场景开阔的地段。基础可选用砖基础、毛石基础、卵石基础和料石基础等，其形式一般为条形基础。制作土坯时，要注意模具的尺寸，模具过大，会导致土坯形成干缩裂缝；过小，又会降低房屋的抗裂性、延性和稳定性。土坯不能直接放在阳光下晾晒，要在干燥通风的环境中阴干。在砌筑土坯之前，应浇水湿润，因为土坯与土坯之间是通过泥浆粘结的，如果用干土坯，泥浆中的水分会被干土坯吸走，降低泥浆的粘结力；如在砌筑时浇水湿润，又会增加泥浆的含水量，同样不利于土坯之间的粘结，降低墙体强度。

现有土坯房屋的砌筑方法有平砌法和卧砌法。其中，卧砌法更节省工时，在乡村地区应用广泛，但是上、下层灰缝不相错，当土坯受剪破坏时，裂缝会沿着泥浆灰缝发展，容易降低墙体的强度。而平砌法使用错缝搭接的工艺，泥浆和土坯可以共同承担墙体的剪应力，就抗剪强度来说，平砌法的抗剪强度大于卧砌法。最后，墙体抹灰可以起到防水耐腐蚀的作用，抹灰分为四层，即一层粘结层、两层找平层、一层刷白。传统土坯房屋的屋顶结构形式有木屋架结构、硬山搁檩结构和土拱结构，屋面可以采用瓦、草泥、炉渣等材料。

土坯墙是土坯房屋的重要的承重构件，但墙体自身延性与稳定性较差，容易因为地震、基础不均匀沉降等因素产生裂缝，甚至倾覆倒塌。传统土坯房屋在地震作用时，土坯墙的裂缝会在门窗洞口的角部生成，并向外延伸。由于土坯墙体之间的粘结性不够紧密，整体性较差，在地震中会出现主震方向土坯墙体损害严重，而其他墙体基本未破坏的现象，这也表明建筑物的整体受力性能不佳。另外，基础的不均匀沉降，会导致土坯墙体产生下宽上窄、里外贯通的裂缝；而由荷载原因产生的裂缝常出现在檩条下方以及纵、横墙交接位置和拐角处。不同位置的裂缝会体现出不同的形态，檩条下方的裂缝一般呈现下窄上宽的特点，连接处或拐角处则容易出现里外贯通、竖向垂直的裂缝；而干缩裂缝主要为细小裂缝，温度变化造成的裂缝一般在建筑顶部纵墙两端形成“八”字裂缝。风雨侵蚀也会造成建筑物破坏，雨水冲刷和风蚀会导致建筑物的墙体剥落，形成较大孔隙，使其丧失承载能力。

土坯建筑同样具有传统生土建筑的优点和缺点，相比夯土建筑和窑洞，它的施工工艺简单，建筑形式灵活，外表美观，具有独特的审美价值。但传统土坯建筑靠泥浆与土坯黏结而成，墙体的抗剪性能、整体性和抗震性较差；而且厚重的土坯会导致房屋开间与窗洞口偏小，房屋的采光和通风性能较弱。传统土坯建筑也有传统生土建筑的通病，即设计与施工工艺主要靠匠人口耳相传，缺乏理论指导，施工质量良莠不齐。

1.3　生土民居的现状与政策

1.3.1　生土民居的现状

当前中国正处于高速发展时期，城镇建设如火如荼。与此同时，农村地区地理位置偏僻、社会生产力不足，经济发展落后，导致其在基础设施和居住环境等方面与城镇地区有较大差距。传统生土民居作为大多数农村地区的主要建筑形式，其内部构造、耐久性能和建筑形式已经不能满足人民日益增长的生活需求。开间小、采光差、通风差、防潮效果差等问题也会严重降低人们的居住舒适度，只有近距离了解农村生土民居的现状，才能探索出适宜当地、贴近实际的改造途径。

现以赣南地区现存的生土民居举例，来说明农村地区生土民居的现状。赣南地区现存的生土民居主要类型为土坯民居，常见的赣南土坯民居为两层，一楼作为生活区使用，设有客厅、厨房、卫生间等；二楼作为休息区，设有卧室，日常生活活动主要集中在一楼。有些人家会在主屋旁加建一座单层房屋，主要作为附属建筑使用，比如作为杂物室堆放柴火、粮食，或者专门用来圈养鸡、鸭、牛等家禽、家畜。土坯民居的建筑结构由土坯墙、楼板、屋架等构件组成，屋架类型有木屋架和硬山搁檩两种形式。

该地区土坯民居按承重结构可以分为土坯墙承重结构以及土坯混合承重结构。土坯墙结构的承重墙包括外山墙、内横墙和前、后纵墙。土坯混合承重结构，指采用土坯砌块、石砌块、砖块、现浇混凝土等不同建筑材料混合建造而成的生土承重结构体系，赣南地区多采用土坯 - 石砌块承重体系以及土坯 - 混凝土承重体系。该地区采用土坯 - 石砌块承重体系的单层土坯房屋在门窗洞口以下的部位会采用石砌筑，洞口以上的部分采用土坯砌筑；而双层土坯房屋的首层会采用石砌筑，二层采用土坯砌筑。石材的耐腐蚀性较好，采用石砌筑，可以增强土坯房屋的承载能力和耐久性。选用土坯 - 混凝土承重体系的生土民居的二层楼板采用钢筋混凝土楼板，相比木楼板，钢筋混凝土楼板耐久性、防水、防潮、防蛀性能更佳。但是土坯 - 石砌块承重体系要注意土坯和石块两种材料结合处的粘结力，因为这两种材料力学性能差异较大，墙体在竖向方向刚度不连续，房屋整体性较差，容易在地震作用下破坏。在 2005 年九江瑞昌地震中，该类型的生土民居受到严重破坏。同样，土坯 - 混凝土承重体系也要注意此类问题，钢筋混凝土能否与生土材料紧密连接，协同工作，达到增强建筑物抵抗荷载以及重力影响能力的目的，还需要进一步地研究。如何加强不同性能材料与生土之间的粘结力，保证生土房屋的整体性，也是未来农村生土房屋的一个发展方向。

传统生土民居的耐久性较差，需要及时修缮其在积年累月使用过程中产生的损伤，否则房屋构件易破坏，影响居住者的生命安全。但是，目前农村处理生土民居的破坏（例如裂缝、地基沉降等问题）时，仅采取简单的防护措施。在中国现存的危房中，生土建筑的占比居高不下，以赣南地区生土房屋出现的破坏为例，影响传统土坯建筑的抗震性和耐久性的问题可以总结为以下几类。

1. 承重墙承载力不足，易开裂

传统土坯生土民居局部受压承载力较差，容易出现竖向裂缝和斜裂缝，降低房屋的耐久性。竖向裂缝常见于木檩、木椽或预制大梁这些水平构件下，以及连接两道土坯墙的纵向木梁与土坯墙体的支撑处。另外，在土坯墙体接缝处、不等高墙体的交接处和内外墙体搭接处也易出现竖向裂缝。在以下几种情况中，会出现这种竖向裂缝：第一种情况是土坯墙在砌筑完成后，未等墙体干燥便架设屋面构件，土坯墙体还未达到预定强度，导致墙体承载力不足而开裂；第二种情况是未在屋架与墙体的支撑处加设垫材，墙体受压面积过小，承载压力过大，墙体局部承载能力不足，从而产生竖向裂缝；第三种情况是因为在土坯墙砌筑过程中泥浆不饱满，存在竖向通缝，导致墙体之间粘结性不足，其在荷载作用下就会出现裂缝。而斜裂缝通常出现在门窗洞口角部，这是由于荷载作用在角部而产生应力集中现象。另外，传统土坯房屋纵、横墙体之间，墙体与屋架之间的粘结性较差，在外荷载作用下容易松动、脱开，不但影响房屋的正常使用，还会降低其抗震性和耐久性。

2. 土坯墙外表面侵蚀破坏严重，粉刷层剥落，墙底部出现“碱蚀”现象

传统土坯建筑裸露在外的墙体易受到风雨侵蚀，房屋本身的漏水、渗水也会冲刷土坯墙体，导致外墙出现“麻面”，出现局部破坏。在外墙表面粉刷一层白灰，可以减轻风雨对墙体的侵蚀，但是出现渗水、漏水现象时，需要及时对房屋进行修缮，或者采用耐水性更好的材料来改善。在长期使用过程中，外墙粉刷层会因为与内部土坯的粘结性逐步降低而剥落，内部墙体裸露，最终影响房屋的抗震性，土坯房屋的外表也因为粉刷层的脱落而显得斑驳。外墙粉刷层的剥落常见于窗口下部、土坯墙体或石砌体勒脚部位。

传统生土房屋墙根部位会因为受到“碱蚀”而出现起皮、溃烂的现象，这种破坏会随着时间的增加而愈发严重。之所以会产生这种破坏，主要是因为没有做好墙体根部的防水防潮措施，导致墙体根部受到含碱量较高的水分的侵蚀。当墙体受潮以后，土中的硫酸盐成分会在墙体表面产生结晶并膨胀，导致土壤表面粉化、溃烂甚至剥落，在这种情况下，雨水就更容易将粉化后的土颗粒带走，墙体厚度也会随之变薄，严重降低房屋的承载能力、抗震性以及耐久性。

3. 土坯房屋内部木结构腐朽严重

赣南传统土坯民居中的梁、檩、柱等结构大多采用木架构，与生土相比，木材的耐火性能较差，容易受到水、白蚁等外界因素的影响。没有做好防虫措施的木材极其容易遭受到虫害而溃烂腐朽，最终会因木材断裂而影响到房屋的整体稳定性。

1.3.2 相关政策

我国对于生土的取用和丢弃有严格的法律规定，设定取土点和弃土点时，需要考虑地点、范围以及对邻近建筑设施的影响，比如有无环境污染，对周边是否造成影响，是否符合政策等。取土涉及多部法律法规，自然资源部门、林业和草原部门、水利部门、公安部门、自然保护区管理机构、风景名胜区管理机构等都有监管职责。我国《土地管理法》第四条规定：将土地分为农用地、建设用地和非利用地，对于不同类型的土地也有不同的取土规定。

根据我国《土地管理法》《草原法》《河道管理条例》《关于探索利用市场化方式推进矿山生态修复的意见》等规定，耕地、草原及河道、矿山生态修复产生的废弃土石料、非利用地和建设用地经批准后可以取土。例如《土地管理法》第三十七条规定：非农业建设必须节约使用土地，可以利用荒地的，不得占用耕地；可以利用劣地的，不得占用好地。禁止占用耕地建窑、建坟或者擅自在耕地上建房、挖砂、采石、采矿、取土等。《草原法》第五十条规定：在草原上从事采土、采砂、采石等作业活动，应当报县级人民政府草原行政主管部门批准。

自然资源部《关于探索利用市场化方式推进矿山生态修复的意见》（自然资规〔2019〕6号）规定：确有剩余的，可对外进行销售，由县级人民政府纳入公共资源交易平台，销售收益全部用于本地区生态修复，涉及社会投资主体承担修复工程的，应保障其合理收益。土石料利用方案和矿山生态修复方案要在科学评估论证基础上，按“一矿一策”原则同步编制，经县级自然资源主管部门报市级自然资源主管部门审查同意后实施。

也就是说，在以上提及的土地类型上是可以取土的，但不能“擅自取土”，必须经过批准才可进行。如何批准，由谁批准，在《土地管理法》、现行《土地管理法实施条例》以及新《土地管理法实施条例》（修订草案）中都没有作出具体规定，需要地方按照当地的实际情况制定相关规定。

对于不允许取土的情况，《基本农田保护条例》《森林法》《水法》《水土保持法》《自然保护区条例》等法律法规作出了规定：永久基本农田、林地、水工程保护范围、地质灾害危险区、自然保护区、风景区等地禁止取土。比如，《基本农田保护条例》第十七条规定：禁止任何单位和个人在基本农田保护区内建窑、建房、建坟、挖砂、采石、采矿、取土、堆放固体废弃物或者进行其他破坏基本农田的活动。《森林法》第三十九条规定：禁止毁林开垦、采石、采砂、采土以及其他毁坏林木和林地的行为。《水土保持法》第十七条规定：禁止在崩塌、滑坡危险区和泥石流易发区从事取土、挖砂、采石等可能造成水土流失的活动。

目前相关法律法规对取土规定比较原则和笼统，需要市、县制定具体规定，比如划定指定集中取土区，明确取土范围和深度，实行剥离耕作层，实施复垦或恢复地貌，规范审批要件和程序等。

下面用《河北省土地管理条例》举例，该条例五十六条规定：取土应当首先安排使用非耕地，确需使用耕地的，应当限定取土深度，保留耕作层的土壤，并依法进行复垦。在国有土地上取土的，取土者应当向市、县土地行政主管部门提出申请，与市、县土地行政主管部门签订取土补偿合同，报同级人民政府批准。在集体土地上取土的，取土者应当与村集体经济组织和村民委员会签订取土补偿合同，向市、县土地行政主管部门提出申请，报同级人民政府批准。农村村民因生产和建设需要在本集体所有的土地上取土的，应当在本集体经济组织或者村民委员会依法指定的非耕地上取土；确需在耕地上取土的，应当经本集体经济组织或者村民委员会同意，向市、县土地行政主管部门提出申请，报市、县人民政府批准。

科技是一把双刃剑，在提升建筑工艺，更好地满足了人们对于居住要求的同时，也加剧了环境污染，随处可见的高楼大厦久而久之也会让人感觉审美疲劳。《节能中长期专项规划》中提到：要想解决我国环境污染加剧的问题，需要在建材工业中积极推广优质环保节能材料，加大建筑节能技术。而相比烧结砌体（例如砖瓦）产生的污染，生土本身是一种低成本、零能耗、零污染的绿色环保节能材料，在建造过程中几乎不会产生任何污染。生土建筑就像一股清泉，缓解了建筑现代化与生态环境保护之间进退两难的局面。

生土也为现代新农村房屋建设提供了一个新思路，不必一味通过堆叠现代元素来展现农村新风貌，生土与当地特色材料相结合建造出的新生土民居也能满足村镇人民对于现代美好生活的审美追求。例如，《中国 21 世纪可持续发展行动纲要》中提出：实现可持续性发展，要提高土地利用效率以及大力开发清洁能源，生土可以循环利用，旧房废弃或者倒塌后可以回收建筑材料，重新建造房屋。此外，对其进行养护，还可以使其回归田地继续发挥效用，实现材料的循环往复，极大地提高土地的利用效率，这也是它不可替代、在众多建筑材料中脱颖而出的巨大优势所在。

生土在最大程度上满足了以上规定中对于合理利用土地、节能减排、环境保护的要求，政策和法规也为生土建筑的未来提供了政策依靠和发展契机。生土建筑的营造技术是我国非常重要的非物质文化遗产，我们有责任保护好现存的传统生土建筑，也要积极寻找生土建筑在现代社会的发展道路，并将这种非遗营造技艺继续传承下去。

1.4 生土民居的发展思路

1.4.1 生土民居发展的价值

生土民居是一种古老的建筑形式，它的适应性很强，能够与不同地区的生态环境融合，形成各具特色的生土建筑形式，不同形式的生土建筑既能够体现该地区从古至今与自然和谐共处的环保共识，又蕴含着当地老百姓数百年来对于建造房屋的独有经验与体会。因此，生土建筑除了具有上文介绍的历史价值与文化价值，在材料与结构形式方面还具有以下优点。

第一，生土属于绿色环保、可持续发展的建筑材料。生土材料可循环使用，几乎不产生建筑垃圾。生土房屋拆除或者倒塌后产生的废弃生土材料还可以重新加工，用来建造房屋，亦可以还田铺路，因此生土房屋属于难得的零能耗建筑形式。发展生土建筑，不仅有利于生态平衡和环境保护，也符合绿色建筑的现代发展观，为国家实现“双碳”目标提供有力支持。此外，生土墙体还具有防火、吸声的功能。

第二，传统生土民居施工方便，造价低廉。传统生土建筑的结构较为简单，没有复杂的架构设计，也不需要大量的施工器具，大多都是由工匠根据经验建造，不用请施工队，当地居民就可以自备工具、自行修建，节省了施工费用。同时，利用生土修建传统生土建筑时，可以就地取材，不需要复杂加工就可以直接使用，减少了建造材料在运输过程中产生的人力物力消耗以及能源损耗。据统计，传统生土建筑的造价仅为普通砖砌建筑的 20%。传统生土建筑材料还可以根据不同地区的土壤情况进行改良，房屋构造形式也可加以改造，达到与当地环境、气候及人文历史相符的要求。

第三，生土材料具有良好的热工性能，可以使房屋具有冬暖夏凉的特点。因为生土墙体有很多孔隙，透气性良好，能够吸收空气中的潮气，均衡房间内的湿度。生土墙在白天可以储存太阳产生的热量，夜晚再将热量释放，可以有效调节室内温度，因此生土民居不消耗电力等能源就可以达到冬暖夏凉的效果，从而可以减少取暖纳凉产生的能耗。

1.4.2　传统生土民居存在的问题

传统生土民居具有诸多优点，特别是生土的可再生性能、零污染、低能耗等优势，使其在倡导绿色建筑的今天大有可为。但是传统生土建筑受材料和施工技术的限制，开间设置较小，结构设计不合理，空间使用不充分，覆土式生土建筑由于全部或部分掩埋在地下，只能单面开窗；独立式生土建筑由于整体性较差，门、窗洞口都很小，导致两者的采光通风性能都很差，室内容易积攒灰尘，卫生条件较差。这些问题使生土建筑未完全展现生土材料与结构的优点，造成了部分人们对生土建筑的刻板印象。这些不足极大的限制了它的发展进步，总结各类传统生土民居的缺点，生土民居主要存在以下几个方面的问题。

1. 生土材料具有的问题

第一，材料特性不稳定。生土作为一种自然材料，其沙石含量、松散度、含水量等物理性能会因地域不同而有所区别。比如，南方地区植被资源丰富、降雨丰沛，土壤中含有大量的植物根系，这些植物根系在潮湿环境下容易腐烂，导致生土墙体的强度降低，缩短生土民居的使用寿命。第二，生土的抗剪强度、抗拉强度、抗折强度都很低。生土墙体是传统生土民居的重要承重构件，与建筑物的稳定性和抗震性紧密相关，但生土在力学性能方面的缺点降低了生土墙体的稳定性和耐久性。较低的抗剪、抗拉强度使得传统生土民居在抵御强风方面表现较差，强风会导致生土墙体开裂甚至倒塌。第三，生土在耐久性能方面也有缺陷，主要体现在耐水、隔潮、防蛀、防腐蚀等性能远低于现代建筑材料。传统土坯墙体的质量受水的影响很大，雨水冲刷会使墙体受损，留下水柱状的凹槽。同时，风会带走墙体表面的细小土颗粒，增大墙体表面的孔隙，破坏墙体结构。另外，自然界的生物比如蛇、鼠能轻易打穿墙体自由出入，而洞穴会破坏生土墙体的整体性，降低民居的稳定性。

2. 传统生土民居建造上的问题

第一，建造过程缺乏理论指导。传统生土民居大多聚集在村镇地区，基本上都是根据积累下来的经验自行建造，对于生土用量、不同材料的配合比、夯土的硬度、土坯的湿度和尺寸大小、窑洞覆土层厚度等数据没有具体要求，这会导致建造过程中出现土坯形状大小不一，边角容易破损变形等问题。同时，建筑物施工质量的评估和验收也没有合适的标准，民居安全性得不到保证，其建造需要专业的理论指导。第二，施工器具不够先进。传统生土民居在建造过程中常用人力对材料进行加工，需要花费大量的人力、物力，同时拉长了建造时间，亟须引进适合在农村使用的现代化施工器具。第三，传统生土民居在砌筑技术方面也存在问题，传统生土民居的砌筑方式混乱，土坯随意堆叠，灰缝不饱满，局部甚至存在填塞的现象。在砌筑过程中，还缺少垂直度和水平度的控制措施，土坯之间的粘结性不足，缝隙较大，整体刚度较差，施工质量参差不齐。而且，虽然传统生土民居的建造自古即有，但仍要对传承下来的施工经验重新梳理，然后筛选出适合现代的建造方式。

3. 结构形式上的问题

第一，传统生土民居纵、横墙之间缺少有效连接，结构形式简单。传统生土民居多采用木架构体系或土木混合承重结构体系，土墙与土墙之间、土墙与木架构之间以及木架构与木架构之间的联结处理简单，连结强度低，导致房屋在地震作用时稳定性较差。传统生土民居连接处不使用螺栓等加固方式，大多是将用于连接加固的木材直接置于墙体之上，节点位置的可靠度较差，一旦受到强烈的外荷载作用，木材容易滑脱，从而导致屋盖整体滑落。并且，如果直接将木条放置在墙体上，当建筑物传导受力时，木条与墙体的接触面积小，压力大，会出现因局部受压承载力过大而墙体被压碎的情况，局部压碎会引起整体破坏，从而降低房屋的整体抗震能力。第二，基础的埋深、选址等方面可能存在一些问题。基础深度、宽度没有统一的标准，大部分都存在埋深较浅的问题。有些传统生土民居的建造时期较早，基础之间没有设置圈梁，严重降低了基础的整体性和刚度，易出现地基沉降和墙体裂缝。此外，在基础施工阶段，单凭传统生土施工器具也很难探知地下的土质情况，不能保证地基选址的合理性，同样无法及时采用有效措施加固地基，进一步加重地基的不均匀沉降。第三，传统生土民居的墙体厚度和高度、洞口尺寸、构件尺寸、墙体的承载极限等都没有合理限值，在这种情况下，不仅无法充分利用空间，还会造成材料的浪费。如果高估了墙体的承载能力，在加盖屋顶面时，生土墙会由于荷载过大而开裂、破损、倒塌，无法保证建筑物的安全性和耐久性。

4. 观念设计和规范标准上的问题

第一，开间设计不合理，采光、通风较差。传统生土民居一般都比较低矮，覆土式生土建筑全部或部分埋在地下，开窗方向受到限制。独立式生土建筑由于生土材料强度较低，为了保证整体承载能力，会加厚墙体，导致室内使用空间减少，墙体上洞口尺寸也会受到限制，所以传统生土民居无法接收大量光照和形成有效的自然通风，也无法充分利用空间，室内起尘、排烟不畅、空气质量不好等问题是传统生土民居的通病。第二，需要转变传统生土民居的观念。随着乡村城镇化的脚步加快，传统生土民居已经无法满足人们日益增长的居住要求，由于其朴质的外观和较原始的建筑方式，许多人认为传统生土民居是贫穷、落后的代表，往往会舍弃这种建筑形式，追求更现代化的建造方式，传统生土民居的建造方法也逐渐失传。但是大部分村镇地区对房屋的改造只是千篇一律地复制、粘贴，丧失了生土民居与人文地理环境融合的特点，简单粗暴地用混凝土等现代材料堆砌、建造出的房屋，不仅失去了原有的地域特色，还加重了环境污染。第三，传统生土民居缺乏一套行之有效的规范标准，国内相关人员对这方面研究、推广的相关工作开展的范围较小。国内一直缺乏一套完整详细的、针对民居施工过程的检测、材料的性能测试以及构造措施等方面的施工指南。另外，其实我国农村地区的大部分传统生土民居存在较多安全隐患，需要制定相应的危房评估标准，后续的维护改进工作也需要相关政策规范的支持，传统生土民居的传承、更新以及推广仍然是一张未完成的答卷。

面对上述问题，越来越多的土木工程师与研究人员逐渐开始利用现代的建造技术与设计合理的材料改性配合比，提高生土构造物的强度、稳定性以及耐久性能等。逐步发展起来的现代生土民居不但传承了传统生土民居的风格与工艺，还改进了生土材料的性能以及房屋等结构物的使用舒适性。

1.4.3　现代生土民居

生土建筑在现代的发展可追溯到1973年第一次全球能源危机，建筑行业逐渐意识到能源的有限性和生态脆弱性，绿色建筑研究快速发展，因而具有地域适应性强等优点的生土建筑开始受到了广泛关注，如今国内外已有较多科教机构开展生土建筑研究。

处于国际生土材料研究领先的法国在格勒诺布尔市成立了“国际生土建筑研究和应用中心”（CRATerre-ENSAG）。该中心出版的 *EarthConstruction：A Compreh-ensive Guide'*（《生土建造：综合指导》，1994年）和 *Batirn terre*（《生土建造》，2009年）两本著作是全世界现代生土基材料和建造技术研究所依据的重要理论基础。1998年联合国教科文组织批准CRATerre作为牵头机构，成立“生土建筑、文化与可持续发展”教席（UNESCO Chair in Earth Architecture，Culture and Sustainable Development）。目前，全球已有46个高校或科研机构团队加入该教席的国际研究网络，其中我国有两个，分别为王澍教授牵头的中国美术学院团队和穆钧教授牵头的北京建筑大学团队。法国不仅在生土理论和生土营造上有长足的发展，还在生土研究人才储备方面下足功夫，每年吸引全世界学者前来学习交流，培养了许多生土营造技术型人才。

生土建筑在美国已发展为具有完整独立体系的建筑类型。生土建筑在美国有独立的规范与技术导则，不仅在理论研究方面对房屋的施工质量控制指标、夯实过程及制作程序、土体的选择、改性方法以及夯土构件的制作要求等都作出细致的规定，并且充分利用互联网的影响力大量宣传生土建筑设计，普及生土建筑的优点，使户主了解生土建筑，并进行个性化设计等。此外，在土坯技术的发展上，已有较为成熟的混合土料配合比判定和土料改性技术。

德国生土技术十分具有前瞻性，表现为在工业预制生土建材技术、建造方式革新、规范施工方法和生土改性技术等方面都有深入的研究。近些年预制墙体技术在世界都是较为热门的研究课题，争取能在生土与工业预制技术方面减少人力使用。此外，德国的生土建筑行业与农业结合在一起，二者结合发展的模式能为当地居民带来新的收入渠道，比如德国生土建筑的建材除了生土砖，还有生土板，是由被回收的农作物秸秆等纤维与生土粉混合制成的，平滑的生土板可以用作楼、墙、面板、饰面材料与保温材料等。这样“从摇篮到摇篮”的模式不仅有较高的生态收益，也有较好的经济可行性。

澳大利亚也是生土建筑应用最普遍的国家之一，其最为突破性的研究当属1952年建筑师乔治·米德尔顿向其建设部呈交的生土墙建设报告。1981年，澳大利亚以该报告为基础再版《生土建筑手册》，实质上成为该国的生土建造标准。该手册于1987年由国家建筑技术中心出版发行，目前又在以此为基础起草新的生土手册。同时，2002年澳大利亚国家标准化组织（Standards Australia）专门出版了更为专业系统的《澳大利亚生土建筑手册》（*The Australian Earth Building Handbook*）。在澳大利亚，生土房屋的应用十分广阔，除作为民居使用，还有公园小品等各类型建筑。

国外对生土建筑理论的研究和发展已有将近50年，进行了许多生土建筑设计实践，其中不乏有许多优秀的现代生土民居的设计。

1. 新巴里斯村

埃及的哈桑·法赛（1900—1989）是一位现代生土建筑设计的先驱者，较其他建筑师不同的是，他将工作重心更多地放在农村。埃及气候干旱少雨，木材是稀缺建材，石材更是需要耗费人力物力来进行开采与运输。埃及人民世代常用的建筑材料来自尼罗河的河泥，人们将其制作成土坯砖进行房屋建造。基于埃及社会背景，哈桑·法赛不断探索埃及传统生土民居营造技术，进行传承与创造改进，相较于如今的生土建筑，他并未在材料改进技术、营造方式等方面进行较大的革新，只是进行了更现代方式的建筑设计，使建造的民房简洁、大方，满足光照等各类标准。同时，他更强调对文化的传承，房屋整体的设计上既有现代的简洁，又有传统民居的特色，美丽的拱顶、拱门展现了村庄风情，其作品如图 1.4-1 所示。

图 1.4-1　哈桑·法赛的实践作品

2. 马丁·劳奇自宅

奥地利工程师马丁·劳奇自宅（图 1.4-2）是一栋利用了生土营建技术的小别墅。这栋建筑位于奥地利西部的乡村，整个村庄人烟稀少，风景秀美。马丁的自宅在一条上山小路的尽端，位于斜坡之上，巧妙地利用了地形，在房屋内可俯瞰整个村庄。相比于更为有机、更古老的生土结构，该建筑的形态是棱角分明的，在夯土层之间嵌有土砖条带，营造出的平整而有规则的机理外壳带来了视觉艺术的冲击，并且这一结构可以起到稳固整个建筑结构的作用。图 1.4-2 是马丁自宅的立面照片，可以看到层层浅色夯土。

马丁·劳奇自宅可以称得上是现代生土建筑乃至绿色建筑里的经典作品，建筑所用都为纯正的自然材料。其所有的夯土外墙都没有添加固化剂，也没有进行表面的特殊处理。由于未设计挑檐，在降雨时，夯土墙裸露在雨水中。对此，马丁利用墙体表面的一层层挑砖作为类似于减速带的作用，减缓雨水沿墙面向下的流淌速度。尽管最初夯土墙表面的黏土和其他小粒径成分会伴随雨水冲刷而流失，但伴随着石子等骨料渐渐暴露在墙面上时，这些石子将稳固表面，进而减缓墙体遭受进一步的侵蚀，使其渐渐趋于稳定。虽然马丁自宅建筑体量很小，但其中采用了许多现代生土技术，同时展现了生土本身带给建筑的肌理美。

(a)

(b)

图 1.4-2 马丁·劳奇自宅的立面图
（a）南立面；（b）东立面

3. 弗朗西斯的相关作品

2022 年，被称为“建筑界诺贝尔奖”的普利兹克奖颁发给了出生于布基纳法索的迪埃贝多·弗朗西斯·凯雷。布基纳法索是世界最贫穷的国家之一，其首都瓦加杜古生硬地延续着巴黎奥斯曼格状路网的模式。弗朗西斯的家乡更是一个贫穷的、没有公共用水与电力的小村庄，弗朗西斯凭借优秀的学习成绩进入柏林工业大学攻读建筑学。在进行深入学习后，他对本土建筑一味模仿与自身缺少联系的国外现代建筑进行了批判性反思，随后在家乡发现村民在旱季常用传统生土材料来营建房屋，由于雨水对生土的冲刷作用，生土这一建筑材料在当地不被认为是耐久坚固的材料。

弗朗西斯立足于本地生土建筑的优缺点，对当地生土营造技术进行改进，譬如建造隔绝地面积水侵入的抬高的混凝土台基，尝试浇筑黏土墙，使用压制黏土砖，以及在生土料里加入水泥以防水等。他将地域文化的审美要求、人文民俗的生活需求和教育需求巧妙融合，做出了一系列建筑设计作品，同时培养了本地生土施工人才，为当地青年就业提供帮助。下面是弗朗西斯的 Gando 小学（图 1.4-3）、Gando 中学（图 1.4-4）以及 Opera Village（图 1.4-5）等作品的照片，弗朗西斯用简单的生土砖建造了十分丰富的立面形式，特制的屋顶棚使房屋更加耐水耐久，改善了当地人们的生活条件。

图 1.4-3 Gando 小学

图 1.4-4 Gando 中学

图 1.4-5 Opera Village

我国相对于欧美国家，对生土建筑的研究较晚，但在互通互联的新时代下，我国许多学者也开始逐渐挖掘生土建筑的价值，并开展创新的新生土设计与研究。作为我国“生土建筑、文化与可持续发展”教席之一的穆钧教授牵头的北京建筑大学团队，在生土建筑实践方面有较多的优秀作品。中国当代生土建筑作品——毛寺村生态小学，可以说是我国现代生土建筑的首个案例，是建筑师穆钧在研究生时期接触到的慈善项目。当时穆钧与导师整理出当地多项节能技术，通过对比试验，他发现生土房屋具有性价高、可蓄热调温、冬暖夏凉等优点。于是，他就地取材，学习当地传统建筑技术，实行创新性生土房屋建造，但原生土的材料性质使得建造的小学在使用不久后开始出现长草、土块掉落等问题，防腐性较差，十分影响美观。尽管该项目荣获“2009 英国皇家建筑师学会国际建筑奖”，但是最后因场地偏远而被刷漆改造成了农家乐。此外，由于目标客户审美的主观性，穆钧团队后来建造的许多生土民房在建成后仍会进行贴砖、涂色等的再“装修”，生土建筑的美学设计需要建筑师不断进行思考与研究。

在深入研究后，穆钧逐渐发现新生土材料的优势，用新生土建造的房屋既能保留原生土房屋经济、环保、耐寒耐热等优点，又能对原生土防腐性和抗震性进行突破，使新生土房屋的实用性和美观性大大提升。新生土在通过使用合适的配料比，加入颗粒材料后，能够对原生土进行改性，使得新建墙体的耐水性、稳定性、抗震性能提高。立足于当下生土建筑的发展，生土及新生土建筑具有广阔的发展空间，下面举例我国的现代生土建筑设计，为现代生土民居设计提供参考。

（1）马岔村村民活动中心

马岔村村民活动中心是穆钧团队土上建筑工作室 2016 年在甘肃省白银市会宁县的建筑项目，当地属于干旱的黄土高原沟壑区，水资源匮乏，但生土资源丰富，取土便捷，当地传统民居即使用生土材料建造。因此，结合村容村貌，通过现代化艺术设计，使用土砖砌筑，传统夯土，草泥，配以木结构屋架的建造工艺，便建成了使用传统工艺但又极具创新的活动中心。十分特别的是这个项目的建造者是当地的村民和工匠，而且使用者也是这些村民，这座建筑包含了村内人民的劳动之美。活动中心在空间组合方式上借鉴了当地民居传统的合院形式，并结合退台式山坡地形，设置不同标高的四个夯土房，围合出三合院。四个土房中除去商店，其他三个土房屋面皆采用单坡形式，便于汇流，可使雨水从屋面汇入退台，最后进入水窖。建设取土的同时平整了地基，使建筑自然地融入当地景观中。图 1.4-6 是马岔村活动中心的照片。

(a)

(b)

(c)

图 1.4-6　活动中心外部展示

（2）流云乡墅

流云乡墅是 MDO 木君建筑设计团队 2021 年做过的民宿改造项目，坐落于杭州桐庐的青龙坞之中，原是一处古村落，MDO 的设计初衷是打造一处城市外的退隐之所，使人们可以感受青龙坞百年的历史和物质文化，并沉浸于与自然的连接，最终建成了这一优雅宁静的场所，融入古人归隐之诗意。

青龙邬原生的建筑便是生土民房。古老的墙面呈现出丰富的历史感，已有建筑原本采用的是传统木结构，但根据调研，房屋存在一些安全问题，如图 1.4-7 所示。原屋面结构年久耗损，结构脆弱，无法修复并利用，外墙窗户较狭小，使室内缺乏充足的自然采光和通风，致使建筑内部氛围沉郁，居住体验较差，无法与周围美丽的竹林、生态环境产生连接。于是，设计师用温和的手法对已有建筑进行现代化改造，原来的墙壁、门窗在当地匠人的努力下悉数保留下来。村庄的平面布局原本便是比较灵活自由的，改造方案也遵循之前的村庄布局，使民宿与自然结合。

改造后的生土墙面是浇筑的黏土墙，平整的黄土带来了不一样的视觉体验，其墙面肌理如图 1.4-8 所示。此外，在结构设计时，团队在墙壁中增加了钢结构来修复屋顶，并采用传统的技术和材料修复和保存屋顶的装饰，使得最终民宿仍保留原来的坡顶风格，如图 1.4-9（a）所示。这一项目在窗景设计中颇下功夫，沿用了原建筑中的木窗设计，使每一道窗宛如一幅画，独特的木制窗框即画框，如图 1.4-9（b）所示，在夜晚灯火明亮时，大小不一的方格窗可以展现特别的美。

图 1.4-7　村庄原状

(a)　(b)

图 1.4-8　建筑肌理
（a）生土墙面肌理；（b）平面布局

改造后的民宿具有原生生态之美，极具质感的生土墙壁与户外的竹林十分搭配，绿色掩映间，一抹新绿衬以土黄，将中国景观意的浪漫融入土墙黛瓦的民屋，使周围景观与建筑联系起来，打造出共享时光的好去处。这一例子除了使用生土技术，也传承了传统审美造景手法，将中式美学融合进山水民居，给未来的传统生土民居提供了改造思路。

（3）二里头夏都遗址博物馆

二里头遗址是被学术界实证为夏朝中晚期都城遗，是中国古代都邑和政治制度的起

(a)

(b)

图 1.4-9　民宿外观
（a）坡屋顶；（b）别墅门窗立面

源。我国最早的城市干道网、最早的宫城和宫室建筑群、最早的青铜礼器群等多项“中国之最”便出现于此。因此，二里头夏都遗址博物馆的建设需要考虑遗址丰富的历史，也被列入国家“十三五”重大文化工程。作为文化建筑，项目功能定位是展示我国最早国家形成和发展研究、夏商周断代工程和中华文明探源工程研究的研究基地。博物馆的建筑特色在于以下几点：第一，充分考虑遗址规划设计，与保护区村落集约发展；第二，尊重遗址原生状态，呈现博物馆“不定形”的理念；第三，该项目目前是世界上最大的生土建筑。

在规划方面，遗址博物馆的建筑设计、遗址公园规划、游客中心规划是进行了三位一体的同步设计（图 1.4-10），并最终完整实施的。设计团队在“二里头遗址保护总体规划”这一上位规划的基础上对遗址区现状进行详细调研，提出了遗址保护与乡村聚落发展整合规划的新思路，既保护宫城遗址、井字型大道以及中轴线的完整性，又控制减少建设给保护区村落带来的日常生活的不便，维持村落现状。使控制地带的建设尽量与现状村落集约发展，带动村庄就业和村落基础设施的整治更新，特别将遗址公园的游客中心结合西南侧的冉庄整体规划建设，与遗址公园一起形成以遗址博物馆为中心的一体两翼、联动东西的新格局。

图 1.4-10　遗址博物馆、游客中心与遗址公园三位一体

图 1.4-11　序厅

在建筑设计方面，外形设计的初始概念来源于团队在二里头考古发掘的现场照片，展现了曲折蜿蜒的考古探方，呈现着不规则的延伸状态，循序渐进地揭示这座古代文化遗址隐藏的内在文化，团队认为这种“不定形”“不规则”如同二里头遗址充满未解之谜一样，可作为设计的主题。最终发展出一个层层渐进的空间序列和功能组合来实现这个不定形策略，既把握了自然生长的村落的自由，又展现出文化建筑的伟岸与规则（图 1.4-11）。

在材料选择方面，二里头博物馆在设计中采用大量的铜板幕墙、手工夯土和与之匹配的清水混凝土工艺。其中，夯土总量超过 4000m^3，使得二里头遗址博物馆一跃成为世界最大的夯土建筑。然而，夯土工艺应用于大型公共建筑在我国并无先例，为了保证建筑的稳定性，穆钧教授团队也参与到博物馆的设计中，参与了生土改性的研究。根据实地调研和实践，团队解决了多项大型生土建筑建造方面的问题，比如夯土墙刚度与主体结构不匹配、生土材料配合比与强度试验、夯土墙高厚比的矛盾、超高夯土墙构造、开洞处的夯土构造、夯土墙防裂、夯土墙防水、夯土墙施工及验收标准等方面等。整座建筑经过科学的设计与严谨的施工，最终成为这样一座具有现代化风格又不失传统意蕴的独一无二的大型生土文化建筑，生土建筑的未来更加明朗。

我国在不断的城市化进程下，同时产生了逆城市化，由于交通拥挤、犯罪增长、污染严重等城市问题的压力日渐增大，城市人口开始向郊区乃至农村流动，人民向往纯粹的居住生活，亲近自然，归于本真。在国家乡村振兴战略的引领下，未来的乡村基础建设将越来越好，乡村也会有开展相应的市政工程和技术工程，以便拥有更加便利的交通、水通、燃气通等，未来的乡村应该是与城市有差异化并更接近自然与土地的另一种美好栖息地。而生土建筑便很适应乡村民房建设，古朴温润的生土建筑结合灵活自由的建筑布局能焕发我国乡村独有的魅力。

近年来国内外工程人员设计和建设了许多优秀的大型公共生土建筑和生土民居、民宿等，这些建筑的好坏评判需要时间来证明，但目前对于这些生土建筑的评价多是认可的。此外，建筑营建应基于地理因素和历史文脉两大基石，考虑环境与生土的适配性，记录并传播地域文化。对于传统生土建筑，除了新建与重建，还应进行保护和修缮，房屋翻新和改造不是简单的抹灰与涂料，可以应用生土材料进行加固和打造景观意境，使新生土建筑焕发出蓬勃的生命力。

1.4.4　发展方向

党的十八大提出要推动城乡发展一体化。乡村建设变得活跃了起来。如今我国工业化、城镇化、农业现代化发展良好，建筑业发展迅猛。中国的民居建筑风格多种多样，各有特色。穆钧等团队设计的许多夯土建筑实践已斩获国内外许多建筑大奖，将原生生土建筑研究带进了大众的视野，也因其反思原生生土材料存在弊端，新生土研究逐渐受到人们重视。与过去的原生土相比，目前研究的新生土材料具有更好的防腐性、防潮性，并提高了抗震性能，其建造出的生土建筑不存在人们刻板印象中的抗震差、易腐蚀等缺点。穆钧等人建设的马岔村村民活动中心便使用新生土材料，通过现代建筑设计的手法，展现出大气大美之意。然而，尽管生土材料被国际社会认为是最节能经济、最可持续性的材料之一。生土材料改性的研究也较为丰富，但在多年的价值观念影响下，人们很难认可土房子的审美，通过穆钧老师的"一席"演讲，笔者也了解到当地人仍对土房子抱有偏见，希望进行贴瓷砖、刷漆等方式进行美化，可见，生土营建仍有较大的研究与宣传空间。

那么参考上节所介绍的优秀改造案例，针对生土建筑发展过程中的问题，可从以下几个方面促进生土建筑的发展：首先，不能从耕地或者取土点中随意取土，要仔细辨别筛选出的土质，取用的生土必须过筛，并去除土内的有机质，再根据当地生土中土、沙、石的比例准备好相应的建造工具。其次，需要解决未经人工处理的生土密实度低和防水性能差等问题。在对土料基本物理性质有了充分了解后，辅之机械、物理和化学方法，开发出既保留原生土材料的优点、强度又高的新型功能性生土材料，利用新型生土材料，不仅可以提高生土建筑的承载能力，还能够增加室内空间的跨度。

提高生土强度机械的方法是加压，通过现代技术手段对生土加压，减少生土孔隙，排去生土中的空气，增加生土的密实度。常用以下方法来物理改变生土材料密实度、耐久性和强度：(1）调整生土中各种粒径颗粒的配合比，得出土料夯实的最优级配；(2）根据原状土土质的粒径构成的特点，添加相应比例的细砂和石子，使土料混合物形成与混凝土相类似的骨料构成（即以原土中的黏粒取代水泥成分，形成黏粒、细砂、石子的骨料配合比构成），通过控制含水率和基于机械的强力夯击所带来的物理作用，提高夯筑体的力学性能以及耐水、防蛀、防潮等耐久性能；(3）在素土中掺入秸秆、稻草等植物纤维，来提高其抗拉防裂性能。

而常见的化学方法是在生土中添加适量的外掺材料、增强剂和防水剂等，常见的有水泥、石灰和乳化沥青等材料。利用外掺材料对生土进行改性，从而达到增强生土材料的耐水性、稳定性，以及提高生土墙体保温隔热性能的目的。值得注意的是，一些胶粘剂、防水剂和固化剂会在一定程度上改变生土的化学性能，从而对生土材料的可回收利用产生一定的影响；但是使用经过改性的新型生土材料建造出的生土房屋的抗震性、稳定性和耐久性都会得到明显提高，第 2 章会详细阐述改性方法对生土材料性能的影响，此处不再赘述。

目前国内外学者对生土材料的改性做了很多研究，成熟的生土改性技术对生土材料的性能有显著影响。同时，国内外高校也开发出了轻质保温隔热生土材料和重质蓄热材料等功能性生土材料，使用新型生土材料建造的生土房屋具有非常好的外观完整性和抗裂性，可以满足"小震不坏、中震可修、大震不倒"的抗震设防目标。

根据传统生土民居建造中存在的问题，首先要改变房屋的建造方式。可以通过引进现代建造器具和夹板模具（搅拌机、挖掘机和气夯机等），将人工模板替换为抗击能力更强、更耐用的合金模板。此外，人工夯筑工具也可以用现代电气化工具来代替，这不仅可以大幅度提高施工效率和精度，还能节省大量的人力、物力和时间。其次要加强施工管理，在建造过程中要规范化施工。在施工过程中，不仅要考虑到施工现场的土质问题，看其是否能满足施工现场的要求，如果土质过于疏松，在建造时就要研究抗侧力和不均匀沉降的问题。根据实际情况考虑是否减少墙体自重，还要提前做好施工安排，做好计划，以应对施工过程中因暴雨等恶劣天气停工等问题。最后，要规范建造生土民居的砌筑工艺，统一土坯模具，土坯尺寸应大小一致，形状完整，土坯墙应错缝搭接、泥浆饱满，并且泥浆的粘结性要好，最好在泥料中加入秸秆纤维，起到抗拉防裂的作用，秸秆纤维的类型可以根据地区自由选择。同时，还需要完善施工体系，制订出科学合理的施工指南，培养专业的施工队伍，以及加强专业性的指导，是生土建筑近几年的发展方向。

针对传统生土民居存在的设计缺陷，要科学选址、加强结构设计。选址时，须经过专业人员的指导，并且要实地勘察，避免在地质灾害危险区和低洼地段选址建房。选取了可靠的建筑场地后，如果地基条件不好，在施工前，要先处理好不良地基。新生土民居在建造前，要对建造区域的土质承载强度进行测算，防止在之后的建造过程中因地基承载力不足导致坍塌。建造时，要夯实基础，既可以就地取材，用强度较高的石料，也可以加入一些固化剂来增强基础的稳定性，还可以考虑选用基础注浆技术，来提升基础结构的承载能力。此外，还能借鉴现代浇筑方式，在基础和房屋的主体承重结构上设置圈梁，提高房屋结构的整体性和刚度。

其次，要加强构件、节点连接。当采用木架构承重体系时，木架构各个构件的连接处要使用连接性较好的螺栓连接，还要给木架构预留足够的变形空间，避免因木结构的变形与生土墙发生碰撞而造成结构破坏。但是木材的变异性较大，选用木材时，需要考虑木材之间的差异性，新生土民居可以采用高强度材料轻钢代替原有的木构架结构，这既可以节省后期维护的成本，也可以提高生土民居的整体性能。当采用土木混合结构体系时，墙体承受木梁的部分要局部加强，通过加设垫块分散顶部压力，可以避免因局部压力过大而造成的破坏。再次，纵、横墙连接处要错缝搭接、咬槎砌筑，避免产生通缝。运用新材料增设多道圈梁和构造柱，可以确保纵墙与横墙的可靠连接，增强墙体的稳定性。

此外，传统生土墙体强度较低，可以采取必要的加固技术来达到增强墙体强度的目的，比如在生土墙体外部设置加劲肋，或者布置钢筋网，提升生土墙体的抗压能力和抗剪能力；或者在墙体上加涂水泥砂浆抹面层，防止墙体受到风雨侵蚀后表面脱落导致内部钢筋锈蚀，提高生土民居的强度和耐久性。

再次，提高传统生土民居的保温性和采光通风也是促进其发展的方向之一。围护结构的热损失在建筑热损失中占了相当大的部分，通过提高围护结构的保温蓄热性和整体性，可以改善生土民居的整体和舒适性。一方面，可以采用现代材料增加墙体的保温性能，减少散热，比如在原始生土中加入保温材料，或者采用多层玻璃门窗，门窗与墙壁之间的缝隙可以用橡胶条之类的填充材料进行密封，减少因冷空气进入造成的热量损失。另一方面，可以在墙体外部加砌砖材，或者使用抗冲刷材料抹面，不仅可以提高围护结构的保温性，还能提高墙体的防潮、抗雨水冲刷能力。此外，可以通过控制房屋的窗墙比、在顶层开设玻璃天窗或者设置明瓦，使用构造措施减少生土墙体厚度，增大室内使用面积，合理设计开间大小，将一字形住房空间转化为向心性平面设计等方法提升房屋的采光通风性。

最后，改善生土民居的外观可以改变人们对生土建筑固有的印象。生土民居具有很强的可塑性，生土的材质和颜色会因为地域的不同而呈现出不同的肌理特征，可以利用生土材料本身的自然色彩进行建筑色彩设计，造就建筑的独有特色。其次，生土材料的包容性很强，既可以和当地的传统材料比如秸秆、木头等联合使用，也可以和玻璃、钢材等现代建筑材料相结合，这不仅可以保留生土民居原有的特色，承载当地的人文情怀，还可以跟上时代的步伐，满足现代人们的审美要求，形成别出心裁的建筑形式，摘掉“土”帽子。此外，可以利用互联网来宣传生土建筑之美，分享生土建筑的最新研究现状，让居民认识到生土建筑营建的成果，真正展现生土建筑之美。

在文化传承方面，我们要做的不是对于传统生土建造方式的完全否定，也不是浮于表面的继承，而是对其去芜存菁、辩证性的继承，是需要大量从业人员和研究者对不同地区、不同需求提出多元化的、与现代技术相结合的适应性技术发展方向。另外，想保留生土建筑对于地域性特色的继承，就不能使生土建筑千城一面，刻板而生硬的建造是在痛伤文化，但是不能为了不同而硬造不同，忽视地域性。可以针对相同地域条件下的生土建筑研究、总结出一套完整详细科学的建造指南，让生土建筑更为规范，实现模块化的可复制性，这也能使生土建筑快速融入现代社会，实现生土建筑的可持续性发展。

想要实现生土建筑的可持续发展，对现有生土房屋的保护修缮是必不可少的。我国生土建筑数量众多、分布广泛，修整和后期维护工作比较困难。这不仅需要制定相应的危房评价体系，以度量现有传统生土民居的危险等级，还需要对各项技术加以量化，以满足规范要求，比如满足裂缝的开展宽度、墙体的倾斜角度等具体可视化的相关要求。虽然我国在生土建筑遗产保护方面已经有了可观的成绩和进展，但在维护工作方面仍然缺乏比较细致的操作规范，这急需研究人员将成功案例转化为可以套用的规范标准，为今后对于生土房屋后期维护提供规范参考。

第 2 章　生土材料的物理力学性能与环境特性

2.1　生土材料的基本物理性能

2.1.1　概述

生土材料是人类文明发源至今使用最广泛、历史最悠久的传统建筑材料之一。生土材料主要是指不经过任何烧制的原状土，具有易于就地取材、造价低廉、绿色环保等优点。由生土材料建造的生土房屋，从结构形式上可以分为掩土房、土坯房和夯土房。生土房屋历史悠久，分布广泛，从寒冷的喜马拉雅山脉，到炎热的北非沙漠，甚至是多雨的大不列颠岛，都可以看到无数古老生土建筑的身影。目前，世界上至今尚有部分人口居住在生土房屋中。

众所周知，生土材料具有非均质、非连续及各向异性的特点。由于地域原因，不同地区生土材料的基本物理性质存在较大的差异。目前我国常见的原状土材料有黄土、紫土、黑土和红土等。黄土在世界上分布广泛，约占全球陆地面积的 10%。黄土在我国以地层发育完整、厚度大而著称，其主要分布于西北及华北一带的黄土高原和华北平原等地区。黄土在物理特性上与其他土壤存在显著差异，就物理特性而言，黄土呈典型的非层状，含有大量的角状淤泥颗粒和碳酸盐，其颜色主要为黄色或浅黄色；此外，黄土易碎，粘结性较强，在浸水或失去原有水分时会出现下沉和开裂状况。

川渝地区的生土材料主要以常见的紫土为主，这种紫土是由紫色母岩风化发育而成，富含磷、钾等矿物质成分，而且阳离子交换量高，土壤肥力高，但有机质含量较少。川渝地区的紫土一般呈中性或微碱性，其主要化学成分为 Fe_2O_3、Al_2O_3、SiO_2 等，因自然状态下的紫土壤粒径级配变化大，在一定程度上影响了土体强度。紫土的含水率和收缩性都较大，且防水和抗剪性能较差，遇水易分散、崩解。

红黏土在我国分布广、范围大，主要集中在华南、华东及云贵等地区，主要是由母岩矿物成分的风成沉积、搬运堆积及岩溶风化而形成的，主要成土阶段包括岩溶作用后形成残余堆积和经红土化作用后形成原生红土，其颜色多为红褐色、棕红色或棕褐色。由于土体受历史、矿物成分和内部微观结构等因素的影响，不同地域的红黏土往往存在较大的差异。江西地区的红黏土具有特殊的结构性，其 SiO_2 的含量较高，含网纹层，为亚热带地区典型富含硅铝铁的高岭土类型。

江西省现存的生土房屋大多是以当地红黏土作为主要建筑材料。后续内容主要针对江西红黏土的基本物理性质开展试验测试，用以对比分析使用当地红黏土作为建筑材料的性能，为后续章节的江西地区生土材料的改性试验研究提供基本数据支撑。

2.1.2　江西红黏土物理性质测试

江西地区的红黏土具有特殊的结构性，其广泛的工程应用也彰显了独特的性质。本节对江西南昌遍布的红黏土进行一系列基本物理性质试验，初步了解其基本性质，为后续针对江西地区生土材料开展的材料改性试验研究提供数据参考。

1. 颗粒级配分析

土是由不同粒径的土粒组合形成的，颗粒级配是指不同粒径的土颗粒含量占总颗粒质量的百分数，是衡量不同粒径的土粒的搭配比例或分布情况的土力学指标。土的颗粒级配可通过筛析法、密度计法、移液管法进行测定。筛析法适用于粒径为0.075～60mm的土；密度计法和移液管法适用于粒径小于0.075mm的土；当土中兼有粗细颗粒时，应联合使用筛析法和密度计法或筛析法和移液管法。本次红黏土的颗粒级配分析通过筛析法来测定，筛析法是采用不同粒径的土壤筛对风干土样进行筛分，称取每一层筛上土粒的质量，然后计算每层土粒质量占总质量的百分比，最后通过不均匀系数 C_u 和曲率系数 C_c 来衡量土壤的级配情况。

1）试验仪器及设备

试验筛（粗筛：孔径为60mm、40mm、20mm、10mm、5mm、2mm；细筛：孔径为2mm、1mm、0.5mm、0.25mm、0.1mm、0.075mm）；天平：称量1000g、分度值0.1g，称量200g、分度值0.01g；台秤：称量5kg，分度值1g；振筛机：应符合现行行业标准《实验室用标准筛振荡机技术条件》DZ/T 0118的规定；烘箱、量筒、漏斗、瓷杯、附带橡皮头研杵的研钵、瓷盘、毛刷、匙、木碾。

2）试验步骤

（1）称每种孔径分析筛和底盘的质量，并做好相应记录。

（2）从风干、松散的土样中用四分法按下列规定取出代表性试样，取样标准详见表2.1-1。

（3）先用2mm的土壤筛对土样进行筛分，若是筛上所留土粒的质量大于1/10，只需作粗筛分析；若是底盘中的土颗粒质量大于1/10，则只需作细筛分析。

（4）将土壤筛按孔径由小到大的顺序从下到上垂直排列，将步骤（3）的土样分别倒入最大的粗筛和最大的细筛中，将分析筛放置在振筛机平板正中央，开启电源开关，将振筛时间定为15min。

（5）从上到下将各层土壤筛取下，分别称取各级筛和筛上土颗粒的总质量，精确至0.1g。

（6）用土样的初总质量减去试验结束后土样的总质量，若质量损失率小于1%，试验满足要求；若质量损失率大于1%，应重做试验。

颗粒分析取样数量表　　表2.1-1

粒径 /mm	取样数量 /g
＜2	100～300
＜10	300～1000
＜20	1000～2000
＜40	2000～4000
＜60	4000以上

红黏土的基本力学指标按如下方法计算：小于某粒径的试样质量占试样总质量百分数应按式（2-1）计算：

$$X = \frac{m_A}{m_B} d_x \quad (2\text{-}1)$$

式中　X——小于某粒径的试样质量占试样总质量的百分数，%；

m_A——小于某粒径的试样质量，g；

m_B——细筛分析时或用密度计法分析时所取试样的质量（粗筛分析时则为试样总质量），g；

d_x——粒径小于 2mm 或粒径小于 0.075mm 的试样质量占总质量的百分数，%。

不均匀系数 C_u 的计算公式如下：

$$C_u = \frac{d_{60}}{d_{10}} \quad (2\text{-}2)$$

式中　C_u——不均匀系数；

d_{60}——限制粒径，在粒径分布曲线上小于该粒径的土含量占总土质量 60% 的粒径，mm；

d_{10}——有效粒径，在粒径分布曲线上小于该粒径的土含量占总土质量 10% 的粒径，mm。

曲率系数 C_c 的计算公式如下：

$$C_c = \frac{d_{30}^2}{d_{10} \cdot d_{60}} \quad (2\text{-}3)$$

式中　C_c——曲率系数；

d_{30}——在粒径分布曲线上小于该粒径的土含量占总土质量 30% 的粒径，mm。

颗粒级配试验结果如表 2.1-2 所示，红黏土的颗粒粒径分布情况如图 2.1-1 所示。

颗粒级配试验结果　　**表 2.1-2**

筛孔直径 /mm	20	10	5	2	1	0.5	0.25	0.075
小于筛孔直径的土粒含量 /%	100	92.42	75.26	58.53	43.85	28.48	13.47	8.49

由图 2.1-1 可知，d_{60}=2.26mm，d_{30}=0.55mm，d_{10}=0.13mm。通过计算可得不均匀系数 $C_u=d_{60}/d_{10}$=2.26/0.13=17.38 ＞ 10；曲率系数 $C_c=d^2_{30}/(d_{10} \cdot d_{60})=0.55^2/(0.13 \times 2.26)$ = 1. 03 ＞ 1；曲率系数在 1 ～ 3 之间，表明所用红黏土级配良好。

2. 界限含水率试验

界限含水率是指黏性土从一种稠度状态过渡到另一种稠度状态的含水率，分别有 ω_s、ω_p、ω_L 三种。试验按照《土工试验方法标准》GB/T 50123—2019 进行。试验时，先用 0.5mm 的筛子筛出三盘细土，将其调成半干、半湿、湿润的状态，并用湿毛巾盖住，放置一夜。其后，把土样放在液限塑限测定仪上。调节仪器，使其光标对准零点。上升土样，使其与锥尖相接触，接触指示灯亮时读数，记录三种土样的锥入深度 h_0。先称铝盒质量，再取锥尖附近试样（不少于 10g）放于铝盒中称重（精确至 0.01g），之后放入烘箱中在 105 ～ 110℃下烘 10h，最后称铝盒加干土的质量（精确至 0.01g），然后计算试样的含水率 ω_0。按以上步骤测试三组试样，每组测试两个，并计算每组试样的平均含水率 ω，试验过程如图 2.1-2 所示。

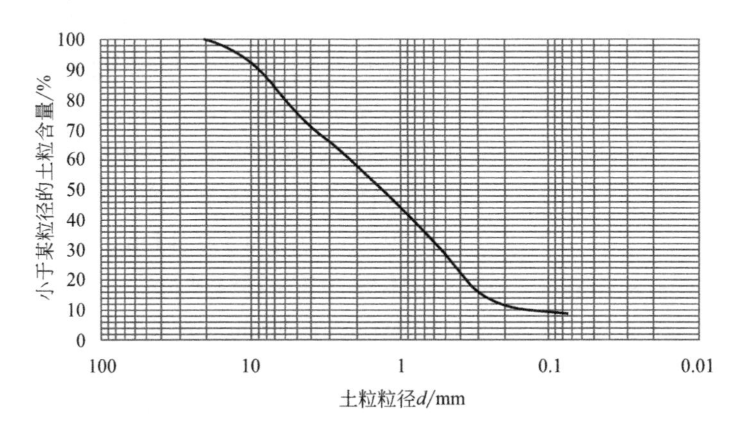

图 2.1-1　红黏土的粒径级配曲线

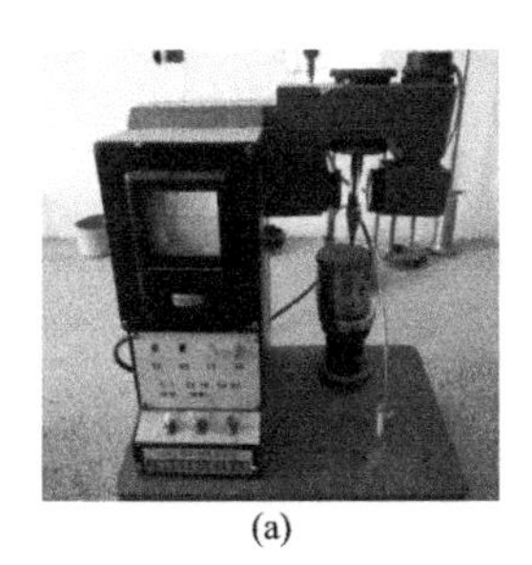
(a)

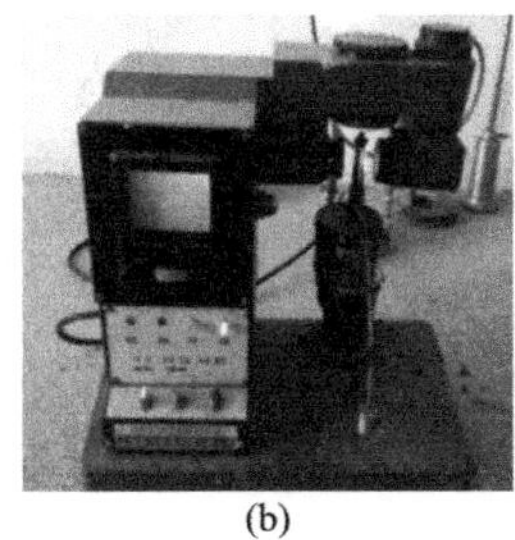
(b)

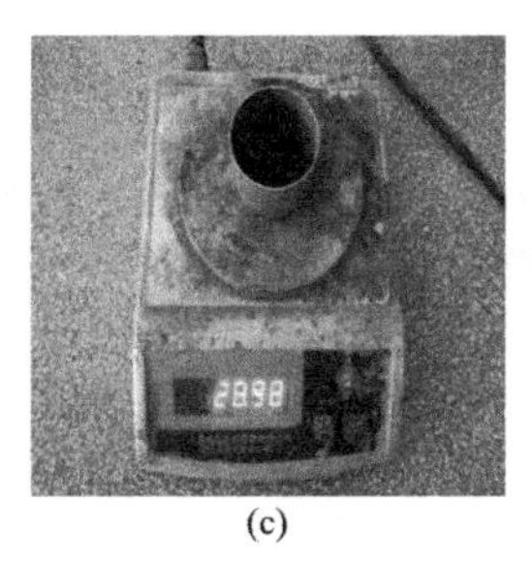
(c)

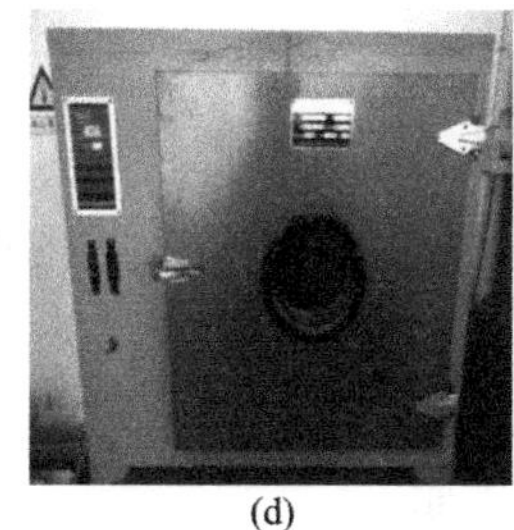
(d)

图 2.1-2　界限含水率试验过程
（a）锥入前；（b）锥入后；（c）称重；（d）烘干

界限含水率试验测试结果如表 2.1-3 所示。

界限含水率试验数据　　　　**表 2.1-3**

编号	h_0/mm	h/mm	$m_{湿土}$/g	$m_{干土}$/g	ω_0/%	ω/%
1	3.0	3.0	15.78	12.88	22.5	22.4
2	3.0		15.23	12.45	22.3	
3	7.1	7.2	15.02	12.01	25.1	25.2
4	7.3		15.07	12.03	25.3	
5	15.6	15.35	16.46	12.67	29.9	30.2
6	15.1		14.51	11.11	30.6	

记录各组试样的圆锥平均入土深度 h 和相应的含水率 ω，并将测定结果绘于双对数坐标轴内（图 2.1-3），然后将这些点进行线性拟合。根据所拟合出的线性函数关系，计算圆锥入土深度 2mm 时的含水率，即为塑限 ω_P=21.76%，圆锥入土深度 17mm 时的含水率为液限 ω_L=31.24%。

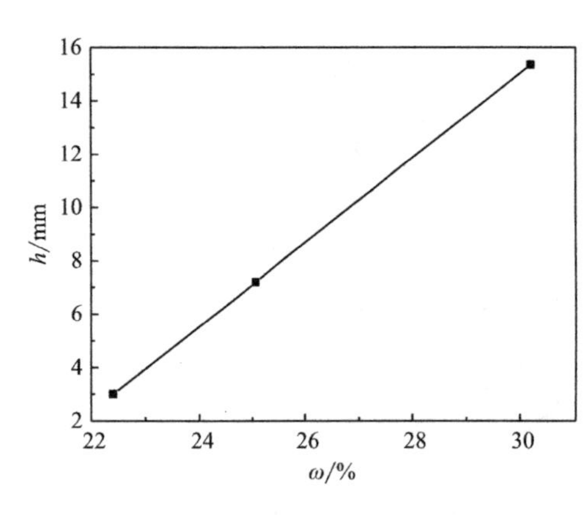

图 2.1-3　含水率 - 锥入深度关系图

3. 击实试验

击实试验可以反映土样干密度在一定压实能量下随着含水率变化的发展规律，从而得到土在一定夯击能量下最容易夯实并能达到最大密实度的最优含水率及相对应的最大干密度。本试验分为轻型击实和重型击实，轻型击实试验的单位体积击实功约为 592.2kJ/m³，重型击实试验的单位体积功约为 2684.9kJ/m³。本次试验红黏土的土样粒径小于 20mm，故采用轻型击实方法。

1）试验仪器及设备

击实仪、天平：称量 200g、分度值 0.01g、台秤：称量 10kg、分度值 1g，标准筛：孔径为 20mm、5mm。

2）试验步骤

（1）由图 2.1-3 可知，生土的塑限为 21.76%。在塑限范围内配制 5 个含水率相差 2% 的土样，含水率分别为 18%、20%、22%、24%、26%。

（2）在击实筒内壁和底板涂一层润滑油，检查仪器各部件及配套设备的性能是否正常，并做好记录。

（3）从制备好的土样中称取一定量土料，分 5 层倒入击实筒内，并将土面整平，分层击实。

（4）插上电源，打开控制器开关，设置击实仪的落锤数为 25 击，设置完成后开始击实。击实完一层后暂停，刮毛加料后再进行击实；击实后每层试样的高度应大致相等，且超出击实筒顶的试样高度应小于 6mm。

（5）试验结束后，关闭电源。当试样底面超出筒外时，应修平。擦干净筒外壁，称量击实筒和内部试样的总质量，准确至 1g。

（6）用推土器从击实筒内推出试样，从试样中心处取两个一定量的土料（细粒土为 15 ～ 30g，粗粒土为 50 ～ 100g，称量准确至 0.01g），平行测定 2 个试样的含水率，2 个试样含水率的最大允许差值应为 ±1%。

（7）重复步骤（1）～步骤（6）对其他含水率的试样进行击实，一般不重复使用土样。

击实后试样的含水率应按式（2-4）计算：

$$\omega=\left(\frac{m_0}{m_\mathrm{d}}-1\right)\times 100 \tag{2-4}$$

式中　ω——土样的含水率，%；

m_0——湿土质量，g；

m_d——干土质量，g。

击实后，试样的干密度应按式（2-5）计算，计算至 0.01g/cm³。

$$\rho_\mathrm{d}=\frac{\rho}{1+0.01\omega} \tag{2-5}$$

式中　ρ_d——土样的干密度，g/cm^3；

　　ρ——土样的湿密度，g/cm^3。

红黏土击实试验记录表如表 2.1-4 所示。

击实试验记录表　　表 2.1-4

编号	S		m_0/g		m_1/g		m_2/g		ω/%		ω_0/%	m/g	ρ/g·cm^{-3}	ρ_d/g·cm^{-3}
1	A3	C7	7.83	7.91	28.83	27.42	25.60	24.47	18.2	17.8	18	1629	1.72	1.46
2	B4	A6	7.96	7.88	30.47	28.64	26.83	25.08	19.3	20.7	20	1735	1.83	1.53
3	A2	A7	8.12	7.95	32.29	31.62	28.01	27.27	21.5	22.5	22	1875	1.98	1.63
4	C1	B5	7.89	8.14	29.87	30.78	25.63	26.27	23.3	24.7	24	1803	1.90	1.54
5	B3	A5	7.89	7.98	28.96	33.15	24.71	27.83	25.2	26.8	26	1763	1.86	1.48

注：S——盒号；m_0——盒重，g；m_1——盒＋湿土的质量，g；m_2——盒＋干土的质量，g；ω——含水率，%；ω_0——平均含水率，%；m——柱形湿土质量，g；ρ——湿密度，g/cm^3；ρ_d——干密度，g/cm^3。

试验含水率 - 干密度关系曲线如图 2.1-4 所示，可知土样的最优含水率为 22%，最大干密度为 1.63g/cm^3。

4. 内部矿物组成分析

江西地区生土房屋的墙体多用原状黏土进行建造。本文所使用的红黏土采自南昌市市郊，为江西地区常见的红色黏土，其孔隙比大、含水率高、密度低、塑性高，还具有压缩性低和承载力高的特点。借助微观试验仪器 XRD 衍射分析仪对所选红黏土的内部矿物组成进行试验测试，结果如图 2.1-5 所示。可知，试验所用红黏土主要包含石英、高岭石、伊利石、赤铁矿等矿物成分。其中，石英是一种原生矿物，其成分与母岩相同，主要为 SiO_2；而且石英的粒径相对比较粗大，颗粒之间粘结力极小。而高岭石、伊利石、赤铁矿属于次生矿物，是长时间化学风化的产物，成分较母岩已发生了质的变化，材料颗粒在分子间力的作用下具有一定的塑性。

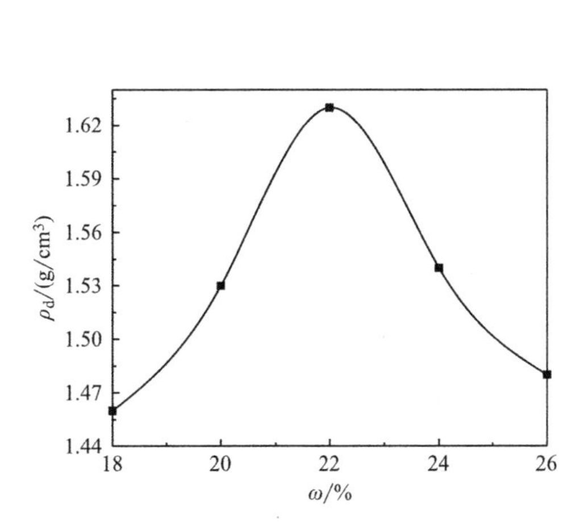

图 2.1-4　含水率 - 干密度关系曲线

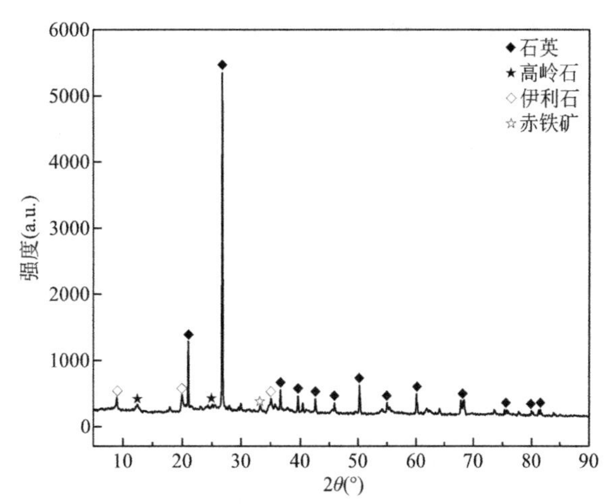

图 2.1-5　红黏土 XRD 衍射图谱

5. 微观结构观察分析

为了更清晰地展现所选红黏土的内部微观结构，本节选用美国 FEI 公司生产的场发射环境扫描电镜（型号 Quanta 200FEG）对所选红黏土试样进行电镜扫描。试验步骤如下：首先取适量烘干后的红黏土粉末，将样品用导电胶固定在样品台上，然后进行喷金（由于本试验中红黏土样品不具备导电性，需要对其进行喷铂金处理），喷金时间为 120s，选择合适的样品区域进行 SEM（Scanning Electron Microscope）电镜扫描观察。试验结果如图 2.1-6 所示。

由图 2.1-6 可知，江西红黏土内部含有大量黏土矿物聚集体，主要是石英、书卷状的高岭石和片状的伊利石，同时局部附着有赤铁矿颗粒。天然红黏土由形态和大小各异的粒团、聚集体和胶结物质堆积而成；其内部骨架松散，无定向排列，颗粒堆积杂乱，接触点数目少，各粒团之间多以点—点、边—边、边—面接触为主。此外，红黏土内部孔隙较大，且未连续分布，孔隙多呈圆形或椭圆形。

(a)

(b)

图 2.1-6　红黏土 SEM 图像

（a）天然土样（2500 倍）；（b）天然土样（10000 倍）

2.1.3　小结

本节对取自江西省南昌市的代表性红黏土试样进行了颗粒分析试验、界限含水率试验、击实试验、XRD 衍射分析和 SEM 扫描分析，对每个试验采用的仪器设备、试验步骤及试验结果进行了阐述，主要结论如下。

所取红黏土土样的主要物理性质指标如下：土样的不均匀系数为 17.38，曲率系数为 1.03，在 1 ～ 3 之间，表明所用红黏土级配良好。塑限为 21.76%，液限为 31.24%。土样的最优含水率为 22%，最大干密度为 1.63g/cm^3。

通过 X 射线衍射分析试验，初步确定了江西红黏土的矿物组成主要为石英、高岭石、伊利石、赤铁矿等矿物成分。电镜扫描试验表明：天然红黏土由形态和大小各异的粒团、聚集体和胶结物质堆积而成；其内部骨架松散，无定向排列，颗粒堆积杂乱，接触点数目少。此外，红黏土内部孔隙较大，且未连续分布，孔隙多呈圆形或椭圆形。

所选红黏土松散、杂乱的内部结构给当地生土墙带来了诸多不利，比如由于风化、雨水侵蚀等原因，墙体表层土粒会被侵蚀，导致土体的内部结构被破坏，粘结力下降，表层墙体出现碎裂和层状剥落，有的甚至会坍塌。这会严重威胁到当地生土民居使用者的生命和财产安全，因此后续章节将以本节红黏土的基本物理性能测试结果为基础，对江西地区广泛存在的生土材料（红黏土）进行改性试验研究，以提高当地生土材料的使用安全性和耐久性，促进生土民居的继承与发展。

2.2　生土材料的力学改性试验研究

2.2.1　概述

虽然生土材料具有优异的地域适宜性和经济环保性，但这种天然的绿色建筑材料却没能在现代建筑中得到广泛应用，原因主要有以下几点。

（1）未经处理的生土材料的力学强度低，生土结构的整体性差，抗震安全能力不足，导致生土材料及生土房屋在现代社会中逐渐被淘汰。

（2）生土材料的粘结性能差，导致表面装饰层和与其他材料的结合部位易剥落，修补困难，严重影响生土墙体的热工性能，导致室内的热舒适性变差。

（3）传统生土材料耐久性较低，易因风蚀或雨水冲刷而造成破坏。

（4）传统生土材料干燥收缩较大，容易导致墙面开裂，严重影响生土房屋的使用安全性。生土材料常见缺陷如图 2.2-1 所示。

(a)

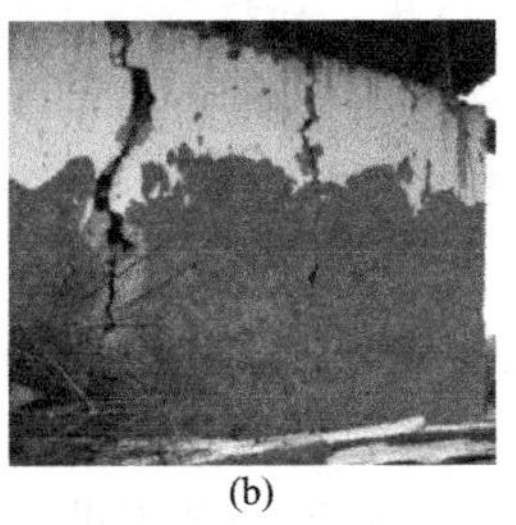
(b)

(c)

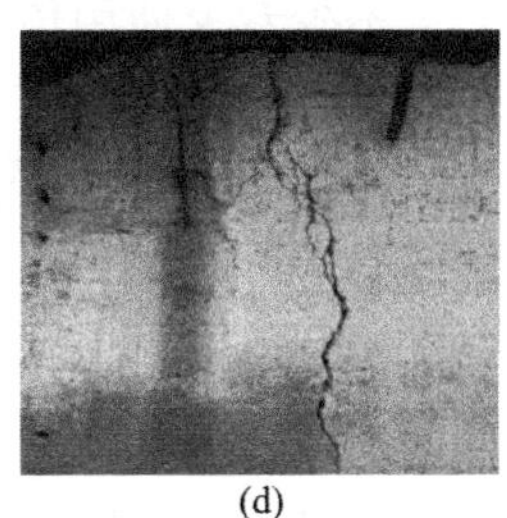
(d)

图 2.2-1　生土材料常见缺陷
（a）力学性能差；（b）粘结性能差；（c）雨水侵蚀；（d）干燥收缩开裂

以上生土材料的种种缺陷严重阻碍了生土房屋的普及与发展，导致近年来生土房屋的数量逐年下降。然而，生土作为天然的绿色材料，随着可持续发展和节能减排等绿色建筑发展观的树立，生土房屋的节能减排效果及生土材料的性能改进研究逐渐受到人们关注。

2.2.2　研究现状

为了改善传统生土材料的力学性能，国内学者针对不同地域的原状土材料如新疆吐鲁番黏土、江西红黏土、甘肃黄土、云南红土等进行了大量的改良研究。国内广泛开展生土材料力学性能改良试验研究的高校有西安建筑科技大学、南昌大学、天津城建大学、长安大学、重庆大学、昆明理工大学等，所采用的改良材料有传统材料（如水泥、石灰、粉煤灰、植物纤维等），还有新型改良材料（如相变材料、微胶囊、纳米黏土和纳米硅溶胶等）。

不少专家使用纤维材料对生土材料进行了改性研究。比如，刘军等人发现狗尾草和稻草可以较大程度地提高土坯的抗剪强度和抗折强度。长安大学的石坚等通过击实试验、直接剪切试验和轴向压缩试验研究了素土、麦秸土和灰土的抗剪强度和抗压强度等力学性能指标的差异；研究发现，灰土的抗剪性能要优于麦秸土，但对抗压强度的提升效果与此相反。昆明理工大学的陶忠等发现松针可以提高土坯的抗剪强度和抗压强度。高智能等发现竹筋可以显著提高生土墙的屈服荷载，竖向竹筋的加入可以改善墙体延性。王赟利用稻草和淀粉等来对陕南山区的生土材料进行改性，发现淀粉对提高生土抗压强度的效果最好，其次是稻草；同时，掺入稻草后，生土的内摩擦角得到显著增长，试件抗剪能力得到明显提高。

国外学者根据当地特有纤维材料对生土进行了大量改良研究，如 Kafodya 等发现掺入剑麻纤维后土坯的破坏模式从脆性变为延性，且土坯的抗拉和抗剪强度都得到显著提高。Zare 和 Habibi 研究发现，联合使用废轮胎纺织纤维、水泥、石灰，可以提高夯土的力学性能指标，如无侧限抗压强度、剪切强度、抗拉强度等。Udawattha 等人研究了天然聚合物替代土壤稳定剂的适用性，结果表明，松树树脂、达吾尔黑土和甘蔗渣适合稳定土壤。Syed 等人发现，大麻纤维与碱活化黏合剂对减少膨胀土的收缩裂缝效果显著。Tran 等人在土中掺入玉米纤维，以改善其力学性能。Elhafcouni 等人发现，与稻草纤维相比，使用 alpha 纤维生产的黏土砖表现出更好的机械性能。同时，也有学者发现掺入聚丙烯纤维之后，可以防止土壤形成弱结构面，提高土体的抗拉强度和延性，降低土的膨胀性和压缩性。

不少专家使用传统改性材料（砂、水泥、石灰、粉煤灰等）对生土进行了改性研究。比如，张坤等探究了不同粒径和掺量的河砂对生土材料力学性能的影响，得到 15% 细砂 + 15% 中砂是最优改性配合比，试件的抗压强度为原土的 1.25 倍，与素土相比，延性提高了 7%。李宗新等分别利用水泥、石灰对盐渍土、黄土进行改性，得到平均粒径大的黄土更适合利用水泥进行改性，平均粒径小、比表面积大的盐渍土更适合利用石灰进行激发改性的结论。钱觉时等使用脱硫废弃物来改性生土材料，发现脱硫石膏和固硫灰能显著提高生土材料的抗压强度。刘芳使用水泥、砂石对西安地区的黄土进行改性研究，得到掺料类型和掺入比例对生土试件抗压强度的影响规律。蔺广涵等发现适量的棉花秸秆可以提高生土材料的强度和延性。陈秋雨等通过试验研究了单掺、双掺及复掺对不同养护龄期下试件无侧限抗压强度的影响。研究发现，单掺水泥可显著提高改性生土材料的强度；当复掺 5% 磷石膏 +10% 水泥时，改性生土试块的抗压强度为 4.21MPa。

Hussaini 等人和 Toufigh 等人研究了水泥、火山灰、玻璃纤维和相变材料对生土材料断裂能的影响，结果表明，水泥和火山灰可以提高材料强度，而玻璃纤维可以提供内部约束，增加材料延性，从而提高生土材料的断裂能。Siddiqua 等人选择粉煤灰和电石渣作为生土的粘结材料，当其含量从 9% 增加到 12% 时，试样的 28d 无侧限抗压强度增加了 26%。Arslan 等人采用不同材料配合比对生土材料进行改性，结果表明，加入 10% 的水泥后，生土墙的抗震性能明显得到提高。Arrigoni 等人通过土壤成分的化学表征和微观结构分析，研究了水泥、电石渣和粉煤灰等不同改性材料对稳定夯土无侧限抗压强度的影响。Hallal 等人通过压缩、拉伸和耐久性试验评估了不同改性配合比的水泥和石灰对夯土力学性能的影响。Naeini 等人发现，含有 5% 纸浆厂粉煤灰、5% 波特兰水泥和 15% 膨润土的 RE 配方在养护至 28d 时，其抗压强度为 3.56 MPa，经过 12 次冻融循环后强度保持率为 92%。Kosarimovahhed 通过软件优化得到夯土的最优改性配合比是 0.7% 的水泥 +6.5% 的粉煤灰。

一些专家使用新型改性材料对生土进行了改性研究。比如，郭李娜等使用纳米黏土和纳米硅溶胶对黄土进行改性，并通过 SEM、工业 CT 扫描分析等试验从微观角度探讨改性材料对黄土内部结构孔隙及比表面积等方面的影响。结果表明，纳米黏土会使黄土颗粒的表面及边缘更为粗糙多孔，且纳米黏土对于黄土中孔隙的填充作用较强。而纳米硅溶胶可以填充粒间间隙，增强土样的密实度。曲烈等研究了木质素和萘系减水剂对改性生土材料流变和力学性能的影响，发现掺入相同比例的萘系和木质素减水剂后（复合减水剂的掺量为 1%），改性生土材料的抗压强度高达 40MPa。

综上所述，掺入纤维后，可以防止土体剪切裂缝的发展和扩大，由此来增强土壤的韧性、延展性、无侧限抗压强度、剪切强度、抗拉强度、收缩膨胀性能。而传统改性材料如水泥、石灰、粉煤灰及电石渣等主要是通过与土体内部矿物成分发生化学反应，生成具有填充效应和胶结作用的化学产物，进而提高改性生土材料的力学性能。

2.2.3 生土材料力学性能改性方法

鉴于生土材料力学性能较差的关键材料应用问题，国内外较多学者已关注到材料力学性能改性试验研究方向。本节将总结与介绍已有生土力学性能改进效果显著的试验方案及结果。王赟采用稻草、生石灰、熟石灰和淀粉对陕南山区的生土材料进行了改性试验研究，其改性配合比如表 2.2-1 所示。

陕南山区生土改性试验配合比　　表 2.2-1

改性掺料	稻草	生石灰	熟石灰	淀粉
掺入比例	3%	3%	5%	3%/7%

该研究测试并统计了改性后生土试块的抗压强度，如表 2.2-2 所示。

抗压强度测试结果（MPa）　　表 2.2-2

编号	素土	改性配合比				
		稻草 3%	淀粉 3%	淀粉 7%	生石灰 3%	熟石灰 5%
1	4.575	5.375	5.775	5.6	5.175	5.05
2	4.675	5.285	5.700	5.525	5.125	5.10
3	4.625	5.200	5.685	5.55	5.225	5.175
平均值	4.625	5.287	5.720	5.558	5.175	5.108

此外，按照《土工试验方法标准》GB/T 50123—2019 对改性生土试样进行了直剪试验，得到不同垂直压力作用下不同改性生土试样抗剪强度结果，见表 2.2-3。通过以上研究可以发现，利用稻草、淀粉等可再生资源对生土材料进行改性，可以更好地保持生土建

筑的生态性，发挥山区的资源优势。通过抗压及抗剪试验发现，淀粉对改性生土材料抗压强度的提高效果最好，3% 的淀粉可以使素土的抗压强度提高 1.095MPa。同时，加入改性材料后生土的内摩擦角增大，黏聚力增强，抗剪强度也随之得到显著提高。其中稻草改性后生土的内摩擦角提高最多，3% 淀粉改性后土体的黏聚力提高最大。

抗剪强度测试结果（kPa） **表 2.2-3**

垂直压力	素土	改性配合比				
		稻草 3%	淀粉 3%	淀粉 7%	生石灰 3%	熟石灰 5%
100	50.0	57.8	64.0	58.7	55.3	53.18
200	60.0	71.4	75.7	71.1	68.5	65.20
300	69.7	84.0	86.8	82.9	80.0	76.80
400	78.0	94.8	96.0	92.5	90.1	86.30

糯米浆是一种传统的土壤固结剂，我国自古便有在重要生土建筑中加入糯米浆改性的工艺，该工艺可以提高生土材料的耐水性，并且绿色无污染。糯米浆作为胶粘剂，可充分渗入土体颗粒之间，增强土体颗粒表层水膜之间的物理粘结力，减小试件的孔隙率，增强土体的密实性，提高改性生土试件的受荷能力。针对古遗址的保护，目前也常以糯米浆为胶粘剂，并辅以其他改性材料提高生土材料与构件的力学性能。张坤等人以不同粒径河砂为改性掺料，以糯米浆作为胶粘剂，通过添加不同粒径、不同含量的河砂来调整土体的粒径级配，分析改性生土试件的抗压强度和延性比变化。

试验所用糯米浆选用长江米制备，制备步骤如下：标准称重、取 150g 糯米，将其淘洗后，在钢制容器中加入 5kg 清水，并标定刻度位置，熬煮 1h 使糯米糊化，持续不断搅拌，并适时补充清水，使水位保持在标定的刻度位置，冷却至室温后，取上层清液即为浓度为 3% 的糯米浆；改性试验配合比如表 2.2-4 所示。

生土改性试验配合比 **表 2.2-4**

试验编号	糯米浆 /%	细砂 /%	中砂 /%	粗砂 /%
A	0	0	0	0
B	13	0	0	0
D1	13	15	15	0
D2	13	20	20	0
D3	13	15	0	15
D4	13	20	0	20

上述试验所用的生土试块为直径 102mm、高为 116mm 的圆柱形试块；采用的加载方式为连续加载，加载速率为 0.1mm/s，当试件承载力降低至原有承载力的 85% 时，视为试

件破坏，试验结束。试样加载破坏形态如图 2.2-2 所示。

(a)

(b)

(c)

(d)

图 2.2-2　A、B 组试件破坏形态

（a）A 组试件破坏初期；（b）A 组试件完全破坏；（c）B 组试件破坏初期；（d）B 组试件完全破坏

由图 2.2-2 可知，当荷载约为峰值荷载的 70% 时，A 组试件的中部出现细小裂纹，如图 2.2-2（a）所示。随着荷载的增加，细小裂纹逐渐扩展为明显的竖向裂缝；达到峰值荷载前，裂缝稳定发育，位移变化相对缓慢；当荷载继续增至峰值荷载的 78% 时，试件承压面附近出现若干条与加载方向平行的裂缝，并迅速向另一端延伸，裂缝宽度随之增大，荷载急速下降，试件破坏。试件破坏后，一端裂缝较大，另一端裂缝较小，试件裂缝较大的一端局部有碎土块掉落。试件呈现明显的脆性破坏。B 组试件从开始加载至开裂阶段的表现与 A 组试件基本相同，但出现裂缝的荷载略高，均为峰值荷载的 78% 左右，在开裂阶段后期出现较短的斜裂缝。当荷载逐渐增大至峰值荷载的 90% 时，竖向裂缝与斜裂缝相交形成贯通裂缝，边缘处的土体呈片状剥落，试件丧失承载力而破坏。

对试验结果统计分析发现，加入糯米浆的 B 组试件的抗压强度平均值为 2.635MPa，是原状土 A 组试件的 1.16 倍，开裂荷载平均值是 A 组试件的 1.29 倍。究其原因，是由于糯米中的淀粉加热后糊化，形成黏度较高的胶体溶液（糯米浆）。作为胶粘剂，糯米浆能充分渗入土体颗粒之间的孔隙中，可增强土体黏聚力，减少试件孔隙率，增加土体密实性，从而提高试件的抗压强度和开裂荷载，并延长试件的弹性受力阶段。但在试验荷载达到极限荷载时，糯米浆对土颗粒的化学粘结作用也随即丧失。此外，A 组试件的延性比平均值为 2.057，加入糯米浆后，B 组试件的延性比平均值增大至 2.302。其中，延性比是试件极限位移与开裂位移之比，可以间接反映材料对能量的耗散性能和抵御地震作用的能力。

此外，研究分析使用不同砂土级配糯米浆改性的生土试件，发现改性生土试件中河砂总掺量不宜超过 30%。对比试验中不同砂粒级配的试验结果，可以发现级配良好的砂粒能均匀地填充骨架间的孔隙，提高试件的密实度及抗压强度。随着砂粒间粒径差距加大，试件的抗压强度呈下降趋势。级配不良的砂粒虽能填充材料骨架间的孔隙，但砂粒粒径的连续性存在缺陷，试件的密实度不易达到最优状态。此外，掺入一定含量级配良好的砂粒，可以提高生土材料的延性比；掺入级配不良的砂粒，会降低生土材料的延性比。

粉煤灰是优良的改性材料，对水泥、生土等材料均有很好的力学提升作用。为了进一步了解粉煤灰、新型纳米材料等对生土改性的作用机理，郭李娜、张永波等人利用 SEM

分析、工业CT扫描分析和BET比表面积分析等试验方法，从微观角度探讨了改性材料对黄土结构、孔隙及比表面积等方面的影响。

其中，新型纳米改性剂主要包括纳米黏土、纳米碳和纳米胶体颗粒（$CaCl_2$、KNO_3、Al_2O_3、SiO_2、Cu）等。近年来，纳米材料和技术在各个领域应用广泛。作为环境友好添加剂，纳米材料在包括土壤改良和废物利用等方面有十足的潜力。由于纳米颗粒具有极高的比表面积和带有电荷的活性表面，所以，纳米颗粒与其他土壤成分（包括液相、阳离子、有机质和黏土矿物）之间的相互作用非常活跃，即使添加很小的剂量，也能显著影响土壤的微观结构和物理、化学及工程性质。

研究使用的纳米黏土为钠基蒙脱石，蒙脱石的含量为99.5%，SiO_2的含量为61.02%；纳米硅溶胶是40%浓度的纳米硅溶胶，粒径为10.6nm。改性试验配合比如表2.2-5所示。

改性试验配合比 表2.2-5

样本	样本编号	掺量/%
马兰黄土	S	0
纳米硅溶胶	G	0
纳米黏土	N	0
黄土+粉煤灰	S_{F1}	1
	S_{F3}	3
	S_{F7}	7
黄土+纳米硅溶胶	S_{G1}	1
	S_{G3}	3
	S_{G7}	7
黄土+纳米黏土	S_{N1}	1
	S_{N3}	3
	S_{N7}	7

图2.2-3为纯黄土、粉煤灰、纳米黏土和风干后纳米硅溶胶试样的10000倍扫描电镜照片。对扫描结果进行观察，并结合黄土微结构的分类理论进行分析可以发现：黄土试样的显微结构分类为Ⅷ，颗粒形态为粒状-凝块类，外部由黏胶微细碎屑碳酸盐胶结。骨架颗粒连接形式为面胶结，接触处聚集相当多的黏土片，同时夹着盐晶膜的连接。孔隙为架空-镶嵌类型，孔隙比周围颗粒的直径小，较为稳定。从扫描结果可以看出，粉煤灰颗粒为规则的球体半透明玻璃微珠，直径在2～5μm，表面多孔，形状复杂；纳米黏土为片状结构，片层厚度在1～3nm，层间间距为1.24nm，片径为2～10μm。纳米硅溶胶粒为片状结构，粒径范围为5～100nm，溶胶粒子表面层有较多小分子。

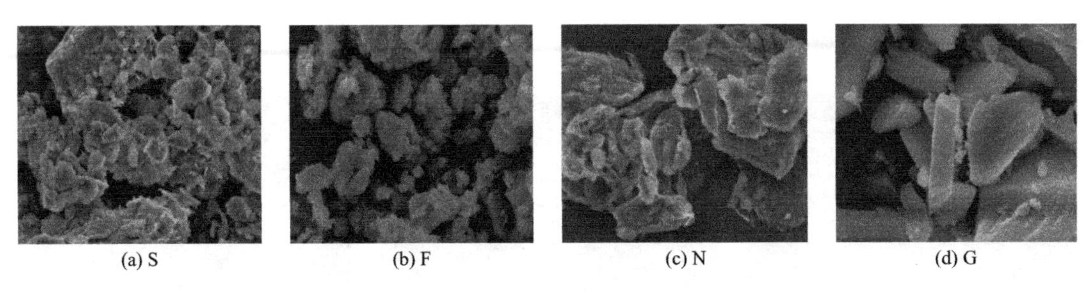

(a) S (b) F (c) N (d) G

图 2.2-3 黄土、粉煤灰、纳米黏土、纳米硅溶胶扫描电镜图片（×10000）

注：S 为黄土；F 为粉煤灰；N 为纳米黏土；G 为纳米硅溶胶。

图 2.2-4 为粉煤灰掺量分别为 1%、3% 和 7% 的改性黄土的扫描电镜图片。与纯黄土土样相比，粉煤灰的掺入使其微粒镶嵌在黄土的粒状和凝块结构之间，填充了黄土颗粒之间的空隙，并且随着粉煤灰掺量的增加，黄土颗粒间的填充物明显增多，黄土中的架空孔隙逐渐减少，大孔隙占比减少，小孔隙增多，粉煤灰黄土混合后样品的整体孔径减小。

(a) S_{F1} (b) S_{F3} (c) S_{F7}

图 2.2-4 粉煤灰改性黄土扫描电镜图片（×2000）

图 2.2-5 为纳米硅溶胶掺量为 1%、3% 和 7% 的改性黄土的扫描电镜图片。随着纳米硅溶胶掺量的不断增加，黄土颗粒表面被凝胶薄膜吸附或包裹的程度增加，颗粒边缘粗糙不清。颗粒间的架空孔隙大大减少，粒间接触由点接触逐渐向面接触转化，颗粒的间隙逐渐被填充，土样结构的密实度增强。

(a) S_{G1} (b) S_{G3} (c) S_{G7}

图 2.2-5 纳米硅溶胶溶液改性黄土扫描电镜图片（×5000）

图 2.2-6 为掺加 1%、3% 和 7% 的纳米黏土的改性黄土的扫描电镜图片。通过对比分析可以看出，随着纳米黏土的加入和掺量的增加，片状的纳米黏土矿物不断地填充、附着于黄土颗粒之间，黄土颗粒表面变得粗糙，镶嵌孔隙和胶结物孔隙逐渐增多，增强了土颗

粒间的连接，黄土的微观结构更为均匀密实。

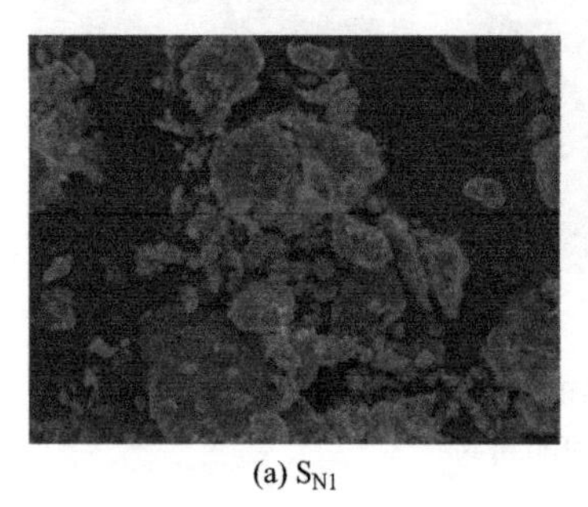

(a) S_{N1}

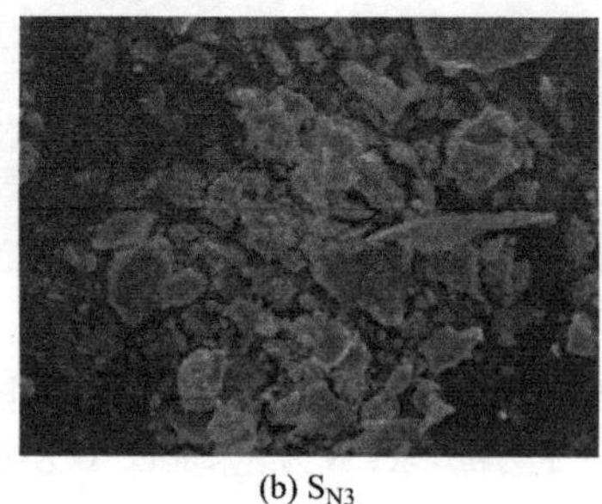

(b) S_{N3}

(c) S_{N7}

图 2.2-6　纳米黏土改性黄土扫描电镜图片（×2000）

此外，将上述土样进行工业 CT 扫描并做图像处理，发现三种改性材料均增加了黄土的孔隙数，土体中的大孔隙数量明显减少，小孔隙数量增多，这一点与 SEM 电镜扫描直观的观察结果一致。

掺入改性材料后，均减小了土样的孔隙体积，改性黄土的整体孔隙率均小于纯黄土的孔隙率。随着改性材料掺量增加越多，黄土孔隙率减小越多。其中，纳米黏土的掺入对黄土孔隙数量的影响最为显著，当纳米黏土的掺入比例为 7% 时，黄土的孔隙率由 2.85% 降到 1.97%，孔隙率的减少率为 30.84%。这是由于掺入黄土中的纳米黏土遇水后膨胀形成胶凝体，填充于黄土孔隙中，同时充当了胶结剂，将黄土颗粒胶结在一起，增加了黄土中的孔隙数量，增大了土样的比表面积。掺加 7% 纳米黏土后，改性黄土的比表面积从 $26.12m^2/g$ 上升到 $43.94m^2/g$。掺入粉煤灰与纳米硅溶胶，对黄土孔隙数量的影响次于纳米黏土，掺加同一数量粉煤灰或纳米硅溶胶的改性黄土的孔隙数及孔隙体积相差不大。

综上可以发现，已有的关于生土材料力学性能的改性试验研究中，改性方式多为单掺改性，复掺改性试验研究较少，对宏观力学试验与微观分析的结合应用较少。本章以江西省本地区生土材料为研究对象，综合现有研究中改性效果良好的水泥、石灰等材料，传统建造工艺中常使用的稻草、细砂等材料，以及新型工业原料如化学纤维与纳米材料等，开展了一系列宏观力学试验与微观试验分析，详细地解释了不同改性材料下生土的力学改性效果，以及材料发生的物理、化学反应的作用机理等。

2.2.4　江西红黏土力学性能改性试验研究

尽管目前已开展了较多关于生土材料的力学性能及改性试验研究，考虑到不同地区生土的材料特性差异较大，针对局部区域的生土材料试验具有更突出的应用价值。因此，本节选取江西省常见的红黏土作为研究对象，通过在生土材料中掺入不同比例的外掺料，对其进行化学与物理性能改进，全面地提升了原始生土材料的力学性能、耐水性，以及热工性能等，为生土房屋的继续发展提供了有力的支持。

针对原状生土力学性能较弱的缺陷，本章首先对材料的力学性能进行改良试验。研究以单一材料的掺入试验分析结果作为后期复掺试验的理论依据，依次展开系统的单掺与复掺改性试验。生土材料的改性研究不但有助于提高生土房屋的安全性与舒适性，还可促进生土建筑的普及与发展，有利于保护传统建筑文化风貌。在我国新农村建设进程中，应保持农村住宅结构形式的多样性。

本节试验所使用的红黏土的基本物理性质如表 2.2-6 所示。

红黏土基本物理性质　表 2.2-6

塑限 /%	液限 /%	塑性指数	最大干密度 / (g/cm^3)	最优含水率 /%	天然密度 / (g/cm^3)
21.76	31.24	9.48	1.63	22	1.74

此外，在试验中，生土材料改性所用水泥与石灰的化学成分如表 2.2-7 与表 2.2-8 所示。为了增强生土材料的延性与热工性能，试验选用了聚酯纤维材料，该材料具有较高的断裂强度和弹性恢复能力，耐热性、耐光性好。纤维长度为 12mm，直径 15μm，密度为 1.38 ～ 1.40g/cm^3，颜色为乳白色，抗拉强度高达 3000MPa。试验所用的纳米 SiO_2 粉末是一种粒径仅为 20nm 左右的无定形物质，微结构为球形，密度为 2.319 ～ 2.653g/cm^3，熔点为 1750℃，其具有表面吸附力强，分散性好，稳定性、增稠性、触变性好等优点。减水剂选用宏宇化工减水剂厂生产的聚羧酸高效减水剂，其是以聚羧酸盐为主体的多种高分子有机化合物，经接枝共聚生成的，具有极强的减水性能，还具有掺量低、减水率高、收缩小、绿色环保等优点。

水泥成分　表 2.2-7

SO_3	Fe_2O_3	CaO	SiO_2	Al_2O_3
3.75%	3.84%	54.00%	18.52%	5.58%

石灰成分　表 2.2-8

$Ca(OH)_2$	$CaCO_3$	MgO	SiO_2	Pb	As	自由水
≥ 94%	≥ 4%	≥ 2%	≥ 2%	≥ 0.4ppm	≥ 2.7%	≥ 1%

为了精确把握红黏土改性试验的合理配合比，我们首先针对红黏土进行了单掺改性试验，即在原土中单独加入不同比例的水泥、石灰、聚酯纤维等改性材料，确定每一种改性外掺料的最优比例。然后，在单掺改性试验的基础上进行复合改性试验，即在红黏土中同时加入多种改性材料来分析复合改性下生土材料力学性能的变化。最后，选取单掺、复掺改性试验中改性效果较好的试验组进行后续的 XRD、SEM 等试验，确定综合提高生土力学性能、耐水性、环境性能等方面效果最好的配合比，作为本次改性试验研究的最优改性配合比。

1. 单掺改性试验

本章红黏土力学性能改性试验所用的改性材料的种类（单掺）及掺入比例如表 2.2-9 所示。每种外掺料按不同比例分别制作三组，每组 6 个试件。

单掺改性试验配合比　表 2.2-9

%

外掺料	组 1	组 2	组 3
砂	15	20	25
水泥	15	20	25

续表

外掺料	组 1	组 2	组 3
石灰	10	15	20
稻草	0.2	0.5	0.8
减水剂	0.8	1.0	1.2
纳米 SiO_2	2.0	4.0	6.0
聚酯纤维	0.5	0.8	1.0

改性试验所用土样的含水率均为试验得出的最优含水率 22%，将掺入改性材料的土样搅拌均匀，按一定质量将其填充至模具中，在压力机上加载、压实，然后拆模、养护后，生土试块制作完成，具体流程如图 2.2-7 所示。

(a)

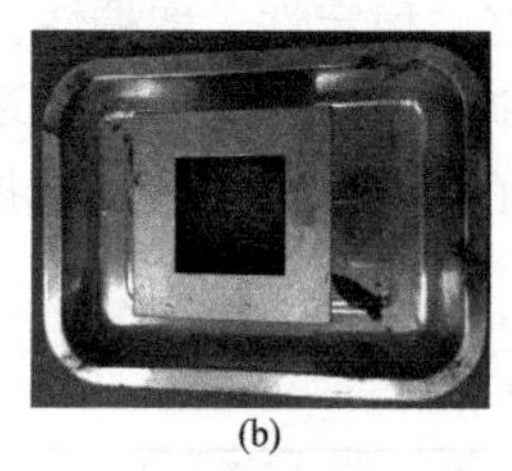
(b)

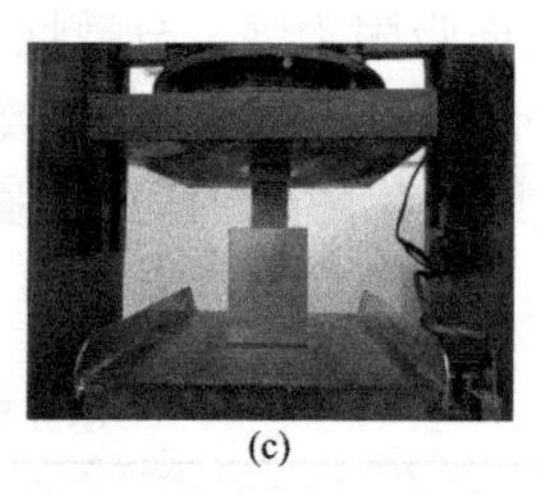
(c)

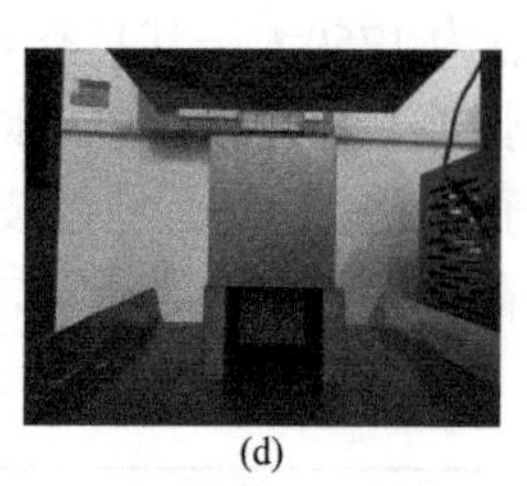
(d)

图 2.2-7 生土试块制备过程

（a）称料；（b）放料；（c）压实；（d）脱模

将不同改性方案制备的生土试块在自然条件下养护 3d、7d、14d、28d、90d，分别测试其不同龄期的抗压强度与耐水性。改性生土试块的力学性能测试按照《土工试验方法标准》GB/T 50123—2019 无侧限抗压强度试验进行。试验选用微机控制电液式压力试验机，其型号为 HCT-206B（2000kN），分别测试各组试样养护至 3d、7d、14d、28d、90d 的抗压强度。

试验采用全自动加载试验机加载，正式加载前先预压三次，保证试件与加载面紧密接触后开始试验。采用连续加载方式，加载速率为 0.1mm/s。当试件的承载力降低到原承载力的 85% 时，加载结束。记录材料的荷载 - 位移曲线，获取曲线中的最大值，用式（2-6）计算材料的抗压强度，测三组试块取平均值。

$$\sigma=\frac{F}{A} \tag{2-6}$$

式中 σ——生土试件的轴心抗压强度，MPa；

F——生土试件的轴心压力极限值，N；

A——生土试件截面面积，mm^2。

由于抗压试验过程中产生的环箍效应会受到试件形状和尺寸的影响，因此采用比例系数法对抗压强度测试值进行修正，当试件的高厚比为 1 时，修正系数为 0.76；当高厚比达到 5 以上时，认为试件的环箍效应消失，此时修正系数为 1.0。

2. 单掺改性试验结果

掺砂后，改性生土试件的破坏形态如图 2.2-8 所示，试块养护至 7d、28d 的抗压强度

及荷载 - 位移曲线对比如图 2.2-9 所示。可知，未加入改性材料的生土试块（原状土）受压破坏后，土体破碎严重，土粒之间的粘结力极差，土体强度迅速下降，原状土试块养护 7d 后，无侧限抗压强度为 2.99MPa；养护 28d 后，无侧限抗压强度为 4.12MPa，增长了 38%。当掺入 15% 的砂后，土体受压破坏呈现一个“双锥体”，表明试块在受压过程中由于受到环箍效应的影响，在试块中部的薄弱面上产生了拉应力，导致试块的中部薄弱部位率先受压膨胀而发生破坏，其 7d 和 28d 的无侧限抗压强度分别为 4.62MPa 与 5.45MPa，与未加改性材料的原状土相比，其 7d 和 28d 的无侧限抗压强度分别提高了 1.63MPa 和 1.33MPa。掺砂 20% 与 25% 的试块受压破坏后，其整体性略差，土颗粒之间的粘结力也有所下降，其中掺砂 25% 试块受压破坏后土体散落严重，试块中部率先出现破坏裂缝。与掺砂 15% 试块的 7d 抗压强度相比，掺入 20% 和 25% 的砂后，试块的 7d 抗压强度分别降低了 0.26MPa 和 0.84MPa；28d 的抗压强度分别降低了 0.16MPa 与 1.17MPa。由此可知，与其他掺砂试验组相比，掺砂 15% 对土体力学性能的提高效果最好，掺砂过多，会导致试样强度略有降低，因为过多的砂粒会导致土粒之间的粘结力不足，破坏土颗粒之间的粘结力，综合确定砂的最优掺量为 15%。

(a)

(b)

(c)

(d)

图 2.2-8　掺砂试块养护 7d 破坏形态

（a）原状土；（b）掺砂 15%；（c）掺砂 20%；（d）掺砂 25%

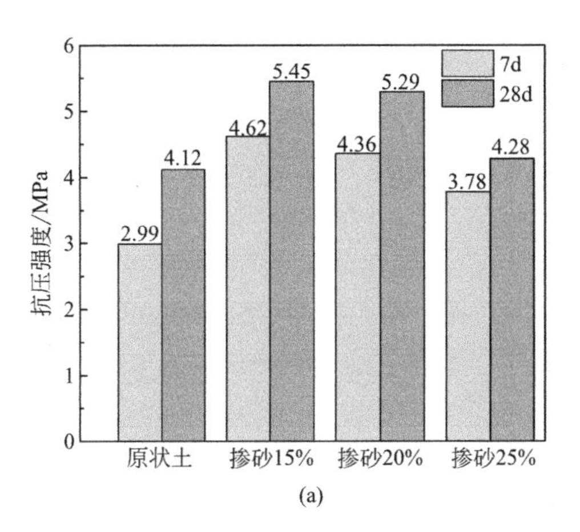

(a)

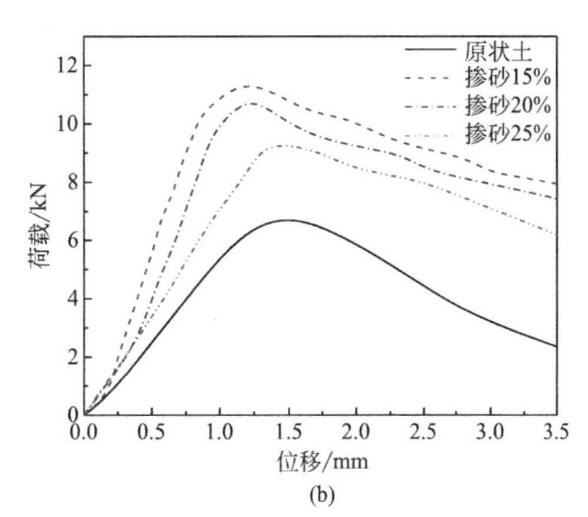

(b)

图 2.2-9　掺砂试块强度对比及荷载 - 位移曲线

（a）抗压强度；（b）7d 荷载 - 位移曲线

掺水泥后，改性生土试件的破坏形态如图 2.2-10 所示，试块养护至 7d 和 28d 的抗压

强度及荷载 - 位移曲线对比如图 2.2-11 所示。掺水泥 15% 与 20% 的试块受压破坏形状也为明显的“双锥体”，仍是因为试块在受压过程中受到环箍效应的影响，在试块中部薄弱面上产生了拉应力，导致试块中部率先发生破坏。与原状土相比，掺入水泥后，土体之间的粘结力得到显著提高，试块受压破坏后，仍具有较强的整体性。当掺入 15% 的水泥后，破坏后的试块仍有部分呈粉末状，但破坏的土体并未出现大规模的粉碎；随着水泥掺量越多，破坏后土体的整体性越好，受压破坏后土体不呈粉末状，而是坚硬且独立的小块。当水泥掺量达到 25% 时，加载结束后，并未观察到土体发生大面积受压脱落，仅是试块边缘和中部出现裂缝，表明此时试块的整体性最好，密实而坚硬。

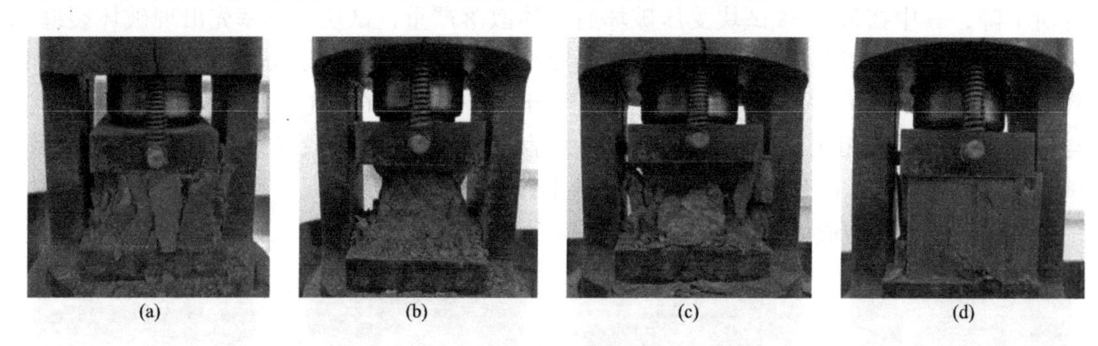

图 2.2-10　掺水泥试块养护 7d 破坏形态

（a）原状土；（b）掺水泥 15%；（c）掺水泥 20%；（d）掺水泥 25%

掺水泥 15%、20% 和 25% 后，土体 7d 抗压强度分别提升了 6.44MPa、9.28MPa 和 11.73MPa，28d 抗压强度增长效果更为明显。由此可见，水泥可以极大地改善生土材料的力学性能，水泥水化反应时间越长，生成的水化产物越多，试块的强度越高。由图 2.2-11 发现，水泥掺入 15% 时，试块强度的增长幅度最大，即改性效率最好。为节约资源，保证生土材料优良的绿色再生性能，综合考虑水泥的最优掺量为 15%。

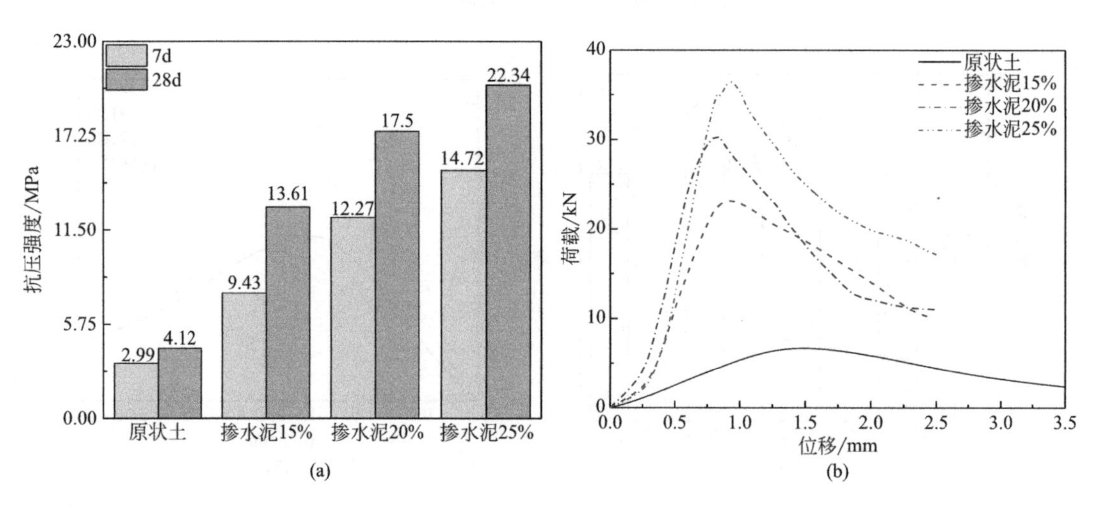

图 2.2-11　掺水泥试块强度对比及荷载 - 位移曲线

（a）抗压强度；（b）7d 荷载 - 位移曲线

掺石灰后，改性生土试件的破坏形态如图 2.2-12 所示，试块养护至 7d、28d 的抗压强

度及荷载 - 位移曲线对比如图 2.2-13 所示。

(a)

(b)

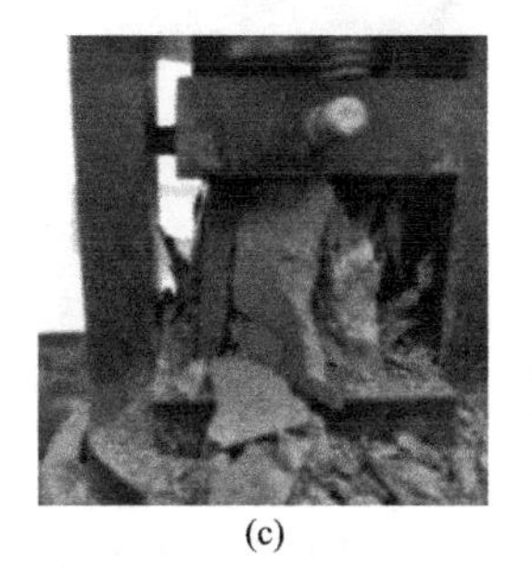

(c)

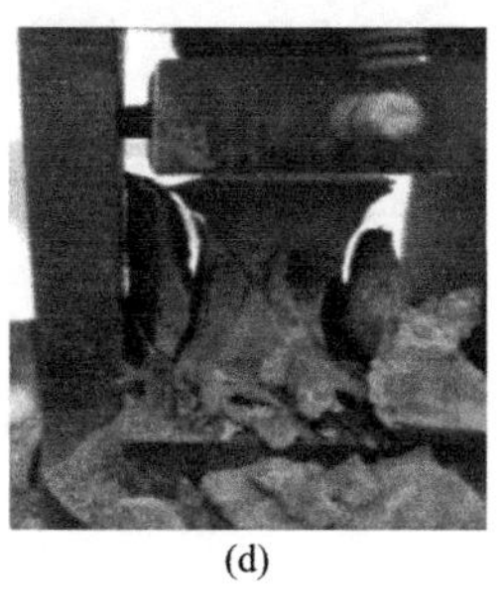

(d)

图 2.2-12　掺石灰试块养护 7d 破坏形态

（a）原状土；（b）掺石灰 10%；（c）掺石灰 15%；（d）掺石灰 20%

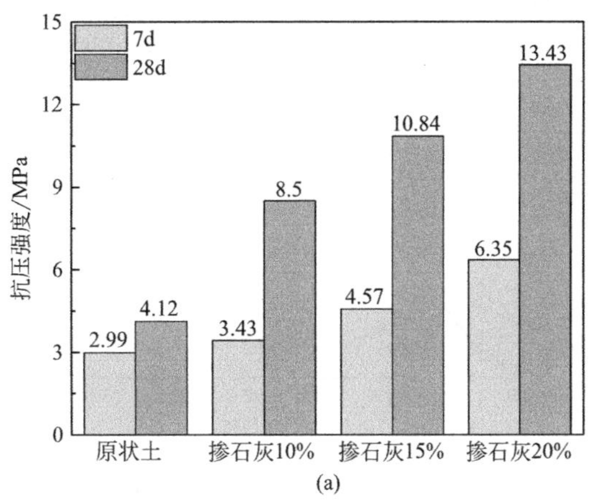

(a)

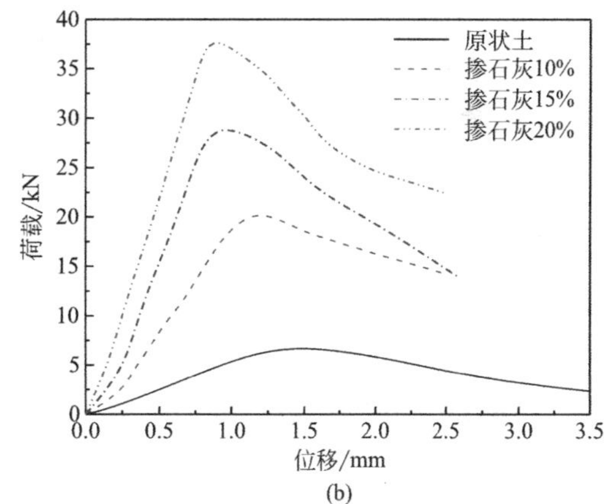

(b)

图 2.2-13　掺石灰试块强度对比及荷载 - 位移曲线

（a）抗压强度；（b）7d 荷载 - 位移曲线

由图 2.2-13 可知，掺入石灰后土体呈现出很强的凝结状态，因为石灰中的钙、镁离子吸附土壤中的钠、钾离子使土壤的凝聚力变大，土粒之间的结合力增强。与另外两组试块对比发现，掺入 10% 石灰的土体在破坏后仍具有一定的整体性，其 7d 与 28d 的抗压强度分别为 3.43MPa 和 8.5MPa，与未加改性材料的原状土相比，其 7d、28d 的抗压强度分别提高了 0.44MPa 和 4.38MPa。与加入 10% 石灰的试块的 7d 抗压强度相比，掺入 15% 和 20% 的石灰后，试块的 7d 抗压强度分别提高了 1.14MPa 与 2.92MPa；28d 的抗压强度分别提高了 2.34MPa 与 4.93MPa。鉴于生土材料的经济性与生态性，确定石灰的最优掺量为 10%。

掺纤维后，改性生土试件的破坏形态如图 2.2-14 所示，试块养护至 7d、28d 的抗压强度及荷载 - 位移曲线对比如图 2.2-15 所示。由试件破坏形态可知，掺入纤维材料后，试块破坏时的整体性更好，裂缝数量与宽度明显减少，随着纤维掺入量的增加，试块破坏形态更加完整。

从掺入纤维后试块的强度特性分析，掺入纤维试块 7d 和 28d 的抗压强度较原状土而言分别提高了 0.96MPa 和 2.71MPa。与掺纤维 0.5% 相比，掺入 0.8% 的聚酯纤维后，加载结束时，试块的裂缝数量显著减少，仅在试块中部出现狭小的水平裂缝和竖直裂缝，试块

(a)

(b)

(c)

(d)

图 2.2-14 掺纤维试块养护 7d 破坏形态
（a）原状土；（b）掺纤维 0.5%；（c）掺纤维 0.8%；（d）掺纤维 1%

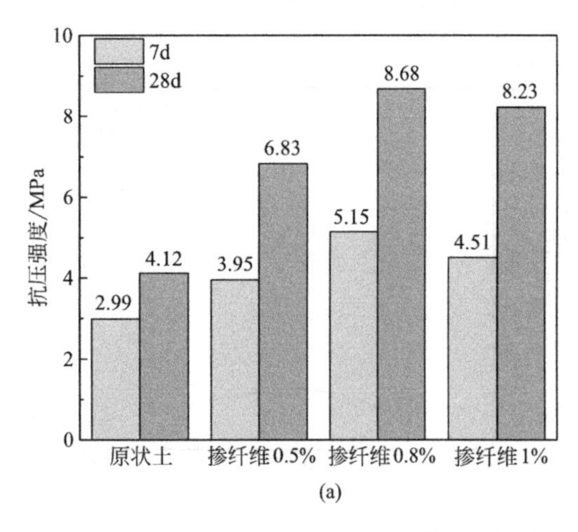

(a)

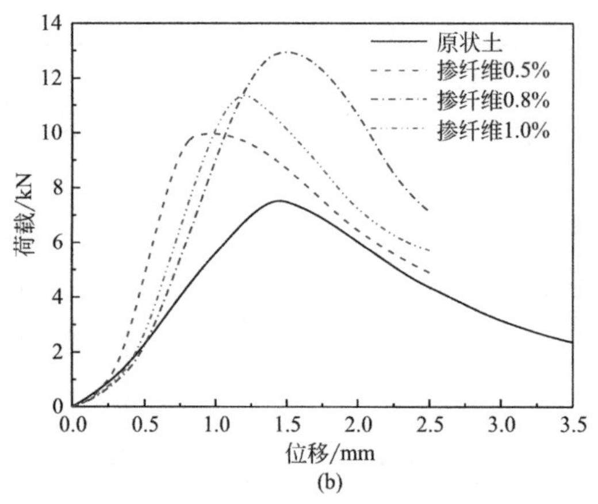

(b)

图 2.2-15 掺纤维试块强度对比及荷载 - 位移曲线
（a）抗压强度；（b）7d 荷载 - 位移曲线

留有较好的整体性。0.8% 的聚酯纤维对土体力学性能的提高效果最好，与掺纤维 0.5% 和掺纤维 1% 试块的抗压强度相比，其 28d 抗压强度分别提高了 1.85 MPa、0.45MPa ；当聚酯纤维的掺量为 1% 时，加载结束后，试块并未发生明显的破坏，但与掺纤维 0.8% 相比，试块的抗压强度却略有降低，因为过多的聚酯纤维不能使土体充分压实，提高了土体的韧性，使土体呈“软绵”状态。总之，聚酯纤维可以使试块在破坏后保持相对完整的状态，提高了其整体性和延性。结合试块的破坏形态及强度提高效果，确定聚酯纤维的最优掺量为 0.8%。

试块掺入稻草后，试块的破坏形态与掺入聚酯纤维后试块的破坏形态类似，此处不再赘述。掺稻草的试块养护至 7d、28d 的抗压强度及荷载 - 位移曲线对比如图 2.2-16 所示。掺稻草 0.2% 与 0.5% 后土体 28d 抗压强度分别提高了 3.05MPa 和 2.64MPa，加入适量的稻草，可以增强土粒之间的粘结力，提高土体的变形能力和抗压强度；加入 0.8% 的稻草后，土体的 28d 抗压强度反而下降了 1.59MPa，说明过量的稻草会使土体难以压实，破坏土粒之间的粘结，易在二者的接触面上发生滑移破坏。从力学性能改善角度考虑，稻草的最优掺量为 0.2%。

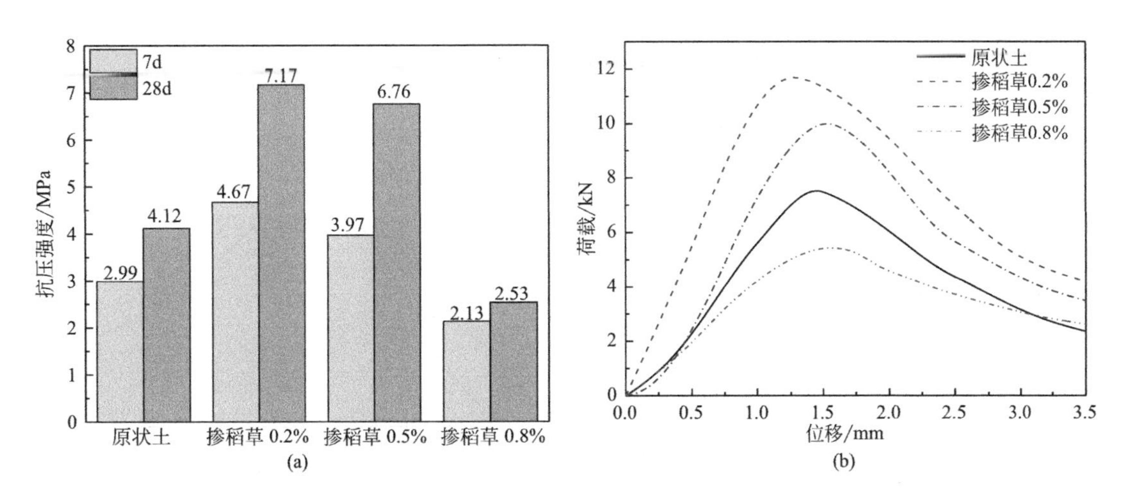

图 2.2-16 掺稻草试块强度对比及荷载 - 位移曲线

（a）抗压强度；（b）7d 荷载 - 位移曲线

掺纳米 SiO_2 后，改性生土试件的破坏形态如图 2.2-17 所示，试块养护至 7d、28d 的抗压强度及荷载位移对比如图 2.2-18 所示。当纳米 SiO_2 掺量较低时，加载结束后，土体破碎严重，土体整体性差。当纳米 SiO_2 的掺量为 4% 时，土体受压破坏后土粒之间仍有一定的粘结力。与原状土相比，其 7d 与 28d 抗压强度分别提高了 0.81MPa 和 0.73MPa。当纳米 SiO_2 的掺量为 6% 时，试块受压破坏后整体性稍差；与加入 4% 纳米 SiO_2 的试块相比，其 7d 与 28d 抗压强度分别降低了 0.23MPa 和 0.53MPa。综上所述，当纳米 SiO_2 的掺量为 4% 时，其对土体的力学性能提高效果最好，本试验中纳米 SiO_2 的最佳掺入比例是 4%。

图 2.2-17 掺纳米 SiO_2 试块养护 7d 破坏形态

（a）原状土；（b）纳米 SiO_2-2%；（c）纳米 SiO_2-4%；（d）纳米 SiO_2-6%

掺入聚羧酸减水剂后，改性生土试件的破坏形态如图 2.2-19 所示，试块养护至 7d、28d 的抗压强度及荷载 - 位移曲线对比如图 2.2-20 所示。加入减水剂后，试块的受压破坏形状与原状土类似。受损土体的整体性较差，土体强度迅速降低；虽然加入减水剂可以显著改善试样的耐水性，但当减水剂的加入比例为 0.8% ～ 1.0% 时，其对试块的力学性能提高效果甚微（与原状土相比，掺入 0.8% 和 1.0% 的减水剂后，试块的 7d 抗压强度分别提高了 0.29MPa 与 0.03MPa），而且过量的减水剂会使试块在养护期间出现轻微的裂纹，降低土体强度，所以力学改性试验所用减水剂的最佳比例是 0.8%。

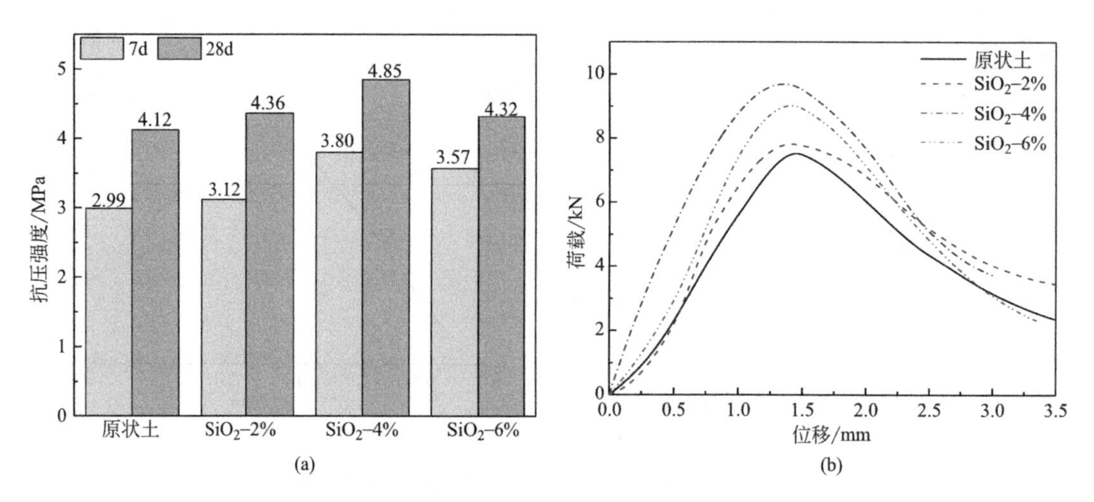

图 2.2-18　掺纳米 SiO_2 试块强度对比及荷载 - 位移曲线

（a）抗压强度；（b）7d 荷载 - 位移曲线

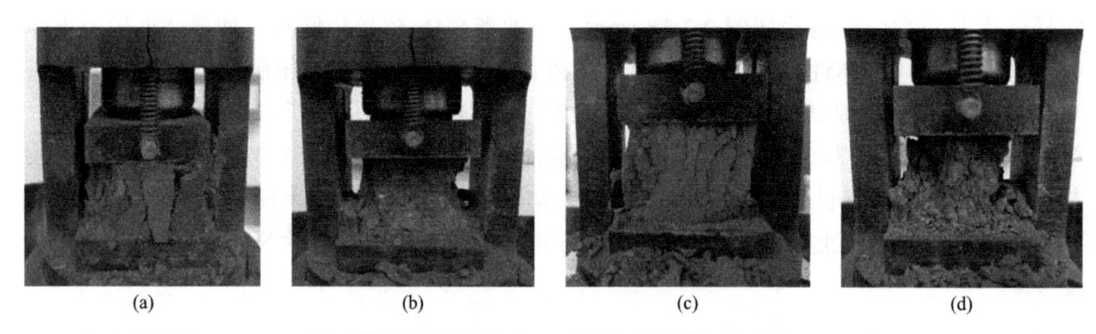

图 2.2-19　掺减水剂试块养护 7d 破坏形态

（a）原状土；（b）减水剂 0.8%；（c）减水剂 1%；（d）减水剂 1.2%

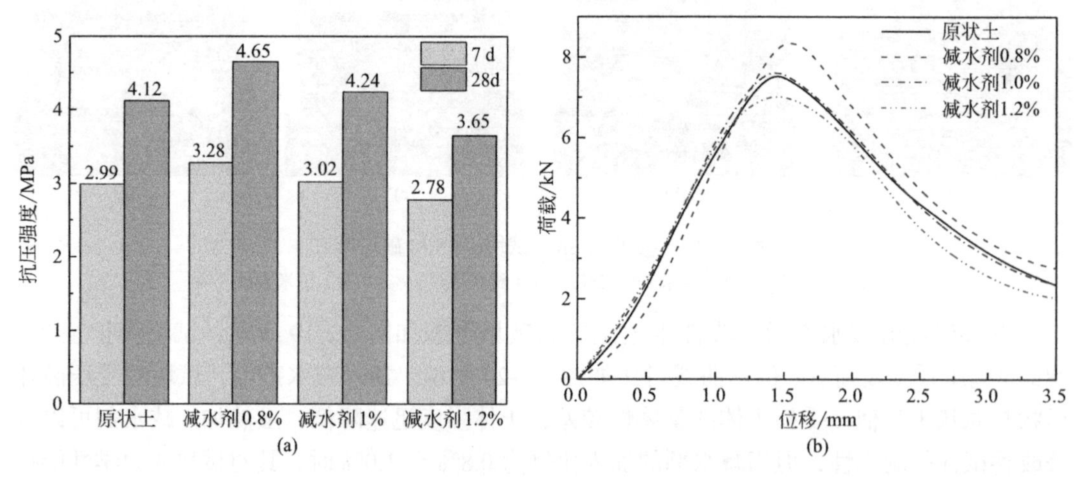

图 2.2-20　掺减水剂试块强度对比及荷载 - 位移曲线

（a）抗压强度；（b）7d 荷载 - 位移曲线

针对江西地区的生土材料，综合单掺改性试验结果，每种改性外掺料的力学改性最佳掺入比例见表2.2-10。由表2.2-10可知，石灰的最优掺量为10%，水泥的最优掺量为15%，砂的最优掺量为15%，稻草的最优掺量为0.2%，聚酯纤维的最优掺量为0.8%，纳米SiO_2的最优掺量为4%，聚羧酸减水剂的最优掺量为0.8%；下一阶段的改性试验为复掺改性试验，即在单掺改性试验的基础上同时掺入多种改性材料，分析不同改性配合比下生土试块力学性能变化的差异，并从微观角度入手，分析改性生土材料力学性能变化的原因。

单掺改性试验结果 **表2.2-10**

试验组		抗压强度/MPa		强度增量/MPa		最优掺量
		7d	28d	7d	28d	
原状土		2.99	4.12	—	—	—
掺砂	15%	4.62	5.45	1.63	1.33	15%
	20%	4.36	5.29	1.37	1.17	
	25%	3.78	4.28	0.79	0.16	
掺水泥	15%	9.43	13.61	6.44	9.49	15%
	20%	12.27	17.50	9.28	13.38	
	25%	14.72	22.34	11.73	18.22	
掺石灰	10%	3.43	8.50	0.44	4.38	10%
	15%	4.57	10.84	1.58	6.72	
	20%	6.35	13.43	3.36	9.31	
掺稻草	0.2%	4.67	7.17	1.68	3.05	0.2%
	0.5%	3.97	6.76	0.98	2.64	
	0.8%	2.13	2.53	−0.69	−1.59	
掺纤维	0.5%	3.95	6.83	0.96	2.71	0.8%
	0.8%	5.15	8.68	2.16	4.56	
	1.0%	4.51	8.23	1.52	4.11	
掺SiO_2	2%	3.12	4.36	0.13	0.24	4%
	4%	3.80	4.85	0.81	0.73	
	6%	3.57	4.32	0.58	0.20	
掺减水剂	0.8%	3.28	4.65	0.29	0.53	0.8%
	1.0%	3.02	4.24	0.03	0.12	
	1.2%	2.78	3.65	−0.21	−0.47	

注：强度增量是以原状土不同养护龄期的抗压强度作为参考指标。

3. 复掺改性试验

根据单掺改性试验得到的每种改性材料的最佳掺入比例来设计复掺改性试验的配合比，即在原生土材料中同时加入多种改性材料，分析复合改性下生土材料力学性能的变化。试验配合比详见表 2.2-11。

复掺改性试验配合比（%）　　表 2.2-11

试验组	红黏土	水泥	石灰	纳米 SiO_2	聚酯纤维	砂	稻草	减水剂
FC1	70.0	15				15		
FC2	75.0	15	10					
FC3	74.2	15	10					0.8
FC4	71.0	15	10	4				
FC5	80.0			4	0.8	15	0.2	
FC6	55.0	15	10	4	0.8	15	0.2	
FC7	54.2	15	10	4	0.8	15	0.2	0.8

注：FC 代表试验复掺组。

4. 复掺改性试验结果

复掺改性试验试件的破坏形态如图 2.2-21 所示，试块养护至 7d、28d 的抗压强度及 7d 荷载 - 位移曲线对比如图 2.2-22 所示。由图可知：复掺改性试验配合比中，与其他试块相比，养护 7d 后，试块 FC1 受压发生脆性破坏后整体性较差，土体破碎严重；试块 FC2、FC3、FC4 受压破坏后仍呈一个明显的“双锥形”，试块整体性较好；究其原因，仍是在受压过程中受到环箍效应的影响。当在改性配合比中加入聚酯纤维、稻草等材料后，加载结束时，试块 FC5 并未出现明显的剥落现象，仅在试块中部产生微小裂缝，这是因为纤维的相互交错在试块中形成了密集的纤维网状结构，当试块受压时，纤维受拉，限制了土粒之间的相互分离，极大地提高了试块的延性及抗压强度。当在试块中同时加入化学改性材料（如水泥、石灰等）和物理改性材料（如聚酯纤维、稻草等）后，试块 FC6、FC7 的整体性明显优于其他改性试块。试块 FC6、FC7 只是在中部或侧面产生裂缝，土颗粒之间的粘结力最好，因为改性试块内部不仅仅有胶凝材料发生水化反应生成的具有粘结、凝聚作用的水化产物，还有纤维的嵌固、包裹作用等，这些物质极大地提高了改性生土试块的密实度，显著改善了改性生土试块的抗压强度。

由图 2.2-22 可知，与原状土相比，同时加入水泥、石灰改性的试验组 FC2 的 7d、28d 抗压强度分别提高了 7.84MPa、10.86MPa。同时，与复掺改性试块 FC1、FC3 的 28d 抗压强度相比，试块 FC2 的 28d 抗压强度分别提高了 6.26MPa 与 3.25MPa，因为 FC2 改性配合比加入的外掺料全是对土体抗压强度提高效果好的化学改性材料，因此其对土样力学性能的提高效果比 FC1、FC3 好。与此相反，试验组 FC5 加入的改性材料大多都是物理改性材料，较原状土而言，其 7d、28d 抗压强度分别提高了 0.57MPa 和 4.49MPa，虽然加入物理改性材料的改性配合比 FC5 对生土力学性能的提升效果没有加入化学改性材料的 FC2 明显，但其可为后续试验从微观角度分析不同类型的改性材料对生土力学性能、耐水性能及热工性能的影响提供理论支撑。同时，加入化学改性材料（水泥、石灰等）和物理改性材料（如稻草、聚酯纤维、砂等）后，试块 FC7 的 7d、28d 抗压强度较原状土而言有显著提高，分别为 5.55MPa、11.66MPa。与此同时，与 FC2（只掺化学改性材料）、FC5（只掺物理改性材料）相比，FC7 的 28d 抗压强度分别增加了 6.62%、83.28%，并且呈现较好的延性特征，是所有复合改性配合比中效果最好的一组。

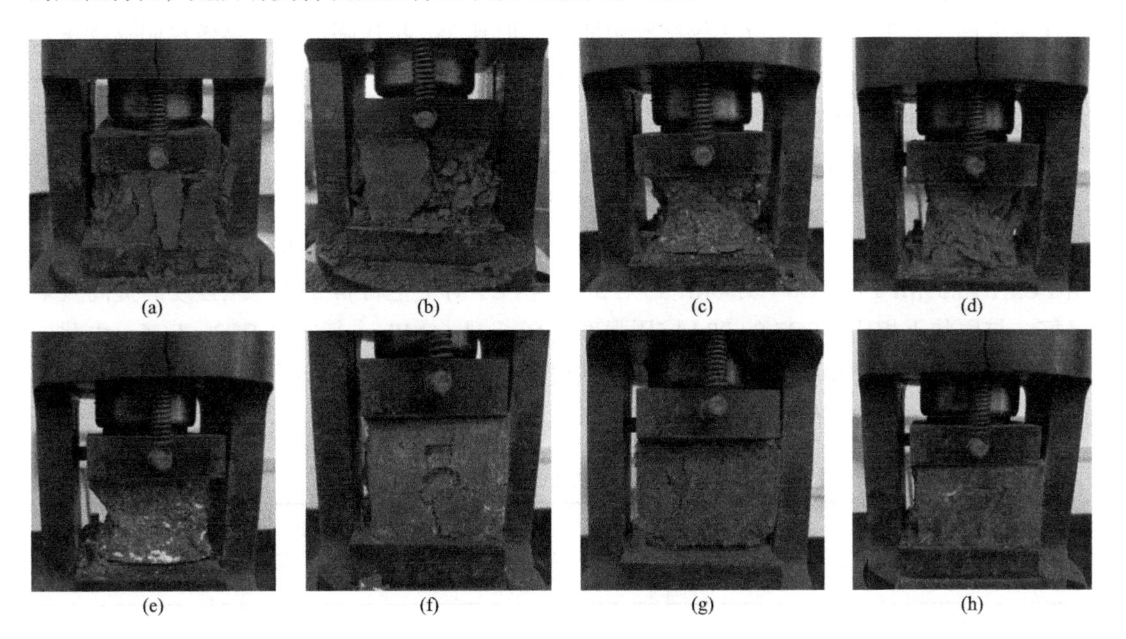

图 2.2-21　复掺改性试块养护 7d 破坏形态

（a）原状土；（b）FC1；（c）FC2；（d）FC3；（e）FC4；（f）FC5；（g）FC6；（h）FC7

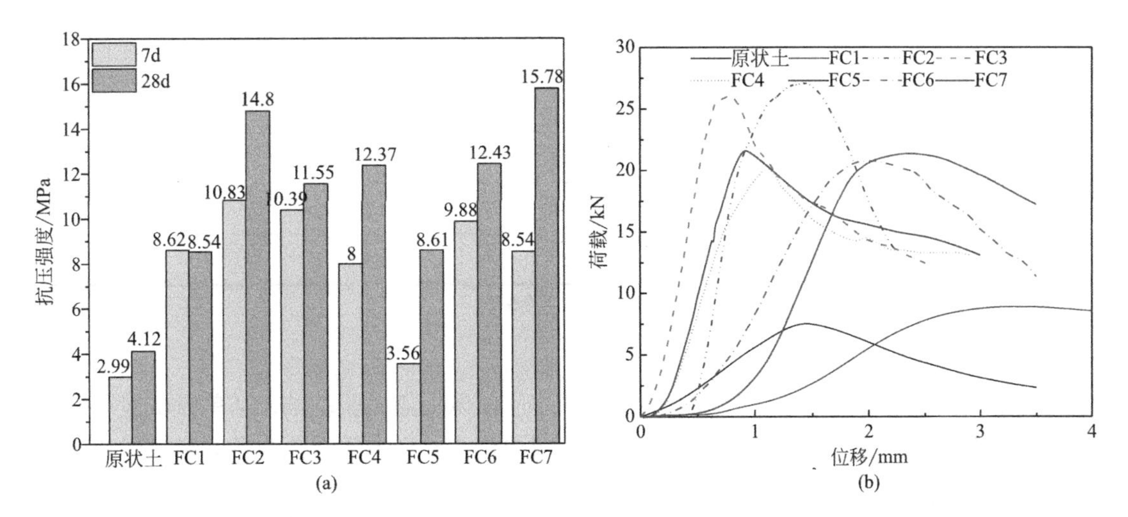

图 2.2-22　复掺改性试块强度对比及荷载 - 位移曲线

（a）抗压强度；（b）7d 荷载 - 位移曲线

无论是单掺改性试块还是复掺改性试块，养护 7d 后，观察试块的荷载位移曲线可以发现：加载初期各组试件均近似处于弹性阶段，其荷载 - 位移曲线呈线性关系。在达到荷载峰值前，试件变形是均匀的。达到峰值后，试件承载力明显下降，变形急剧增加，受力曲线呈现出明显的上升段与下降段，这与混凝土的变形规律相似，说明生土属于弹塑性材料。单掺组中掺水泥及掺石灰的试块的极限抗压强度高于其他改性方案，说明化学改性材料可以显著提高生土材料的力学性能。复掺改性试验组的受力特性与单掺类似，同时加入化学改性材料和物理改性材料的试块 FC7 的抗压强度的增长主要集中于养护后期；其 7d 抗压强度增长并没有 FC2、FC3 等试验组明显，但其 28d 抗压强度的提高效果明显优于其他改性配合比。因为随着养护时间的增加，水泥等凝胶材料的水化反应越完全，产生的水化产物越多，土粒间的嵌固作用越强，抗压强度就越大。此外，试块 FC7 的改性方案中还加入了稻草、聚酯纤维等材料，使其具有更好的塑性变形能力。

综合以上研究成果，将复掺改性试验结果汇总于表 2.2-12，由表可知复掺水泥和石灰对生土材料的 7d 抗压强度提高效果最明显，其 7d 抗压强度高达 10.83MPa，其次是试验组 FC3（10.39MPa）、FC6（9.88MPa）。试验组 FC7 对生土材料 28d 抗压强度的提高效果最好，与原状土相比，FC7 的 28d 抗压强度提高了 11.66MPa，其次是 FC2、FC6。由此可以发现，化学改性材料主要在养护前期对试块抗压强度提高显著，同时加入物理改性材料后，养护后期试块强度的提高效果更好。

复掺改性试验结果 **表 2.2-12**

试验组	抗压强度 /MPa		强度增量 /MPa	
	7d	28d	7d	28d
原状土	2.99	4.12	—	—
FC1	8.54	8.62	5.55	4.50
FC2	10.83	14.8	7.84	10.68
FC3	10.39	11.55	7.40	7.43
FC4	8.00	12.37	5.01	8.25
FC5	3.56	8.61	0.57	4.49
FC6	9.88	12.43	6.89	8.31
FC7	8.54	15.78	5.55	11.66

注：强度增量是以原状土不同养护龄期的抗压强度作为参考指标。

5. 改性试验复掺配合比

为了提高生土材料的力学性能与耐久性，基于团队前期试验基础，从单掺试验组中选取水泥、石灰、聚酯纤维组，复掺组中选取了对原生土材料力学性能改良效果较好的试验组 FC2、FC5、FC7 组（表 2.2-13）来进行后续的力学性能测试、耐水性试验，XRD 测试、SEM 试验、FT-IR 分析、热性能指标测试。最后，表 2.2-13 为生土力学性能改性较好的配合比组合，并作为后续生土耐水性及热工性能改性试验的方案。

生土改性试验较优配合比（%） **表 2.2-13**

试验组	红黏土	水泥	石灰	纳米 SiO_2	聚酯纤维	砂	稻草	减水剂
原状土	100							
掺水泥	85.0	15						

续表

试验组	红黏土	水泥	石灰	纳米 SiO_2	聚酯纤维	砂	稻草	减水剂
掺石灰	90.0		10					
掺纤维	99.2				0.8			
FC2	75.0	15	10					
FC5	80.0			4	0.8	15	0.2	
FC7	54.2	15	10	4	0.8	15	0.2	0.8

6. 试验结果分析与讨论

在采用较优改性配合比时，各组改性生土试样在不同龄期下的抗压强度测试结果如图2.2-23所示，由图可知，各试验组的抗压强度随养护龄期的增加均有显著提高。在图2.2-23的单掺试验组中，可以发现相比于在生土材料中加入石灰、聚酯纤维等材料，单掺水泥后生土试件在不同龄期的抗压强度提高最为显著。与试验对照组相比，单掺水泥后试块的3d、7d、14d、28d、90d抗压强度分别提高了6.65MPa、6.44MPa、9.76MPa、9.49MPa、12.73MPa。此外，单掺水泥后试块的短期强度增长主要集中在7～14d，与7d抗压强度相比，其14d抗压强度增长了38.28%。因为水泥中的矿物成分与水发生水化反应，生成的水化产物会将土粒子紧紧嵌固黏聚在一起，随着养护时间的增加，水泥水化反应越完全，产生的水化产物越多，土粒间的嵌固作用越强，抗压强度就越大。并且，水泥的水化产物 $Ca(OH)_2$ 与空气中存在的 CO_2 发生碳酸化反应生成的 $CaCO_3$ 对土体强度提高起到至关重要的作用。此外，水泥在固结生土的过程中发生水化反应而生成的C-S-H凝胶等物质，不仅可以减小改性生土材料的内部孔径，还在其内部结构中起到了骨架和粘结作用。

对比三组复合改性试验组的测试结果可以发现，FC7改性配合比下的试块养护至28d的抗压强度为15.78MPa，高于FC2（14.8MPa）和FC5（8.61MPa）。究其原因，主要是改性配合比FC7在FC2的基础上加入了聚酯纤维、稻草、砂、纳米 SiO_2 等改性外掺料，主要利用纤维与土体之间的机械咬合力来限制土颗粒之间的分离，进而提高生土材料的强度。而加入的砂可以改善其与土粒之间的界面效应，增加夯土组合材料中的骨架作用。除此之外，砂还具有更高的承载力，级配良好的砂能均匀地填充骨架间的孔隙，提高试件的密实度及抗压强度。纳米 SiO_2 由于其晶核作用可以促进水泥水化反应，因为其可以为 β-C_2S 和 C_3S 的水化提供活性位点。纳米 SiO_2 与水泥水化产物 $Ca(OH)_2$ 发生反应，生成胶结力强、比表面积大的C-S-H胶凝。此外，纳米 SiO_2 颗粒微小，其细度远高于水泥颗粒，其可以有效填充水泥颗粒之间的细小空隙，改善胶凝材料的颗粒级配，从微观尺度上提高生土材料的密实度。

三组复合改性试验试块养护至90d的抗压强度分别为FC2（20.58MPa）、FC5（9.23MPa）、FC7（16.5MPa）。其中，FC2组的强度明显更高，因为FC2改性试块中加入的外掺料全是化学改性材料，养护时间越久，其在土体内部生成的水化产物越多，对土粒之间的粘结效果越好，可有效提高土体内部密实度，显著增强改性土体的力学性能。对比其他复掺方案，FC5试验组的抗压强度明显更低，这主要是因为FC5中并未加入水泥、石灰等化学胶凝材料，土体内部并没有发生相应的水化、激发和离子交换作用，也没有生成具有胶凝效应和填充效应的物质。

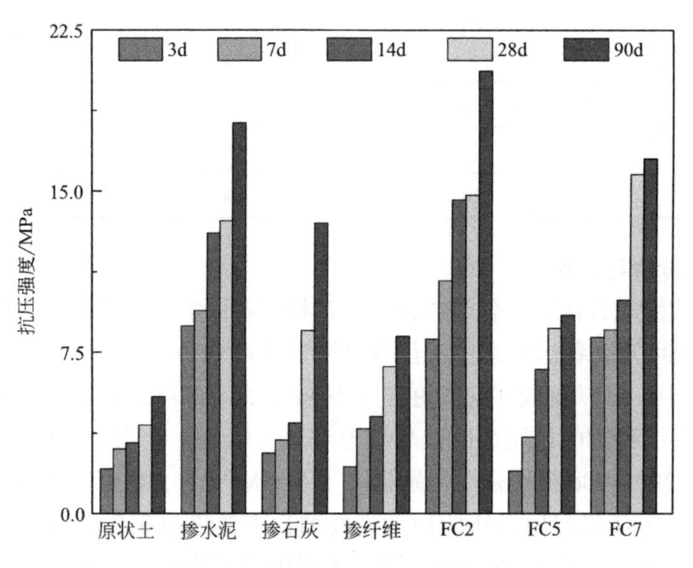

图 2.2-23　力学性能测试结果

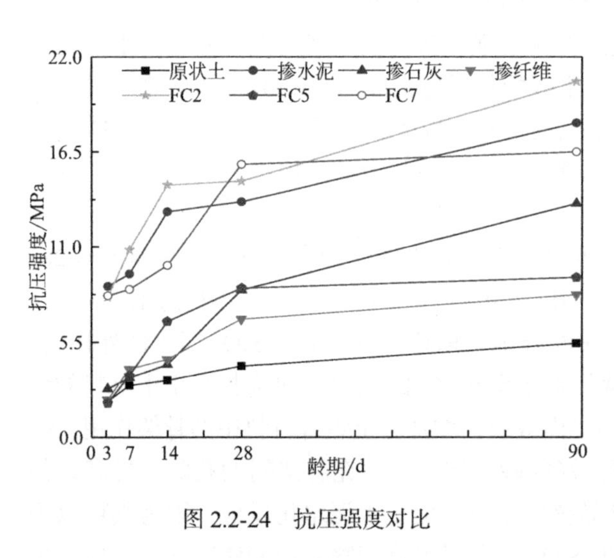

图 2.2-24　抗压强度对比

图 2.2-24 为各改性方案中试块抗压强度与龄期的关系。由图可知，对生土材料做单掺与复掺改性后，生土试块的抗压强度均有所提高。在生土中加入水泥、石灰等化学改性材料后，试块的早期强度和后期强度均明显提高。加入稻草、聚酯纤维等物理改性材料后，该类试块的抗压强度增长主要集中在养护前期（7～28d），后期强度增长缓慢，因为物理改性材料并不会与土体发生化学反应，导致养护时间对纤维改性土体后期强度提高得不明显。

2.2.5　改性生土材料微观结构分析

为了深入了解生土材料改性前、后力学性能的改性机理，也为后续材料的耐水性与热工性能试验提供理论基础，本节对上述单掺与复掺试验统计后优选出的配合比分组（表 2.2-13）做微观构造试验，通过材料分子层面上的成分与构造变化，分析生土材料的改性作用机理。

研究选用美国 FEI 公司生产的场发射环境扫描电镜（型号为 Quanta 200FEG）来对不同改性配合比的试样进行电镜扫描，对比分析掺入不同改性材料后生土的孔隙结构及其内部形貌特征变化，以确定不同改性掺料及配合比对生土材料内部结构的影响，分析改性后生土材料力学性能变化的原因，结果如图 2.2-25 所示。

由图 2.2-25（a）可知，未经改性的纯生土呈松散规则的片状堆叠结构，土样表面比较平整，内部土粒较小，且分布得较为独立，没有出现颗粒之间的粘结、搭接现象，所以原状土试样的力学性能较差。由图 2.2-25（b）可知，掺入水泥后，土样内部生成的水化产物逐渐增多，主要是絮凝状或网状的 C-S-H 凝胶，还有板状的 Ca（OH）$_2$。随着水泥水化产物逐渐增多，并不断填充在土颗粒之间，使得松散的生土颗粒被水化产物胶结在一起，形成一个相对稳定、密实的微观结构，从而提高了生土抗压强度。

图 2.2-25 不同改性配合比下生土电镜扫描图片

（a）原状土；（b）掺水泥；（c）掺石灰；（d）FC2；（e）FC5；（f）FC7

由图 2.2-25（c）可知，掺入石灰后，大量的石灰水化后生成 Ca（OH）$_2$ 胶体，其覆盖在土颗粒表面，进而在表面发生反应，生成 C-S-H 凝胶，其与 Ca（OH）$_2$ 一起，将土颗粒胶结成团聚体。随着时间的增加，Ca（OH）$_2$ 与土进一步发生反应，使胶结物的比例显著增加，土粒间的胶结作用加强，同时 C-S-H 凝胶从膜中结晶出来形成针棒状或片状晶体，其粘结在土颗粒表面，形成紧密的整体结构。土粒间由柔性连接变为刚性连接，生成的微结晶具有加筋作用。由于土粒表面变粗糙，晶体含量增加，使土体趋于密实，增大了晶体与土粒之间的摩擦，加之石灰水化生成的 Ca（OH）$_2$ 胶体与 CO_2 发生反应生成 $CaCO_3$，使土体强度大大提高。

在图 2.2-25（d）中，在土体中复掺水泥、石灰后，基于水泥、石灰的水化反应，土体内部生成了大量的水化产物，如絮凝状或网状的 C-S-H 凝胶，板状的 Ca（OH）$_2$，以及针棒状的钙矾石晶体。水泥、石灰等胶凝材料在土体内部主要发生以下作用:（1）离子交换与团粒化作用：胶凝材料中的 Ca^{2+}、Mg^{2+} 与土壤中的 Na^{+}、K^{+} 产生离子交换作用，使较小的土颗粒形成较大的土团粒，从而使土体的强度提高。（2）火山灰作用：土壤中含有大量的 SiO_2、Al_2O_3，水泥、石灰中含有大量的强碱性物质 $Ca(OH)_2$，这些活性物质在碱性溶液中发生火山灰反应，逐渐生成不溶于水的结晶化合物，增大了改性土体的强度。（3）碳酸化作用：水泥、石灰的水化反应生成的 $Ca(OH)_2$ 及游离的 $Ca(OH)_2$ 能吸收水中和空气中的 CO_2，发生碳酸化作用，生成不溶于水的 $CaCO_3$，增加土体强度。（4）结晶作用：在加入水泥、石灰的生土中进行离子交换的只有小部分 $Ca(OH)_2$，其余绝大部分饱和的 $Ca(OH)_2$ 自行结晶生成熟石灰结晶网格。

由图 2.2-25（e）可知，掺入聚酯纤维、稻草等改性材料后，虽然纤维与土料之间不会发生化学反应，但纤维的强韧性使土料与纤维之间具备良好的机械啮合条件。纤维与土颗粒间会相互嵌固，并在混合土体内部形成空间网状结构。当土体中掺入纤维后，纤维被土颗粒包裹，在受到外界剪切力时，纤维处于受拉状态，会使纤维与土颗粒相互分离，在此过程中，纤维与土颗粒之间的相互摩擦开始抵消外界剪切力。在受到外界压力时，纤维作为骨架，可以帮助土体更好地抗压。此外，纤维之间的互相交错会与土颗粒形成纤维-土网空间结构。一方面，纤维网络能限制土粒的位移，限制土体失水收缩时的变形量，同时纤维网络可以在一定程度上提升纤维土体结构的抗压能力；另一方面，纤维网络会阻止土体与土颗粒充分接触，二者之间的摩擦会相对减弱，但对力学性能仍有一定程度的提升。

因为 FC7 中不仅加入了水泥、石灰等化学改性材料，也加入了聚酯纤维、稻草等物理改性材料，所以按照 FC7 对生土材料进行改性试验后，土体内部结构最为密实，不仅有胶凝材料的水化作用，也有砂粒的骨架和填充作用，还有纤维材料的嵌固作用。因此，同时掺入化学改性材料与物理改性材料后，生土材料的力学性、耐水性等指标均可得到显著提高。

2.3 生土材料的耐久性

2.3.1 概述

20 世纪以来，生土建筑主要分布在我国乡镇地区，由于其具有造价低、取材方便等优点，生土建筑在乡村地区迅速得到推广。但生土墙的开裂和崩塌是大多数生土建筑面临的主要问题，生土建筑在高降雨量和高温差地区容易产生冻融破坏和由于热胀冷缩造成的墙体开裂，在后期雨水的侵蚀和冲刷下，墙体开裂加剧。此外，由于时间和重力的影响，可溶盐会迁徙至墙体底部，在结晶析出和热胀冷缩的情况下，墙体底部耐久性较差，进一步的风蚀会造成底部墙体发生严重破坏，甚至发生坍塌。

生土墙的耐水性及体积稳定性非常差，容易在雨水侵蚀或温度应力作用下发生破坏，其主要破坏形式如图 2.3-1 所示。常见的生土房屋基础处会存在较多竖向裂缝，水汽易从缝隙进入墙体，导致墙角受潮。而且，若房子选址不当，则会造成地基承载力不足，破坏房屋的稳定性。此外，生土墙经常会发生侵蚀破坏，包括空鼓、面层脱落、土体疏松分化等，这会严重影响房屋的美观性与使用安全性。另外，值得注意的是在昼夜温差大的地区，热胀冷缩作用会在墙体内部产生温度应力，当其超过土体的极限应力，将造成墙体开裂。

(a)

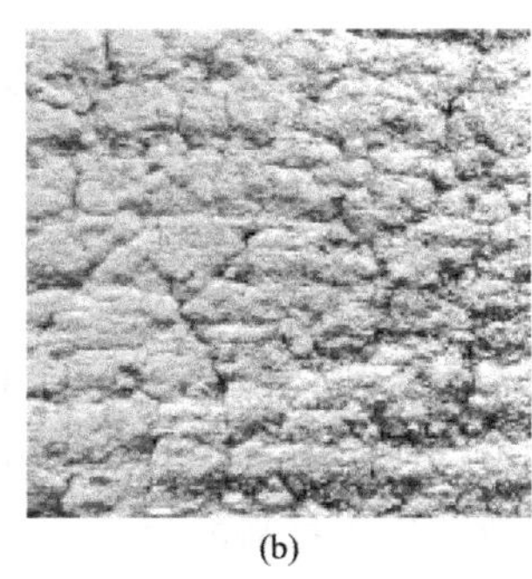
(b)

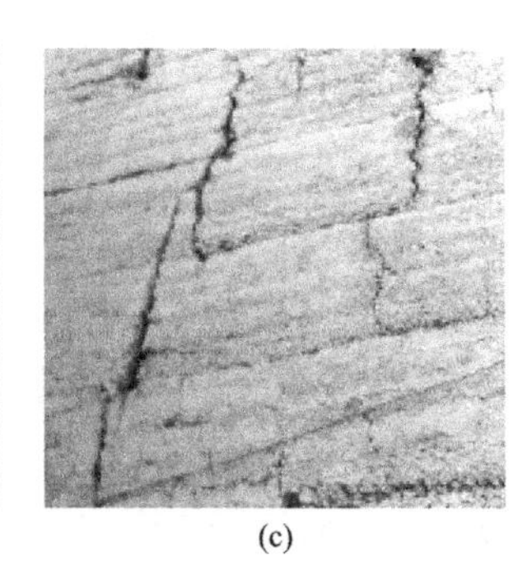
(c)

图 2.3-1　生土墙侵蚀破坏状态

（a）基础受潮发霉；（b）墙体侵蚀破坏；（c）温度缝

生土材料的耐水性是判断其耐久性的重要指标，生土墙体从修建之初就受到来自环境的干湿交替、冻融循环、风侵雨蚀等自然因素的影响。生土材料极低的耐水性限制了生土建筑的进一步推广与应用，要提高生土墙体抵抗自然破坏的能力，耐水性是生土材料的一个重要的耐久性指标。

2.3.2　研究现状

生土材料的耐久性是指其抵抗自身和自然环境双重因素长期破坏作用的能力。生土建筑发生破坏的因素包括风蚀、雨蚀、温度和可溶盐等自然因素。目前国内外学者通过在生土材料中掺入不同改性材料（物理改性材料和化学改性材料）对其耐久性（主要是耐水性）进行了大量研究。

一些专家掺入物理改性材料，比如刘俊霞等研究了植物纤维如黄麻和秸秆对生土材料力学性能及耐水性的影响，并对改性生土材料的微观结构进行了测试分析，结果表明，加入的黄麻纤维可以显著提高生土材料的力学性能、耐水性及植物纤维与生土材料界面之间的粘结性能。赵冬等通过耐水性能试验发现，掺入 5% 的石子 +10% 的细砂时，对生土材料的耐水性提升效果最优，其软化系数为 0.61。意大利的 Acheza 等研究了海藻、甜菜和番茄根三种植物纤维与有机聚合物对土坯强度和水稳定性的影响，得到复掺植物纤维和有机聚合物可显著提高生土基材料耐水性能的结论。郑寒英发现植物纤维掺量为 5% 时，试块的耐水性能达到最佳，此时渗透速率为 0.17mm/min，耐水度为 0.53。

也有专家通过掺入常见化学改性材料（如水泥、石灰、粉煤灰及矿渣等）来改善生土材料的耐水性。比如，天津大学杨永等利用石灰基材料和水泥基材料对生土进行改性，结果表明，改性材料有助于提高生土的耐水性。尚建丽等研究指出，单掺水泥、矿渣和复掺粉煤灰 + 熟石灰 + 石膏、熟石灰 + 水泥等均可提高生土材料的耐水性和抗冻性。余海燕等通过试验研究了水泥、矿渣、粉煤灰和水玻璃（硅酸钠）对生土材料耐久性的影响，发现单掺20%矿渣的试样的软化系数为0.89，冻融系数为0.85，试样耐久性最好。郝传文等采用水泥和防水剂对不同地域的生土进行了改性研究，发现当水泥的掺量在4%～12%范围内时，生土材料的耐水性及抗冻融性均随水泥掺量的增加而提高。王琴等利用电厂废料脱硫石膏和粉煤灰等对生土材料进行改性，得到改性生土材料的耐水性和耐候性得到极大提升，体积收缩性有显著降低的结论。

相关专家通过掺入减水剂来改善生土材料的水稳定性。比如，余帆等测试了萘系高效减水剂对软土无侧限抗压强度和水稳定性的改性效果，结果表明，改性土体中的水化产物变得更加丰富，且分布更均匀，减水剂显著提高了软土的力学性能和水稳定性。田文丽等在生土材料中复掺矿渣、激活剂和减水剂，对其进行改性试验后，生土材料的强度和耐久性得到显著提高。钱觉时等通过在石膏粉煤灰改性生土材料中加入聚羧酸减水剂，发现其可以显著改善石膏粉煤灰改性生土材料的耐水性能，并显著降低其干燥收缩率。

另有专家通过掺入固化剂来改善生土材料的耐久性。比如，胡明玉等使用无机土壤固化剂来改性生土材料，当其掺量为20%～25%时，试样的软化系数和抗冻性指标分别达到0.85和38.38%。沈阳建筑大学的刘军等研究了不同比例的粉状固化剂对生土墙耐久性的影响，发现固化剂掺量越多，生土材料的水稳定性、抗冻性越好。林倩倩通过浸水和喷淋试验发现，复掺10%水玻璃+1.4%的氯化钙后，改性生土材料60min内的吸水速率降低至0.17%/min，试块耐水性得到显著提高。刘洪丽等通过浸泡试验发现，硅油乳液可以在生土表面形成一层致密的防水膜，填充内部空隙，提高生土试块的耐水性。褚俊英等测试了矿渣桐油和糯米汁改性前、后生土墙材的抗渗性和抗冻性。

冻融循环会破坏原状土的粘结力，使土体内部的水分形态发生变化，影响土体的微观结构特征，进而造成土体强度的差异性。齐吉琳等发现冻融循环后土的结构改变较大，土体的强度随冻融循环次数的增加而降低。Sigrun Hjalmars Dottir 等人通过试验发现，冻融循环会对土体稳定性造成很大的影响，粉土对冻融作用的敏感性比黏土高，而且冻融循环后土体的孔隙比有所降低，土体密实度和力学性能有所提高。Wang 等发现冻融循环后松散土体的工程性质会发生变化，孔隙率降低之后，会增加土壤颗粒的接触点。蔡富晴通过耐盐碱和耐冻融等试验，分析了化学加固试剂对大连粉质黏土和福建南靖黏土耐久性的影响。结果表明，正硅酸乙酯可以提高生土材料的渗透性、外观保持性和透气性，但会使粉质黏土在加固时出现开裂现象；而水性聚氨酯与此相反，即加固后土体的耐水性、耐盐碱和耐冻融性最好。

总而言之，在干湿交替的环境中，土体内部的水分会发生迁移，含水量的变化会使土体中的盐分发生溶解和结晶作用，改变土壤的微观结构。在盐渍和干湿交替的双重作用下，土壤的耐久性降低、塑性变弱。此外，静电和表面张力会增加降雨渗入量，增大土体孔隙、土体骨架软化严重，土颗粒之间的粘结能力大大减小，这是造成生土材料耐久性降低的根本原因。

2.3.3 生土材料耐水性能改性方法

鉴于生土材料耐久性较差的关键材料应用问题，国内外较多学者已关注到材料耐久性能改性研究方向。本节将详细介绍已有关于生土材料耐久性改进效果显著的试验方案及结果，对比、分析已有的耐久性改性试验研究与本书的差异。王琴使用脱硫石膏、熟石灰和粉煤灰对生土材料进行改性研究，并通过浸水试验和喷淋试验对改性生土材料的耐久性进行了详细研究，其改性试验配合比如表 2.3-1 所示。

试验配合比 **表 2.3-1**

编号	脱硫石膏 /%	粉煤灰 /%	熟石灰 /%	土 /%	水固比
0	—	—	—	100	0.2
1	10	—	—	90	0.3
2	15	—	—	85	0.3
3	20	—	—	80	0.3
4	15	8	2	75	0.35
5	15	12	3	70	0.35
6	15	16	4	65	0.35
7	15	16	4	65	0.35
8	15	16	4	65	0.35

上述试验组的浸水试验结果如表 2.3-2 所示。由表可知，试验对照组（第 0 组）的耐水性很差，浸泡后强度完全丧失。因此，传统生土墙体不能没有防水措施。脱硫石膏是一种气硬性胶凝材料，不具有耐水性，单独用其改性生土时，无法解决生土耐水性差的问题，所以试验第 1 组～第 3 组改性试件浸入水中会发生大量溃散。第 1 组（脱硫石膏掺量为 10%）试件浸入水中 1min 就发生溃散，浸水 20min 后强度完全丧失；第 2 组（脱硫石膏掺量为 15%）试件浸入水中 20min 就出现溃散，1h 后强度完全丧失；第 3 组（脱硫石膏掺量为 20%）试件浸入水中 30min 内出现溃散。因为单掺改性试验形成的骨架是耐水性较差的二水石膏晶体，浸水后，混合材料内部的骨架遭到破坏，一些活性物质溶出，导致强度下降，甚至完全溃散，无法对吸水率进行测试。而复掺粉煤灰和熟石灰之后，改性生土试件并没有在短期内发生溃散，这是因为粉煤灰的水化产物钙矾石和水化硫酸钙会包裹在二水石膏晶体骨架的外面，对整个系统起到保护作用。

浸水试验结果 **表 2.3-2**

编号	0	1	2	3	4	5	6	7	8
m_0	356.2	373.9	368.8	382.4	357.5	369.3	368.0	363.5	361.0
m_1	—	—	—	—	435.0	450.6	450.5	446.5	447.3
R	—	—	—	—	21.6	22.2	22.2	22.8	23.9

注：m_0——28d 干质量，g；m_1——浸水 1h 的质量；R——吸水率。

不同配合比下改性生土材料的软化系数如表 2.3-3 所示，第 1 组～第 3 组试件浸入水中不久就出现溃散，无法测定试件的强度。在脱硫石膏掺量为 15% 的情况下（第 4 组～第 8 组）、复掺粉煤灰和熟石灰后试件的耐水性明显增强，且随着粉煤灰和熟石灰掺量的增加，试件的软化系数明显提高。

改性生土材料的软化系数　　表 2.3-3

编号	0	1	2	3	4	5	6	7	8
抗压强度	0	0	0	0	0.38	0.99	1.35	0.97	1.05
抗折强度	0	0	0	0	0.20	0.50	0.56	0.47	0.50
软化系数	0	0	0	0	0.19	0.34	0.38	0.42	0.44

此外，王琴根据重庆地区的历年降雨量对改性生土材料进行了喷淋试验，试验结果如表 2.3-4 所示。可以看出，材料成型 1d 后，对试件进行 15min 喷淋试验，其质量损失率仅为 8.56‰；成型 7d 后，冲刷的质量损失率基本稳定在 0.7% ~ 0.8%，基本可以忽略不计。冲刷试件 30min 后，龄期为 7d 的试件的冲刷质量损失率也已稳定在 1.5% 以下，基本可以忽略不计。在同样的冲刷条件下，纯黏土试件 15min 内就完全被冲蚀、溃散、破坏。

改性生土材料的质量损失率　　表 2.3-4

龄期	1d	3d	7d	28d
冲刷 15min 质量损失 /‰	8.56	1.23	0.78	0.77
冲刷 30min 质量损失 /‰	10.57	2.64	1.48	1.33

与纯生土试件相比，改性生土材料试件的抗冲刷性能有很大提高。因为原生土材料仅仅是一种压实后的物理结合，遇到降雨后，雨滴击溅和水分的侵蚀会很快破坏生土构件粘结力。而改性生土材料是掺入了具有自硬性的胶凝材料，一旦形成强度后，其表面光滑致密，在遇降水后，雨水会迅速流走，并不能对其整体性产生影响。

关于改性生土材料内部微观结构的变化，杨永等人做了完整的试验研究。具体而言，杨永等人分别使用石灰、水泥对生土材料进行改性，然后从改性前、后材料的内部矿物组成、官能团特征峰及微观结构变化等角度来解释了生土改性的内在作用机理。其改性试验配合比分别如表 2.3-5 和表 2.3-6 所示。

石灰改性生土试样配合比　　表 2.3-5

编号	水固比	生土 /%	石灰 /%	粉煤灰 /%	矿渣 /%	减水剂 /%
DZ	24	100	0	0	0	1
DC1	24	90	10	0	0	1
DC2	24	85	15	0	0	1
DC3	24	80	20	0	0	1
FC1	24	85	10	5	0	1
FC2	24	85	10	0	5	1

水泥改性生土材料配合比 表 2.3-6

编号	水固比	生土 /%	水泥 /%	粉煤灰 /%	矿渣 /%	减水剂 /%
DZ	24	100	0	0	0	1
DC1	24	90	10	0	0	1
DC2	24	85	15	0	0	1
DC3	24	80	20	0	0	1
FC1	24	85	10	5	0	1
FC2	24	85	10	0	5	1

注：DZ、DC、FC 分别表示对照组、单掺组、复掺组，水固比为水与固体材料的比值，减水剂为胶凝材料的 1%。

石灰改性下生土试块的软化系数测试结果如图 2.3-2 所示。

从图 2.3-2（a）可看出，掺入石灰能明显提高生土的软化系数，其中纯生土试样在进行耐久性试验时，遇水就发生溃散，软化系数为 0。当石灰掺量为 10% 时，改性生土试样的软化系数为 0.8。当石灰掺量分别为 15% 和 20% 时，软化系数分别提高到 0.83 与 0.90，说明石灰的掺量越多，改性生土试样的耐久性越好，因为石灰遇水发生反应生成 $Ca(OH)_2$，增加了土体的密实度。此外，$Ca(OH)_2$ 也会和生土中的活性矿物发生反应，生成具有胶结性的化合物，它们可以固结生土颗粒，增加耐水性。

从图 2.3-2（b）可以看出，复掺 10% 石灰 +5% 粉煤灰后，试样的软化系数为 0.9；复掺 10% 石灰 +5% 矿渣后，软化系数为 0.92。两组复掺改性材料的软化系数差不多，且都高于 DC2 的软化系数（0.83），说明粉煤灰和矿渣的胶结作用强于石灰。究其原因，是石灰水化产物中的氢氧化钙仅起到填充孔隙的作用，由于其不具备水硬性，遇水易溶解，进而造成结构破坏；而复掺粉煤灰、矿渣进行改性时，石灰与矿渣、粉煤灰发生反应，减少了试样中氢氧化钙的结晶量，水化硅酸钙等水硬性水化产物的含量有所增加，故软化系数增大。

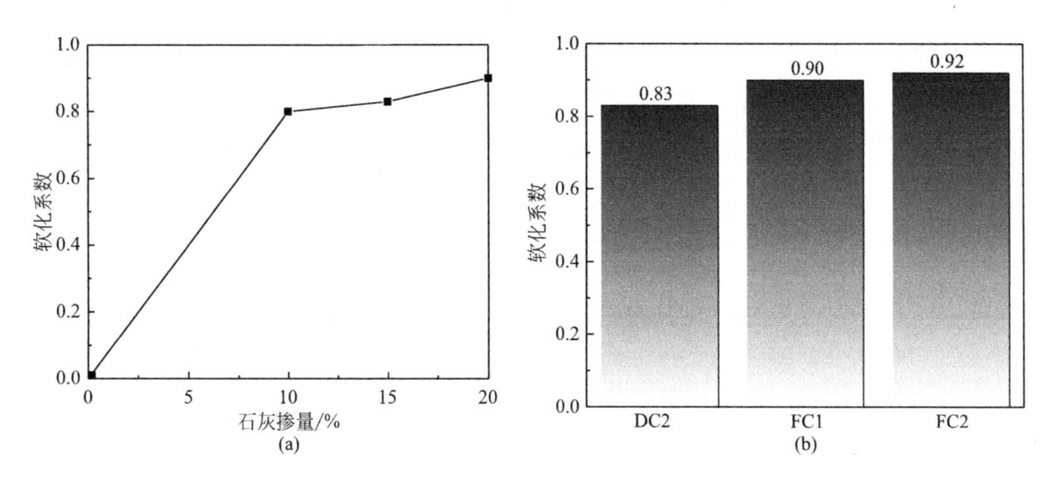

图 2.3-2 石灰掺量对生土耐水性的影响（对应表 2.3-5）
（a）单掺；（b）复掺

水泥改性下生土试块的软化系数测试结果如图 2.3-3 所示。从图 2.3-3（a）可以看出，掺入水泥对软化系数的提高起到显著作用。其中，纯生土试样在进行软化系数试验时，遇水发生溃散，因而不具有耐水性，软化系数为 0。当水泥掺量为 10% 时，改性生土试样的软化系数便可达到 0.80。随着水泥掺量的增加，软化系数不断增加，当水泥掺量分别为 15% 和 20% 时，软化系数分别为 0.94 与 0.96，二者相差不大。掺入水泥后，水泥的水化产物填充了生土颗粒间的孔隙，改善了孔隙结构。此外，水化产物加强了生土颗粒间的作用力，当水泥掺量达到一定量时，孔隙结构趋于完善，结构的耐水性能达到极值。

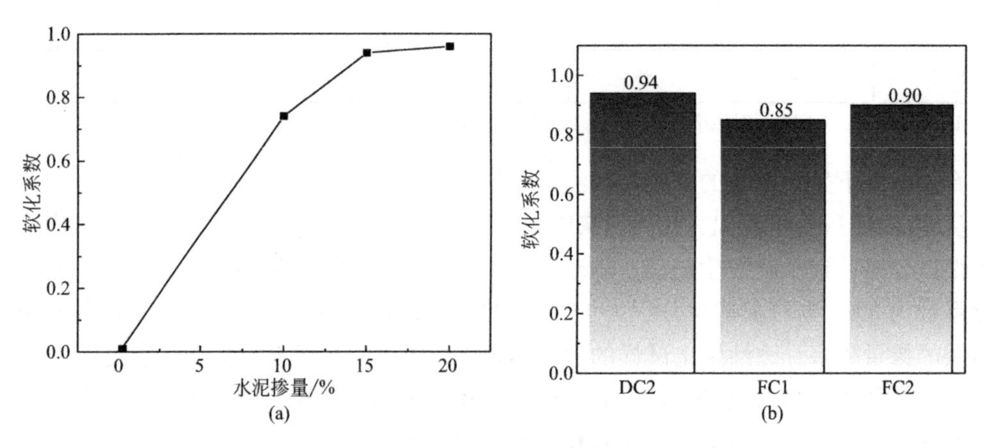

图 2.3-3　水泥掺量对生土耐水性的影响（对应表 2.3-6）

（a）单掺；（b）复掺

从图 2.3-3（b）可以看出，10% 水泥 +5% 粉煤灰的软化系数为 0.85，10% 水泥 +5% 矿渣的软化系数为 0.90，两组复掺改性材料的软化系数均低于 15% 单掺水泥的软化系数（0.94）。这说明在掺入相同含量的胶凝材料时，水泥水化产物的胶结作用最强，而复掺矿渣之后的软化系数同样明显高于复掺粉煤灰的情况，进一步证明了矿渣在碱性条件激发下，水化的活性要高于粉煤灰，与宏观抗压强度所表现出来的性能一致。

杨永等人还研究了石灰基材料、水泥基材料对生土改性效果的影响，并对具有代表性的试验组进行 XRD 物相分析，石灰基材料改性下生土的 XRD 分析结果如图 2.3-4 所示。

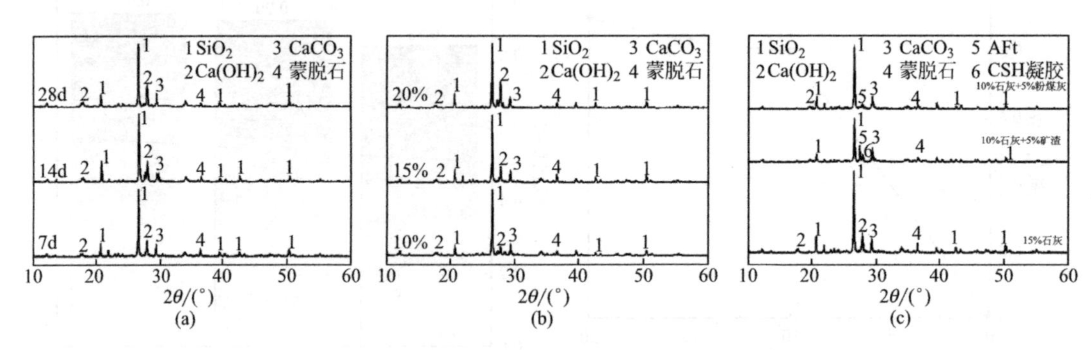

图 2.3-4　石灰改性生土的 XRD 物相分析图谱

（a）20% 单掺石灰不同龄期下的 XRD 对比图；（b）不同石灰掺量 28d XRD 对比图；

（c）复掺胶凝材料 28d XRD 对比图

由图 2.3-4（a）可知，单掺石灰改性生土中主要含有大量的 SiO_2、蒙脱石；随着龄期从 7d 增加到 28d，20% 石灰掺量的改性生土试样中石灰水化产生的 Ca（OH）$_2$ 峰值逐渐增大。从图 2.3-4（b）看出，在 28d 时，掺量为 20% 石灰的 Ca（OH）$_2$ 峰值最高，说明石灰的主要水化产物仅是 Ca（OH）$_2$，可填充生土颗粒空隙，提高了生土的软化系数。

由图 2.3-4（c）可知，10% 石灰＋ 5% 粉煤灰与 10% 石灰＋ 5% 矿渣改性的生土试样中都含有不同程度的水化产物，主要是 C-S-H 凝胶和钙矾石，也含有少量的 Ca（OH）$_2$ 晶体。从图谱对比来看，复掺矿渣比复掺粉煤灰的水化产物特征峰更加明显，因为矿渣在 Ca（OH）$_2$ 的碱性环境下水化更充分。综上所述，石灰基改性生土材料主要是通过胶凝材料的水化产物来改变体系结构，单掺石灰通过生成 Ca（OH）$_2$ 填充生土空隙，而复掺粉煤灰、矿渣是通过生成胶凝物质固结生土颗粒，且矿渣的活性要明显高于粉煤灰。

水泥基材料改性下生土材料的 XRD 分析结果如图 2.3-5 所示，可知单掺水泥改性生土中主要含有大量的 SiO_2、Ca（OH）$_2$ 和 $CaCO_3$，同时含有较少量的 C-S-H 凝胶和钙矾石特征峰。从图 2.3-5（a）中看出，在 7d 时，水泥掺量为 20% 的改性生土试样中水泥水化产生的钙矾石峰值很小，C-S-H 凝胶特征峰不明显，说明水化产物较少。在 14d 时，钙矾石峰值显著增大，且出现明显的 Ca（OH）$_2$ 特征峰，说明水化产物逐渐增多。在 28d 时，钙矾石特征峰有所下降，部分钙矾石分解，而 $CaCO_3$ 特征峰值最高，应是水化后期 Ca（OH）$_2$ 与 CO_2 结合所生成。

从图 2.3-5（b）中看出，15% 的水泥掺量较 10% 的水泥掺量，其水化产物的 XRD 特征峰明显增强，说明水化产物的生成能够提高生土的软化系数，然而 20% 的水泥掺量较 15% 的水泥掺量，其水化产物的 XRD 特征峰值有所回落，Ca（OH）$_2$ 特征峰几乎不明显，应是氢氧化钙、水化硅酸盐钙溶于黏土中的水溶液，从而使水泥颗粒表面重新裸露，继续水化溶解，当溶解度达到一定值时达到饱和，因而表现为 XRD 特征峰降低，但抗压强度仍在增长。

图 2.3-5（c）是 28d 复掺组与 15% 单掺水泥的 XRD 衍射对比分析图谱。10% 水泥 + 5% 粉煤灰与 10% 水泥 +5% 矿渣改性的生土试样中都含有不同程度的水泥水化产物，主要有 C-S-H 凝胶和钙矾石，也含有少量的 Ca（OH）$_2$ 晶体。从图谱对比来看，10% 水泥 +5% 粉煤灰的改性生土试样中 SiO_2 特征峰较高，C-S-H 凝胶和钙矾石峰值较低，因而不能很好地填充空隙、胶结生土颗粒，导致密实度不高，软化系数不高。10% 水泥 +5% 矿渣的改性生土试样中 C-S-H 的特征峰较为明显，原因是早期水泥水化产生 C-S-H 胶凝以及大量的 Ca（OH）$_2$，随着溶液中 OH^-浓度逐渐升高，与矿渣玻璃体中的活性 SiO_2、Al_2O_3 等组分发生二次水化反应，促使水泥水化继续进行，生成更多的水化硅酸钙、水化铝酸钙或水化硫铝酸钙等反应产物，这些产物能够对土颗粒进行包裹，并彼此搭接，形成紧密的微观结构，为生土材料提供骨架支撑作用，提升软化系数。

通过傅里叶变换红外光谱仪对各种掺量的石灰、水泥改性生土试样进行红外分析，石灰改性分析结果如图 2.3-6 所示。图 2.3-6（a）为纯生土的红外吸收光谱，通过比对可知，3415.23cm^{-1} 属于 OH^-的伸缩振动峰，表明材料中存在吸附水，2361.45 处的吸收峰是 O=C=O 反对称收缩，638.04cm^{-1} 处为 C=C 的伸缩振动峰，1437.48cm^{-1} 和 874cm^{-1} 处存在的吸收峰分别属于 C-O 的非对称伸缩动和面外弯曲振动特征峰，779cm^{-1} 处的吸收峰是

Si-O-Si 对称伸缩振动，1029cm^{-1} 处附近的吸收峰是 Si-O-Si 硅氧四面体反对称伸缩振动，从而证明生土中存在伊利石、蒙脱石。

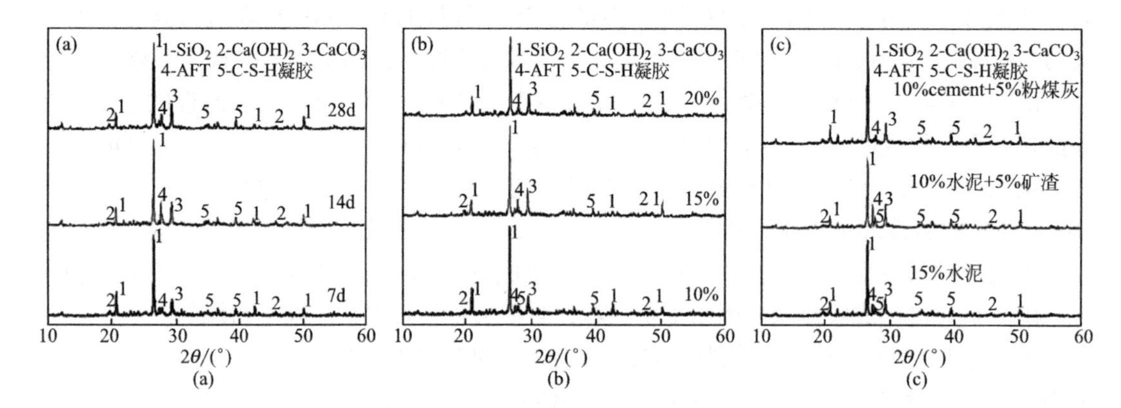

图 2.3-5 水泥改性生土的 XRD 物相分析图谱

（a）20% 单掺水泥；（b）28d 掺水泥；（c）28d 复掺胶凝材料

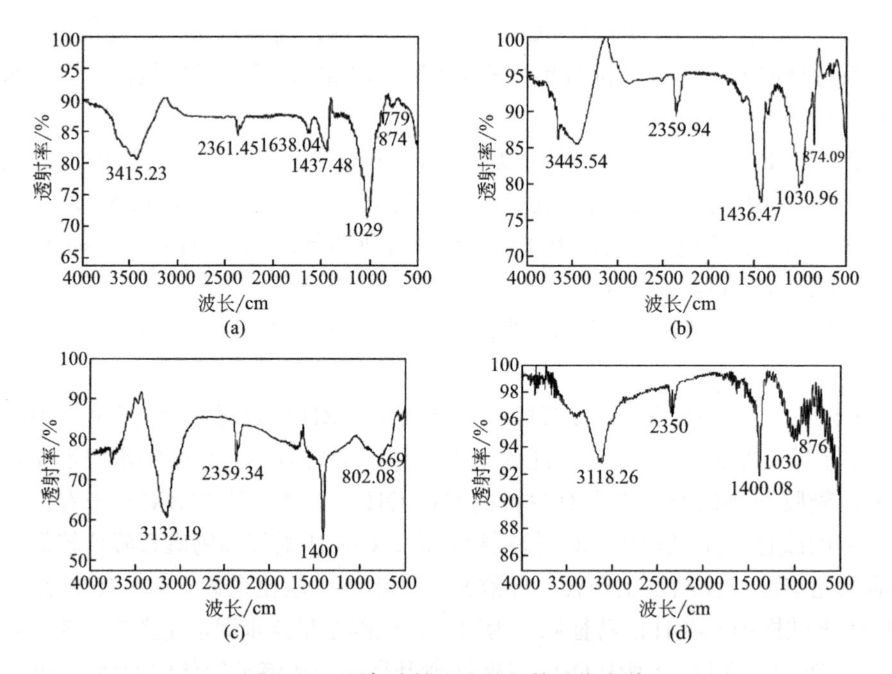

图 2.3-6 石灰改性生土的红外吸收光谱

（a）纯生土；（b）单掺 15% 石灰；（c）10% 石灰 + 5% 粉煤灰；（d）10% 石灰 + 5% 矿渣

与纯生土的红外光谱图对比，3500cm^{-1} 波数以上的 OH^-特征峰更密集，波峰更强，说明存在更多的 OH^-，石灰基改性材料水化生成 $Ca(OH)_2$ 及 C-S-H 凝胶；1029cm^{-1} 和 874cm^{-1} 附近依然存在属于伊利石和蒙脱石的特征峰，说明生土中的矿物组成未参与反应；纯生土中 1638cm^{-1} 处的 C=C 断裂，形成复掺改性材料中 3100cm^{-1} 附近的 C-H 伸缩振动峰，属于矿渣、粉煤灰的火山灰反应产物。相比于单掺石灰的红外光谱图，复掺 10% 石灰＋ 5% 粉煤灰和 10% 石灰＋ 5% 矿渣在 1030cm^{-1} 附近出现了 Si-O-Si 硅氧四面体反对称伸缩振动，应是 C-S-H 凝胶，从而从官能团的角度验证了复掺胶凝改性材料能够产生水硬性的水化产物，而单掺石灰只产生了 $Ca(OH)_2$；相比于复掺粉煤灰的振动峰 OH^- 显示在 3445.54cm^{-1}，复掺矿渣 OH^- 的振动峰显示在 3118.26cm^{-1}，波数位置更低，说明官能团结合力更强，所产生的 C-S-H 凝胶产物更多。

水泥改性生土的 FT-IR 分析结果如图 2.3-7 所示。与纯生土的红外光谱图对比，3500cm^{-1} 波数以上的 OH^- 特征峰更密集，波峰更强，说明存在更多的 OH^-，水泥基改性材料水化生成 $Ca(OH)_2$ 及 C-S-H 凝胶；1029 cm^{-1} 和 874 cm^{-1} 附近依然存在属于伊利石和蒙脱石的特征峰，说明生土中的矿物组成未参与反应；纯生土中 1638.04cm^{-1} 处的 C=C 断裂，形成复掺改性材料中 3140cm^{-1} 附近的 C-H 伸缩振动峰。相比于单掺水泥的红外光谱图中 1457.22cm^{-1} 处的峰位，复掺 10% 水泥 +5% 粉煤灰及 10% 水泥 +5% 矿渣改性的生土中，该处的波峰分别向低处迁移至 1400.32cm^{-1} 和 1399.67cm^{-1}，原因是水泥水化产生的 $Ca(OH)_2$ 与矿渣、粉煤灰中的 Al^{3+}、Mg^{2+} 等阳离子发生了置换作用；复掺组在 3140cm^{-1} 处出现明显的 C-H 伸缩振动峰，原因是粉煤灰、矿渣的玻璃体发生分散和溶解，形成火山灰反应产物，其原子间的 Ca-O、Mg-O、Si-O、Al-O 等键发生断裂，且复掺矿渣的 C-H 峰位在 3132.01cm^{-1} 较复掺粉煤灰的 3147.26cm^{-1} 向低波数偏移更大，说明复掺矿渣在该位置的官能团结合力比复掺粉煤灰更强，因而二次水化产物对生土浆体颗粒间的结合力更高，宏观表现为复掺矿渣的抗压强度高于复掺粉煤灰。

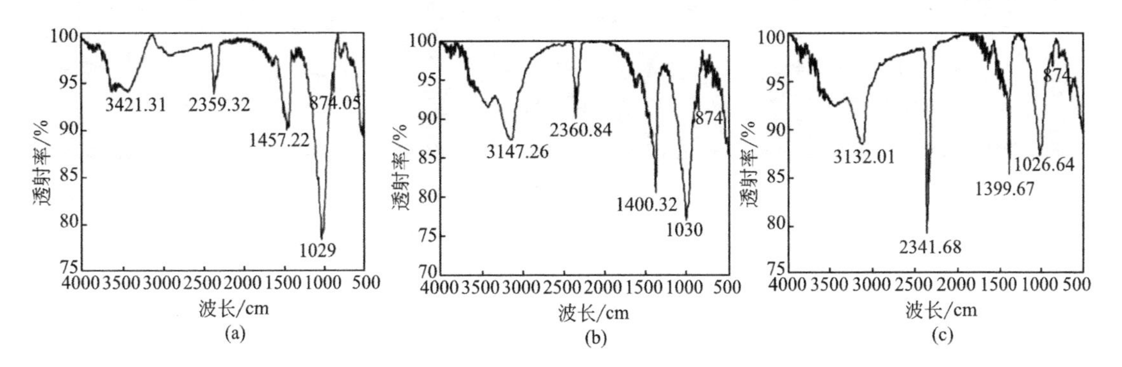

图 2.3-7　水泥改性生土的红外吸收光谱

（a）单掺 15% 水泥；（b）10% 水泥 + 5% 粉煤灰；（c）10% 水泥 + 5% 矿渣

杨永等人分别对上述改性方案中的生土试样进行扫描电镜分析，石灰、水泥改性试样的电镜结果分别如图 2.3-8 和图 2.3-9 所示。

由图 2.3-8 可知，粉煤灰和矿渣替代部分石灰后，生成的水化产物除了板状氢氧化钙，还有少量针棒状钙矾石和絮凝状的 C-S-H 凝胶，从 10% 石灰 +5% 粉煤灰扫描电镜照片可以看出未水化的粉煤灰微珠，可见粉煤灰活性较低，水化不充分，而从 10% 石灰 +5% 矿渣可以明显观察到大量的胶凝性水化产物。因为在石灰水化形成 $Ca(OH)_2$ 的碱性环境下，矿渣中的活性 SiO_2 和 Al_2O_3 更容易溶解出来，在水溶液中与石灰解离出的 Ca^{2+} 结合，形成胶凝物质，对体系孔结构改善明显，因此在耐水性能方面表现出掺矿渣的试样比掺粉煤灰的软化系数要高。

由图 2.3-9 可知，单掺水泥与水泥和矿渣复掺两组改性生土材料内部空隙较少，板状的氢氧化钙、针棒状的钙矾石和具有胶凝性的 C-S-H 凝胶的微观形貌更加明显，大量的絮状物或者网状结构包裹着生土颗粒。而水泥与粉煤灰复掺的图 2.3-9（b）中，水化产物的形貌特征较少，水化不充分，在电镜照片中能观察到粉煤灰微珠。

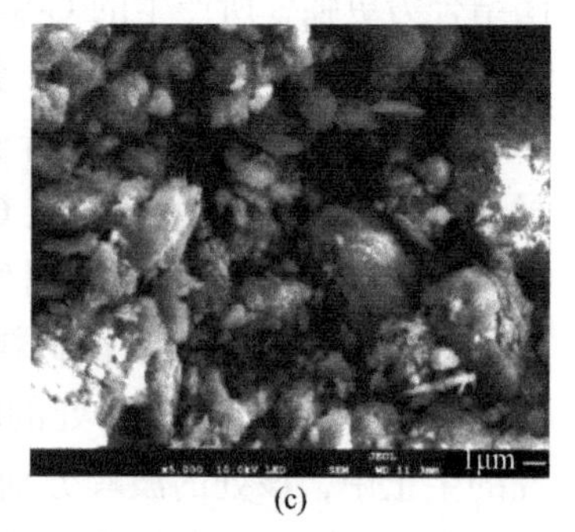

(a) (b) (c)

图 2.3-8　复掺石灰改性生土的 SEM 图片

（a）28d 单掺 15% 石灰；（b）28d 10% 石灰 +5% 粉煤灰；（c）28d 10% 石灰 +5% 矿渣

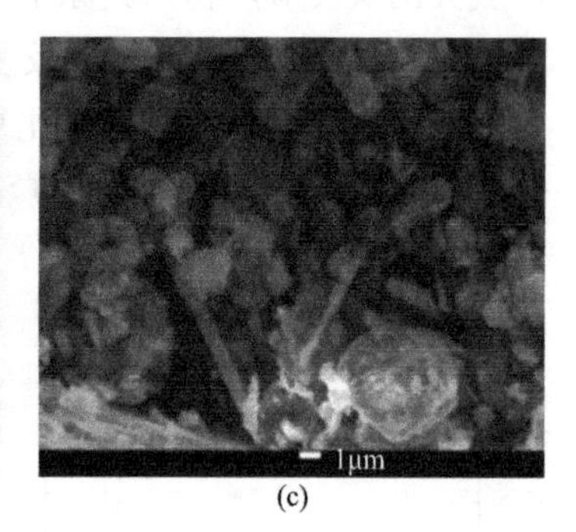

(a) (b) (c)

图 2.3-9　复掺水泥改性生土的 SEM 图

（a）15% 水泥；（b）10% 水泥 + 5% 粉煤灰；（c）10% 水泥 + 5% 矿渣

通过对上述已有研究的分析可以发现，水泥、石灰等改性材料主要是依靠离子交换反应、碳酸化反应、水化产物的结晶作用等来提高生土材料的耐水性。已有的研究成果可以为江西省内的红黏土耐水性试验研究提供数据参考和理论支撑。

以上学者研究了不同地区改性生土材料的耐水性，但对江西地区客家生土民居常用墙体材料（红黏土）的耐水性研究较少。因此，2.3.4 节将对江西地区常见的生土材料进行耐水性试验研究，以补充该研究领域的空白。

2.3.4　江西红黏土耐水性能改性试验研究

由于生土墙经常会受到冻融循环、干湿循环和雨水侵蚀等作用，有些生土墙在使用期间出现了表面风化、剥蚀等现象，更有甚者，还会发生倒塌破坏；但有一部分生土墙在使用几十年后依然能保持完好的外观和强度，这为进行生土墙的耐久性研究提供了真实的案例基础。因此，本书作者针对江西地区常见的客家民居所用的生土材料进行了耐水性试验研究。本次耐水性试验包括浸水试验和喷淋试验。首先，在浸水试验中测试不同改性配合比下各改性生土试样的软化系数、耐水指数等衡量耐水性能的指标。其次，选取复掺改性试验中典型配合比的试验组进行喷淋试验，结合试验结束后试件的表面损失状况及质量损

硬性的水化产物，而单掺石灰只产生了 Ca（OH）$_2$；相比于复掺粉煤灰的振动峰 OH^- 显示在 3445.54cm^{-1}，复掺矿渣 OH^-的振动峰显示在 3118.26cm^{-1}，波数位置更低，说明官能团结合力更强，所产生的 C-S-H 凝胶产物更多。

水泥改性生土的 FT-IR 分析结果如图 2.3-7 所示。与纯生土的红外光谱图对比，3500cm^{-1} 波数以上的 OH^-特征峰更密集，波峰更强，说明存在更多的 OH^-，水泥基改性材料水化生成 Ca（OH）$_2$ 及 C-S-H 凝胶；1029 cm^{-1} 和 874 cm^{-1} 附近依然存在属于伊利石和蒙脱石的特征峰，说明生土中的矿物组成未参与反应；纯生土中 1638.04cm^{-1} 处的 C=C 断裂，形成复掺改性材料中 3140cm^{-1} 附近的 C-H 伸缩振动峰。相比于单掺水泥的红外光谱图中 1457.22cm^{-1} 处的峰位，复掺 10% 水泥 +5% 粉煤灰及 10% 水泥 +5% 矿渣改性的生土中，该处的波峰分别向低处迁移至 1400.32cm^{-1} 和 1399.67cm^{-1}，原因是水泥水化产生的 Ca（OH）$_2$ 与矿渣、粉煤灰中的 Al^{3+}、Mg^{2+} 等阳离子发生了置换作用；复掺组在 3140cm^{-1} 处出现明显的 C-H 伸缩振动峰，原因是粉煤灰、矿渣的玻璃体发生分散和溶解，形成火山灰反应产物，其原子间的 Ca-O、Mg-O、Si-O、Al-O 等键发生断裂，且复掺矿渣的 C-H 峰位在 3132.01cm^{-1} 较复掺粉煤灰的 3147.26cm^{-1} 向低波数偏移更大，说明复掺矿渣在该位置的官能团结合力比复掺粉煤灰更强，因而二次水化产物对生土浆体颗粒间的结合力更高，宏观表现为复掺矿渣的抗压强度高于复掺粉煤灰。

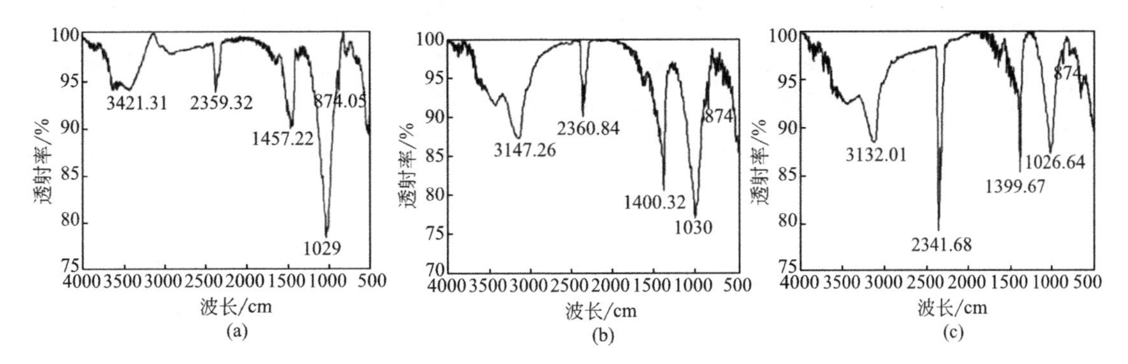

图 2.3-7　水泥改性生土的红外吸收光谱

（a）单掺 15% 水泥；（b）10% 水泥 + 5% 粉煤灰；（c）10% 水泥 + 5% 矿渣

杨永等人分别对上述改性方案中的生土试样进行扫描电镜分析，石灰、水泥改性试样的电镜结果分别如图 2.3-8 和图 2.3-9 所示。

由图 2.3-8 可知，粉煤灰和矿渣替代部分石灰后，生成的水化产物除了板状氢氧化钙，还有少量针棒状钙矾石和絮凝状的 C-S-H 凝胶，从 10% 石灰 +5% 粉煤灰扫描电镜照片可以看出未水化的粉煤灰微珠，可见粉煤灰活性较低，水化不充分，而从 10% 石灰 +5% 矿渣可以明显观察到大量的胶凝性水化产物。因为在石灰水化形成 Ca(OH)$_2$ 的碱性环境下，矿渣中的活性 SiO_2 和 Al_2O_3 更容易溶解出来，在水溶液中与石灰解离出的 Ca^{2+} 结合，形成胶凝物质，对体系孔结构改善明显，因此在耐水性能方面表现出掺矿渣的试样比掺粉煤灰的软化系数要高。

由图 2.3-9 可知，单掺水泥与水泥和矿渣复掺两组改性生土材料内部空隙较少，板状的氢氧化钙、针棒状的钙矾石和具有胶凝性的 C-S-H 凝胶的微观形貌更加明显，大量的絮状物或者网状结构包裹着生土颗粒。而水泥与粉煤灰复掺的图 2.3-9（b）中，水化产物的形貌特征较少，水化不充分，在电镜照片中能观察到粉煤灰微珠。

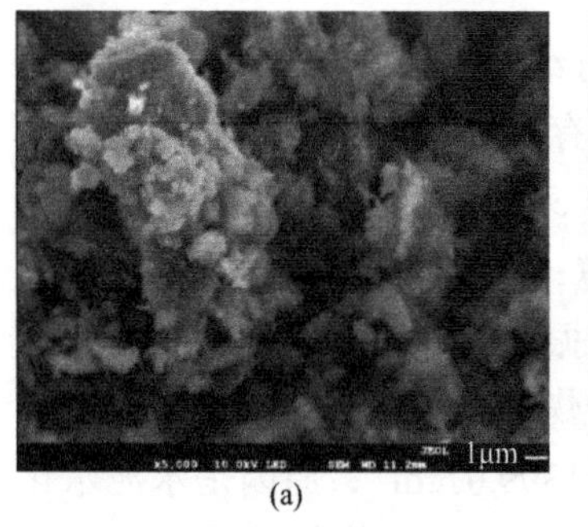
(a)

(b)

(c)

图 2.3-8　复掺石灰改性生土的 SEM 图片

（a）28d 单掺 15% 石灰；（b）28d 10% 石灰 +5% 粉煤灰；（c）28d 10% 石灰 +5% 矿渣

(a)

(b)

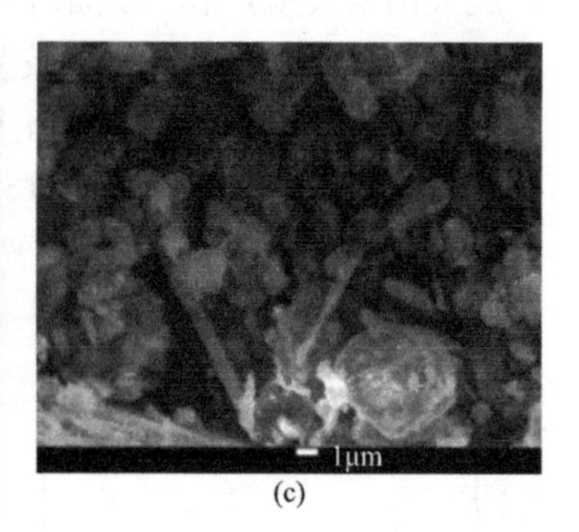
(c)

图 2.3-9　复掺水泥改性生土的 SEM 图

（a）15% 水泥；（b）10% 水泥 + 5% 粉煤灰；（c）10% 水泥 + 5% 矿渣

通过对上述已有研究的分析可以发现，水泥、石灰等改性材料主要是依靠离子交换反应、碳酸化反应、水化产物的结晶作用等来提高生土材料的耐水性。已有的研究成果可以为江西省内的红黏土耐水性试验研究提供数据参考和理论支撑。

以上学者研究了不同地区改性生土材料的耐水性，但对江西地区客家生土民居常用墙体材料（红黏土）的耐水性研究较少。因此，2.3.4 节将对江西地区常见的生土材料进行耐水性试验研究，以补充该研究领域的空白。

2.3.4　江西红黏土耐水性能改性试验研究

由于生土墙经常会受到冻融循环、干湿循环和雨水侵蚀等作用，有些生土墙在使用期间出现了表面风化、剥蚀等现象，更有甚者，还会发生倒塌破坏；但有一部分生土墙在使用几十年后依然能保持完好的外观和强度，这为进行生土墙的耐久性研究提供了真实的案例基础。因此，本书作者针对江西地区常见的客家民居所用的生土材料进行了耐水性试验研究。本次耐水性试验包括浸水试验和喷淋试验。首先，在浸水试验中测试不同改性配合比下各改性生土试样的软化系数、耐水指数等衡量耐水性能的指标。其次，选取复掺改性试验中典型配合比的试验组进行喷淋试验，结合试验结束后试件的表面损失状况及质量损失综合评价不同改性配合比下试件的耐水性强弱。

1. 浸水试验

在浸水试验中，按照配合比成型 50mm × 50mm × 50mm 的试件，先测定养护至 28d 试件的干质量 M_1，再将其放入水中浸泡，记录试件发生溃散的时间 K_t 和溃散时的质量 M_2，根据质量变化计算出溃散时试件的质量变化率 M_0，并通过式（2-7）计算出试件的耐水指数。耐水指数越高，材料的耐水性能越佳。

$$I_0 = \frac{K_t}{M_0} \tag{2-7}$$

式中 I_0——试件的耐水指数；

K_t——试件发生溃散的时间，min；

M_0——溃散时试件的质量变化率，%。

此外，衡量耐水性强弱的另一个指标是软化系数。软化系数 K 是以试件养护到 28d 后，在水中浸泡 1d 的抗压强度 I_2 与 28d 抗压强度 I_1 之比来计算，见式（2-8）。软化系数越大，材料耐水性越好。

$$K = \frac{I_2}{I_1} \tag{2-8}$$

式中 K——材料的软化系数；

I_2——试件养护到 28d 后，在水中浸泡 1d 的抗压强度，MPa；

I_1——试件养护到 28d 的抗压强度，MPa。

该测试方法的具体要求是将养护好的试件放入装有水的浅盘中。由于存在毛细作用，浅盘中的水会扩散到土体的内部孔隙中，这会削弱土壤颗粒之间的作用力，降低土体强度。之后，通过质量变化率、浸水外观损伤来评定试件耐水性的强弱。该试验主要用于改性土的耐水性能评价，因为加入改性材料后，土体的密实性大大增加，水分子的渗透阻力也有提高。

2. 浸水试验结果

表 2.3-7 列出了不同改性方案生土试块浸水试验的耐水性指数，可知原状土的耐水指数仅为 0.35，在水中浸泡 15min 后就发生溃散，耐水性极差。生土中加入水泥或石灰后，土样的耐水指数分别为 5.96 与 2.47，与试验对照组相比，试样的耐水性显著增长。因为水泥、石灰的水化产物填充了土体内部的空隙，使结构更加密实，提高了耐水性。仅掺入纤维的掺纤维组的耐水指数亦有显著提高，达到 3.2，这是由于纤维在生土颗粒间相互交错，在土体内部形成了密集的纤维网状结构，大大提高了对土颗粒的约束作用。并且，试块中加入水泥或纤维材料后，均能大幅度提高试块的溃散时间。

当采用多种材料进行复合改性时，复掺水泥和石灰后（FC2）土体的耐水指数高达 6.11，对耐水性能的提高作用非常显著。在土体中加入稻草、聚酯纤维及砂粒等物理改性掺料后，试验组 FC5 的耐水指数达到 4.67。虽然对比参照组，FC5 组试块的耐水性提高显著，但明显低于 FC7 的耐水指数 6.3。因为 FC7 的改性配合比中不仅加入了物理改性材料，还掺入了水泥、石灰等胶凝材料以及聚羧酸减水剂。胶凝材料与土粒子发生化学反应后形成憎水产物，减少了表面张力，增加了土粒间的分子力，起到了提高耐水效果的作用。掺入聚羧酸减水剂后，因其有分散性，能使土颗粒和水泥颗粒更均匀地分布和更充分地接触，不仅可以促进水化反应的进行，还能进一步压实土体。此外，掺入高效减水剂后，胶凝材料的水化产物更为丰富，分布也更均匀，土粒团聚现象明显减少。加入减水剂后，还使得土粒均呈负电性，并形成静电斥力，还可以改变生土颗粒表面电荷的电势，减少泥浆中双电层的厚度，提高浆体的流动性。综合来看，FC7 的耐水性能最好，土体抵抗雨水侵蚀的能力最强。

耐水指数　　表 2.3-7

试验组	原状土	掺水泥	掺石灰	掺纤维	FC2	FC5	FC7
M_1/g	160.0	169.0	165.0	167.0	173.0	166.0	170.0
M_2/g	91.0	152.0	141.0	137.8	156.0	150.0	153.8
K_t/min	15.0	60.0	36.0	56.0	60.0	45.0	60.0
M_0/%	43.13	10.06	14.55	17.48	9.83	9.64	9.53
I_0	0.35	5.96	2.47	3.20	6.11	4.67	6.30

注：M_1——养护至 28d 试件的干质量，g；M_2——溃散时的质量，g；M_0——溃散时试件的质量变化率；K_t——试件发生溃散的时间，min。

图 2.3-10 列出了浸水试验结束后，不同改性配合比下生土试块的损伤状态。原状土在水中浸泡 15min 后，土体表面就发生了大量溃散和剥落，土粒之间毫无粘结力，土体软化严重，土体强度急剧下降。掺入石灰后，试块的耐水指数与原状土相比提高了 7.06 倍，试块浸水溃散时间也有提高。但掺石灰试块的浸水破坏形状并不规则，试块四周浸水溃散严重。泡水 36min 后，试块强度并没有快速丧失，土体之间仍留有黏聚力，与原状土相比，试块中部仍呈现出相对较好的整体性。掺入纤维后，土体浸水溃散时间明显增加，溃散时的质量损失率为 10.83%。与掺石灰试块相比，掺纤维试块浸水溃散时，仅在试块边缘发生些许破坏，但试块溃散后的形状仍为矩形。同时，加入的聚酯纤维有一部分裸露在试块表面，土体仍有较高的整体性。复合改性试验组 FC5 浸水溃散后的形状与掺纤维相似。FC7 改性试块浸水 1h 后的质量损失率仅为 9.5%，主要因为试件表面出现轻微溃散，使试块溃散时的质量略有降低。与其他试验组相比，此改性配合比下的试块浸水后，试件边缘几乎没有受到损伤，土粒之间的粘结力最强，试件的整体性最好，表明加入聚羧酸减水剂可以显著提高改性生土材料的耐水性。

(a)

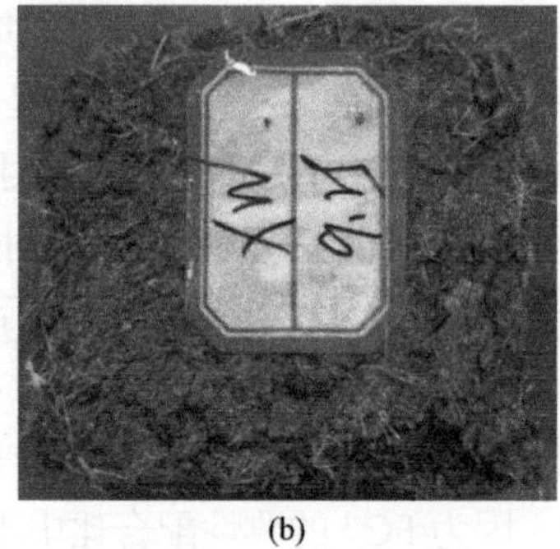

(b)

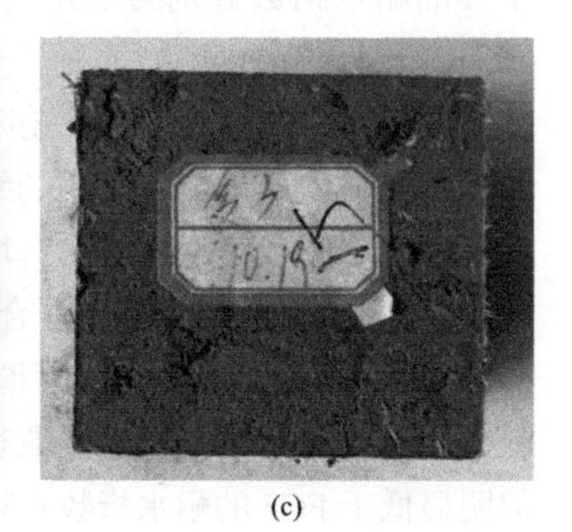
(c)

图 2.3-10　试样破坏形态
（a）掺石灰；（b）掺纤维；（c）FC7

软化系数 K 表征的是材料的耐水性能，软化系数越大，耐水性越好。不同配合比改性生土试样的软化系数测试结果如表 2.3-8 所示。纯生土试样在进行软化系数测试时，遇水发生溃散，因而不具有耐水性，软化系数为 0。掺入水泥后，试块的耐水性得到显著提高，试样的软化系数达到 0.406。究其原因，首先是水泥的水化产物填充了生土颗粒间的孔隙，改善了孔隙结构。其次，水泥水化产物的胶结作用加强了生土颗粒间的作用力，当水泥掺量达到一定比例时，孔隙结构趋于完善，结构的耐水性能达到极值。掺入石灰后，试块的软化系数为 0，可能是因为石灰掺量较小，不足以对红黏土的软化系数产生影响。复掺水泥和石灰后（FC2），试块的软化系数达到 0.44，试块的耐水性能显著增强。FC7 的软化系数略低于 FC2，因为 FC7 中掺入了砂、纤维、稻草等物理改性材料，这些物质并不会与土体内部成分发生化学反应，仅仅起到填充内部孔隙、增强土粒拉结的作用，经过长时间的浸泡后，试块表面发生轻微溃散，导致其软化系数略低于 FC2。

软化系数　　**表 2.3-8**

试验组	原状土	掺水泥	掺石灰	掺纤维	FC2	FC5	FC7
I_0/MPa	4.12	13.61	8.50	6.83	14.8	8.61	15.78
I_1/MPa	0	5.53	0	0	6.51	0	5.05
K	0	0.406	0	0	0.440	0	0.320

综上可知，对比不同改性方案生土试件的软化系数后，不难发现生土中掺入水泥对生土材料的软化系数提高明显，掺入稻草、纤维等物理改性材料不能提高生土材料的软化系数，甚至会降低复掺水泥后的软化系数。

为明确泡水时间对试块吸水率和强度的影响，选择改性配合比 FC2、FC7 各成型五个试件，室内养护 28d 后，将试件放到烘箱中烘至绝干，分别称重，记录其质量为 M_0。取其中一组试件直接测抗压强度，再将另外四组试件分别浸泡在水中 15min、30min、45min、60min 之后取出试件，用干软布轻轻擦去试件表面的水分，分别称重，记录其质量为 M_1，然后立即测定其抗压强度，通过式（2-9）计算得出五组试件的吸水率。

$$R = \frac{M_1 - M_0}{M_0} \times 100\% \tag{2-9}$$

式中　M_1——浸水后试件的质量，g；

　　　M_0——养护 28d 后试件的干质量，g。

如图 2.3-11（a）所示，随着浸水时间的增加，两组改性试块的吸水率都有不同程度的增长；具体来说，试验前期试块 FC7 的吸水率增长速度大于试块 FC2，泡水 15min 内 FC7 试块的吸水率达到 6.78%，高于 FC2（4.27%）；当在水中浸泡 60min 后，试块 FC7 的吸水率为 12.38%，与 FC2 相比，试块的吸水率提高了 3.8%，因为 FC7 在 FC2 的改性配合比基础上加入了砂、稻草、聚酯纤维等不会与土体内部成分发生化学反应的改性材料。加入纤维材料后，增加了试块的吸水性，这是由于加入的植物纤维本身就具有一定的亲水性。此外，FC7 改性试块内部孔隙的增多也是其吸水率高的另一个原因，物理改性材料之间的相互搭接会增大改性试块内部的孔隙率，提高试块的吸水率。

如图 2.3-11（b）所示，随着浸水时间的增加，两组改性试块的抗压强度均有不同程度的降低。泡水 15min 内，试块 FC2 的抗压强度由 14.78MPa 下降到 8.55MPa，降低了 42.15%；而试块 FC7 的抗压强度由 15.78MPa 下降到 11.11MPa，泡水 15min 强度损失了 29.59%，由此可见试件 FC2 的强度损失速度远远大于 FC7，因为改性试块 FC7 内部不仅有砂充当骨架作用，还有纤维的嵌固和握裹作用，高效减水剂的静电斥力作用，再加上水化产物的粘结和填充作用，使试块的整体性优于 FC2，所以泡水 15min 对试块 FC7 的强度损伤不大，造成试验早期 FC7 的强度损失低于 FC2 的现象。浸水 15min 后，试块 FC7 的强度损失速度大于 FC2，其泡水 60min 的抗压强度为 6.12MPa，仍高于 FC2(5.75MPa)；但在泡水 15 ~ 60min 期间，FC7 的强度损失率为 44.91%，高于 FC2 的损失率 32.75%。究其原因，是随着泡水时间的增加，改性试块 FC7 的内部空隙变多，密实度下降，加之本次减水剂的掺入比例不足以抵抗长时间的浸水损伤，造成试验后期试块 FC7 的强度损失率高于 FC2，因此后期 FC7 强度下降较快。总的来说，经过长时间的浸泡后，同时加入物理改性材料和化学改性材料的试块 FC7 的抗压强度仍高于纯化学改性试验试块（FC2）。在生土材料的实际应用中，推荐同时使用化学改性材料和物理改性材料对墙体材料进行改性，这不仅可以提高生土墙的强度，还可以显著提高墙体的耐水性。

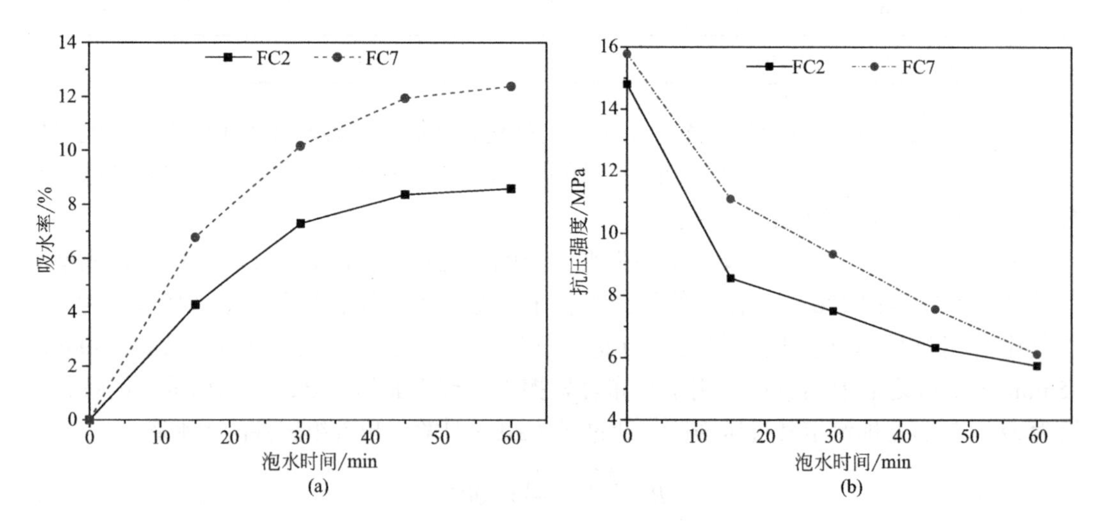

图 2.3-11 泡水时间对吸水率和强度的影响

（a）吸水率；（b）抗压强度

3. 喷淋试验

生土建筑在我国分布广泛，从炎热的新疆吐鲁番盆地到湿润多雨的武夷山脉，都可以找到生土建筑的踪迹。但由于各地年降雨量、降雨强度相差甚大，在湿润多雨地区，必须考虑雨水对生土墙的侵蚀作用。

由于雨水是以一定速度和水量作用于生土墙，所以在试验模拟过程中根据江西地区的年平均降雨量模拟了一套雨水冲刷装置，其控制参数如下：模拟水压设为 0.05MPa，喷头距离试件 60cm，冲刷时间为 15min，相当于江西地区一次特大暴雨的降水量。

喷淋试验所用试验配比如表 2.3-9 所示，根据试验配合比各成型一组试件，一组 12 个（不同养护龄期各 3 个），试件尺寸为 50mm × 50mm × 50mm，分别对同一养护龄期的 3 个试件进行编号并称重。对于同一养护龄期的 3 个试件，1 号试件用于对比计算质量损失，2 号试件用于喷淋试验，即在进行喷淋试验时，把 1 号试件浸泡在水中，待试验结束后，将其取出，再次称质量，对比 1 号试件浸水吸水后的质量增长，可以计算出试件在冲刷结束后的质量损失。试验结束后，通过试块的质量损失、强度损失和耐水程度来评价不同改性配合比下试块的耐水性强弱。试样的耐水程度为土样表面开始破损的时间与 1h 的比值。根据强度试验结果，改性生土材料 28d 抗压强度基本已达到最高，为了明确不同龄期的抗水冲刷性能，作者分别测试了养护到 1d、7d、14d、28d 龄期试块的抗冲刷性能。

喷淋试验配合比（%）　　**表 2.3-9**

试验组	原状土	水泥	石灰	纳米 SiO_2	聚酯纤维	砂	稻草	减水剂
FC5	80.0			4.0	0.8	15.0	0.2	
FC5-1	79.2			4.0	0.8	15.0	0.2	0.8
FC7	54.2	15.0	10.0	4.0	0.8	15.0	0.2	0.8

4. 喷淋试验结果

喷淋试验结果如表 2.3-10 ～表 2.3-12 所示。由表 2.3-10 可知，掺入纯物理改性材料的 FC5，养护 1d、3d、7d、28d 后，冲刷 15min 的强度损失率分别为 62.72%、41.15%、38.8%、29.39%，质量损失率分别为 23%、18.69%、15.36%、12.02%。由此可见，纯物理外掺料对生土试块的耐水性几乎没有改善效果，养护初期，试块的强度损失非常大。随着养护时间的增加，试块的耐水性得到轻微提高。

FC5 喷淋试验结果　　**表 2.3-10**

养护时间	1d	3d	7d	28d
M_0/g	183.8	183.0	183.5	182.2
M_1/g	141.5	148.8	155.3	160.3
ΔM/%	23.00	18.69	15.36	12.02
I_0/MPa	1.050	1.970	3.560	8.610
I_1/MPa	0.390	1.160	2.180	6.080
ΔI/%	62.72	41.15	38.80	29.39
t/s	123.8	231.0	330.8	440.6
K_1	0.0344	0.0642	0.0919	0.1224

注：M_0——试块浸水 15min 后的质量，g；M_1——喷淋试验结束后的质量，g；ΔM——试块的质量损失，g；I_0，I_1，ΔI——试块冲刷 15min 前后的抗压强度和抗压强度损失；t——冲刷过程中试块开始出现溃散的时间，s；K_1——试块的耐水程度。

由表 2.3-11 可知，当在 FC5 的配合比上加入 0.8% 的聚羧酸高效减水剂（FC5-1），并且试块养护 1d、3d、7d、28d 后，冲刷 15min 的强度损失率分别为 57.43%、48.45%、31.98%、25.61%，质量损失率分别为 17.76%、15.67%、13.35%、10.24%。与 FC5 相比，

试块强度损失略有减小，质量损失也有所降低，说明加入减水剂后，改变了生土颗粒表面电荷的电势，减少了泥浆中双电层的厚度，使土颗粒均呈负电性，并形成静电斥力，提高了浆体流动性。此外，减水剂可以大幅度降低改性生土材料的用水量，还有一定的促凝作用，可以缩短改性生土材料制品的养护时间。聚羧酸减水剂不仅能显著提高改性生土材料的耐水性能，加入聚羧酸减水剂后，改性生土材料的内部含水率降低，干燥收缩率也会进一步降低。

FC5-1 喷淋试验结果　　表 2.3-11

养护时间	1d	3d	7d	28d
M_0/g	188.6	185.0	182.0	183.5
M_1/g	155.1	153.0	157.7	164.7
ΔM/%	17.76	15.67	13.35	10.24
I_0/MPa	1.310	2.050	3.680	8.740
I_1/MPa	0.560	1.060	2.500	6.500
ΔI/%	57.43	48.45	31.98	25.61
t/s	186.8	287.0	460.0	666.7
K_1	0.0519	0.0797	0.1278	0.1852

注：M_0——试块浸水 15min 后的质量，g；M_1——喷淋试验结束后的质量，g；ΔM——试块的质量损失，g；I_0，I_1，ΔI——试块冲刷 15min 前后的抗压强度和抗压强度损失；t——冲刷过程中试块开始出现溃散的时间，s；K_1——试块的耐水程度。

由表 2.3-12 可以发现，FC7 养护 1d、3d、7d、28d 后，冲刷 15min 的强度损失率分别为 8%、5.38%、3.98%、3.54%，质量损失率分别为 3.14%、2.64%、1.70%、0.48%，分别远远低于 FC5 和 FC5-1 的相同冲刷时间内的质量损失和强度损失。由此可见，FC7 的耐水效果最好。因为 FC7 加入的改性材料种类齐全，不仅有化学改性材料，还有物理改性材料，砂可以改善土体的颗粒级配。而将纤维加入土中后，纤维会彼此弯曲，交错纵横，形成空间网格。一方面，纤维网的存在限制了土体颗粒的移动，保持颗粒位置不变。另一方面，纤维表面被大量土颗粒包裹，两者之间的粘结力和摩擦力使得纤维与土之间相互咬合，界面的摩擦系数增大，限制两者之间的相对滑动，从而增强纤维土的整体性。加入水泥、石灰等化学改性材料后，改性生土材料的耐水性得到显著提高，其主要原因是改性材料水化生成了耐水性较强的水化硅酸钙和水化铝酸钙，它们在生土材料中起骨架作用，并将土颗粒粘结在一起，使其具有较好的耐水性。此外，土颗粒表面被水化生成的絮凝状或网状 C-S-H 凝胶、针棒状的钙矾石等水化物所包裹，这些水化物通过交叉与连接形成了改性土质材料的骨架，并将土颗粒牢牢地粘结在一起，可以有效填充土体内部的空隙，提高改性土的密实度；同时，水化物的包裹作用一方面使生土中黏土矿物吸水后层间距离的增加受到限制，阻碍其膨胀；另一方面使水分不易渗透到土颗粒表面，从而提高土质材料的抗水性，多种效应累积之后，大大增强了 FC7 改性配合比下土体的耐水性。对比 3 组改性配合比可以发现，FC7 改性配合比下土体的耐水性最好，抵抗雨水侵蚀的能力最强。

FC7 喷淋试验结果　　　　**表 2.3-12**

养护时间	1d	3d	7d	28d
M_0/g	187.7	185.2	188.0	186.0
M_1/g	181.8	180.3	184.8	185.1
ΔM/%	3.140	2.640	1.700	0.480
I_0/MPa	2.500	8.180	8.540	15.780
I_1/MPa	2.300	7.740	8.200	15.220
ΔI/%	8.000	5.380	3.980	3.540
t/s	664.2	1168.9	1707.5	2237.0
K_1	0.1845	0.3247	0.4743	0.6214

5. 喷淋试件损伤状态

喷淋试验结束后，试块的破坏形态见图 2.3-12 ～图 2.3-15。

由图 2.3-12 可知，养护 1d 后，未加入聚羧酸减水剂的改性试块 FC5 冲刷 15min 后，试块表面出现了肉眼可见的损伤；冲刷结束后，试块边缘发生严重的溃散破坏，加入的物理改性材料如稻草、聚酯纤维等暴露在试块表面，试块吸水严重，强度急剧下降，出现极大的软化现象。对比加入减水剂的两组改性试块可以发现，对于没有掺入化学改性材料的 FC5-1，其冲刷破坏形态没有掺入水泥等化学材料的 FC7 好，并且在 FC5-1 试块表面发现了裸露在外的纤维材料，试块表面出现了明显的冲刷损伤痕迹，包括麻面、颗粒粘结力变弱等。综合比较三组改性配合比养护至 1d 的试件的冲刷破坏形态图可以发现，土体表面损失程度为 FC5 > FC5-1 > FC7；土体抵抗雨水侵蚀的能力依次为 FC7 > FC5-1 > FC5。试块 FC7 冲刷破坏后的形态最完整，质量损失和强度损失最小，改性土体的耐水性最强。

(a)

(b)

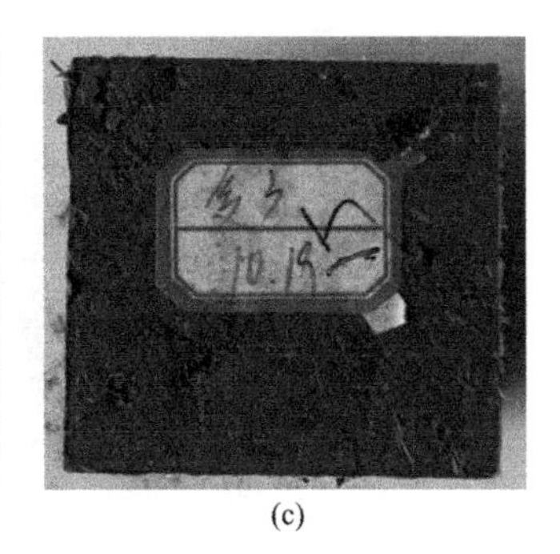
(c)

图 2.3-12　养护 1d 后试件冲刷破坏形态图
（a）FC5；（b）FC5-1；（c）FC7

由图 2.3.13 可以发现，随着养护时间的增加，改性土体的内部结构变得更加密实，试验结束后，试块的整体性较好。FC5 改性试块表面仍出现了严重的溃散现象，加入的物理改性材料如纤维、砂等均裸露在试块表面，但与养护至 1d 的 FC5 相比，试块破损状态得到显著改善，土体并未出现严重的软化现象，且土壤颗粒之间的粘结力也有显著增强。加入减水剂后，试块 FC5-1 冲刷破坏形态略有减轻，冲刷后，试块表面出现了明显的凹凸现象。冲刷 15min 后，试件的质量损失率为 15.67%，强度损失率为 48.45%。通过对比，发现试件 FC7 并未出现明显损伤，喷淋试验结束后，试块仍能保持相对完整的状态。其质量损失率为 2.64%，强度损失率为 5.38%；与试块 FC5 相比，其质量损失率降低了 13.03%，强度损失率降低了 43.07%，试块的耐水性得到显著提高。因为加入减水剂后，能降低土体浸水后的强度损失率，增加土体冲刷破坏时间，FC7 的耐水程度为 0.325，远远高于 FC5（0.0642）、FC5-1（0.0797）。

(a)

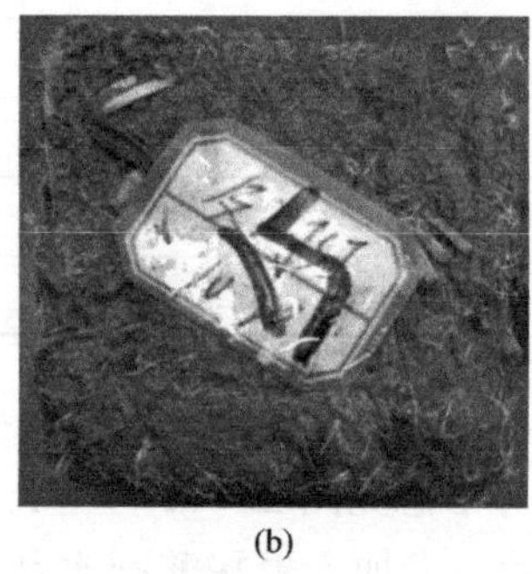

(b)

(c)

图 2.3-13　养护 3d 后试件冲刷破坏形态图
（a）FC5；（b）FC5-1；（c）FC7

由图 2.3-14 可以发现，各改性试块养护到 7d 时，冲刷破坏形态均有较大改善。试验结束后，三组改性试块均具有较好的整体性。但试块 FC5 在冲刷作用下其一角发生溃散脱落，其质量损失率为 15.36%，高于 FC5-1（13.35%）和 FC7（1.7%）。同时，随着养护时间的增加，三组改性试块的耐水程度都有显著提高，分别为 FC5（0.0919）、FC5-1（0.1278）、FC7（0.4743）；与养护到 3d 的试块相比，养护 7d 试块的耐水程度分别提高了 FC5（0.0277）、FC5-1（0.0481）、FC7（0.1493）。

(a)

(b)

(c)

图 2.3-14　养护 7d 后试件冲刷破坏形态图
（a）FC5；（b）FC5-1；（c）FC7

由图 2.3-15 可知，各改性试块养护到 28d 时，冲刷损伤状态得到较大缓解。除了试块 FC5 表面出现轻微的溃散，其余两组试件在冲刷结束后均能维持完整形状，试块表面没有出现肉眼可见的损伤。而且，试件 FC7 的耐水程度为 0.6214，远远高于 FC5 的耐水程度（0.1224）和 FC5-1（0.1852）。主要是因为加入高效减水剂后，土体内部的水化产物变得更丰富，分布也更均匀，土颗粒间的团聚现象明显减少；而且 FC7 改性配合比中的改性材料能与土体发生化学反应，形成憎水产物，可以减少水表面的张力，增加土粒子间的分子力，提高土体的耐水效果。

(a)

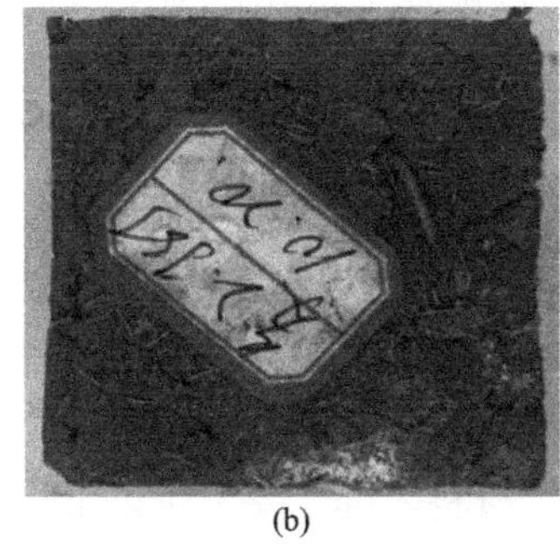

(b)

(c)

图 2.3-15　养护 28d 试件后冲刷破坏形态图
（a）FC5　（b）FC5-1　（c）FC7

2.3.5　改性生土材料耐水性机理分析

通过对试验所用的生土材料及上文改性方案中的试块做微观性能测试分析，确定改性后生土材料的内部矿物成分、化学键以及空隙结构等微观特性，以确定不同改性掺料对生土材料内部结构的影响，分析改性后生土材料耐水性的原因。具体试验设备与测试方法如下。

1. X 射线衍射（XRD）分析

选用德国生产的全自动多功能 X 射线衍射仪，仪器型号为 D8 ADVANCE 型，用来测定不同改性配合比下改性生土试块的水化产物及其矿物组成。

2. 傅里叶红外光谱（FT-IR）测试

试验采用美国生产的红外光谱仪。测试时，将粉碎的待测样品以及 KBr 置于 105℃的烘箱中烘干，以保证样品充分干燥。将一定量的 KBr 与约 1mg 的原料于玛瑙研钵中研磨混合，将混合物置于压片模具下压片，用来测定改性生土内部化学键组成。

3. XRD 试验结果分析

为了进一步探索掺入水泥、石灰等改性材料对生土耐水性的影响，选取具有代表性的试验组（单掺水泥、单掺石灰、FC2）进行物相分析，以期通过分析不同改性配合比的内部矿物组成来解释其对生土的改性作用，结果如图 2.3-16 所示。

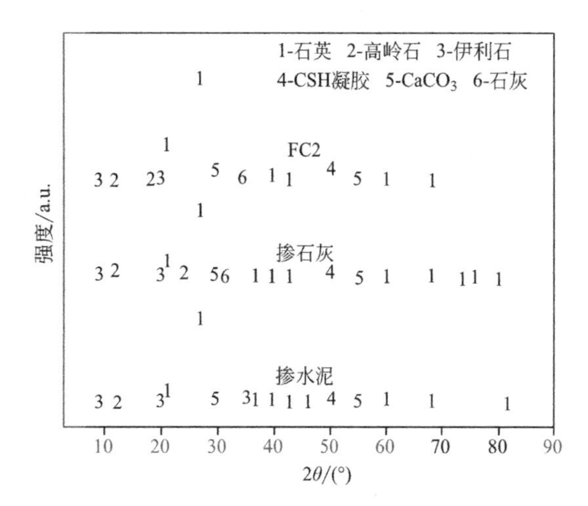

图 2.3-16　改性生土试样的 XRD 衍射图谱

未经改性的生土材料主要包含石英、高岭石、伊利石、赤铁矿等矿物成分，其内部矿物组成主要是 SiO_2。由图 2.3-17 可知，单掺水泥的试块的 XRD 分析图谱中主要含有大量的 SiO_2 和 $CaCO_3$，同时含有较少量的 C-S-H 凝胶。其中，SiO_2 主要来源于生土中未参与反应的石英、高岭石、伊利石等矿物成分。而单掺石灰的试块的 XRD 分析图谱中的主要成分与掺水泥类似，除了石灰发生水化反应生成的 C-S-H 凝胶及 $CaCO_3$ 等物质，还含有少部分石灰。FC2 的 XRD 分析图谱中，C-S-H 凝胶及 $CaCO_3$ 的分析峰强度有显著增强，表明此改性配合比下水泥、石灰等胶凝材料发生水化反应生成了大量的水化产物，能对材料内部存在的孔隙进行有效填充，使土体更加密实，提高改性生土材料的抗压强度和软化系数。

作为一种常用的生土材料改性外加剂，水泥主要通过水化反应形成的水泥 - 土骨架结构和水化产物与土颗粒之间的胶结作用来改善生土材料的性能指标，包括抗压强度、软化系数、耐水指数等，水泥改性生土材料内部主要发生以下水化反应：

$$3CaO \cdot SiO_2 + nH_2O = xCaO \cdot SiO_2 \cdot (n-3+x)H_2O + (3-x)Ca(OH)_2 \qquad (2\text{-}10)$$

$$2CaO \cdot SiO_2 + nH_2O = xCaO \cdot SiO_2 \cdot (n-2+x)H_2O + (2-x)Ca(OH)_2 \qquad (2\text{-}11)$$

$$3CaO \cdot Al_2O_3 + 6H_2O = 3CaO \cdot Al_2O_3 \cdot 6H_2O \qquad (2\text{-}12)$$

$$3CaO \cdot Al_2O_3 \cdot Fe_2O_3 + 7H_2O = 3CaO \cdot Al_2O_3 \cdot 6H_2O + Fe_2O_3 \cdot H_2O \qquad (2\text{-}13)$$

通过以上各式可以发现，水泥水化反应的产物主要为 C-S-H 凝胶、水化铝酸钙晶体，CFH 凝胶、AFt 和 $Ca(OH)_2$。C-S-H 凝胶和 CFH 凝胶的主要作用是粘结土壤颗粒，而水化铝酸钙和钙矾石则可以有效填充土体内部空隙，增强土粒间的结合。此外，水泥的水化产物只有一部分硬化形成水泥石骨架，另一部分则与土体中具有活性的黏土矿物发生反应。具体来说，$Ca(OH)_2$ 中的 Ca^{2+} 可以与吸附在土粒表面的离子发生阳离子交换反应，使较小的土粒聚集成较大的团粒。在碱性环境下，剩下的 Ca^{2+} 可与土体中的 SiO_2 和 Al_2O_3 发生化学反应，生成 C-S-H 凝胶和水化铝酸钙晶体，从而固化土壤颗粒，增加其耐水性与强度。而且，水泥水化形成的 $Ca(OH)_2$ 会与水中或空气中的 CO_2 发生碳酸化反应，生成不溶于水的 $CaCO_3$，起到填充空隙的作用，从而使改性生土材料变得更加致密。因此，加入水泥后，生土材料的耐水性得到显著提高。

总而言之，水泥可以在生土材料中发生水化反应，产生大量可以包裹生土微粒的 C-S-H 凝胶，并通过化学连接形成网状骨架结构，使生土材料更加致密；此外，C-S-H 凝胶会快速填充由于失水形成的孔隙，使生土材料更加致密，提高水泥改性生土材料的耐水性，而且水泥硬化可以在生土中建立水泥 - 土骨架结构，提高生土材料的密实度。石灰对生土材料耐水性改善机理与水泥类似，此处不再赘述。

4. FT-IR 试验结果分析

采用美国生产的红外光谱仪对原状土、掺水泥、掺石灰、FC2、FC7 进行红外测试，结果如图 2.3-18 所示。由图 2.3-18 可知，纯生土的红外吸收光谱，$3620.3cm^{-1}$ 属于 OH^- 的伸缩振动峰，表明材料中存在吸附水；$1640.82cm^{-1}$ 处为 C=C 的伸缩振动峰，$1030.6cm^{-1}$ 和 $913.3cm^{-1}$ 处附近的吸收峰是 Si-O-Si 硅氧四面体反对称伸缩振动，从而证明生土中存在伊利石、高岭石。在红外光谱中 $798cm^{-1}$ 和 $693cm^{-1}$ 处的双峰是石英风化结晶成不同氧化硅的特征峰，其中，$798cm^{-1}$ 附近存在的吸收峰表明石英遭受了严重的风化作用，存在大量的无定型氧化硅。$533cm^{-1}$ 附近的吸收峰属于不饱和 C-H 的面外弯曲振动峰。

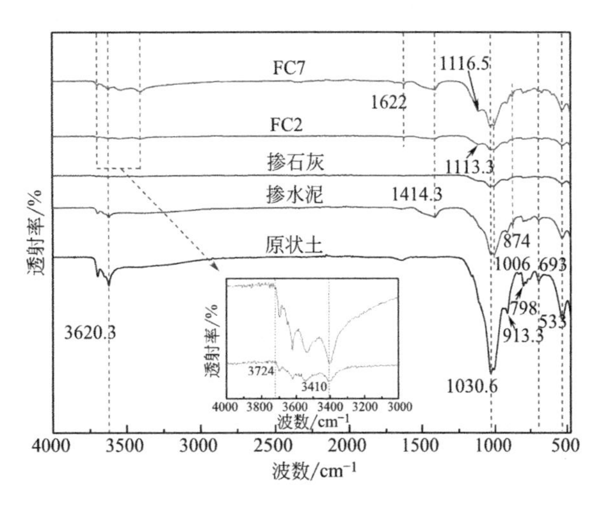

图 2.3-17 傅里叶红外分析结果

单掺水泥改性生土的傅里叶红外光谱中 1414.3cm^{-1} 处的吸收峰属于水中 OH^- 的面内弯曲振动特征峰，说明水泥改性生土材料中的结晶水明显增加，根据水泥的水化机理，可以判断出水泥改性生土材料中存在大量的水化产物，如 $Ca(OH)_2$ 和 C-S-H 凝胶等。1006cm^{-1} 附近的吸收峰来自 Si-O 键的伸缩振动，与原状土的红外光谱相比，该处吸收峰得到了明显的增强，说明 SiO_4^{4-} 发生凝聚，并产生了大量的 C-S-H 凝胶体。874cm^{-1} 附近的吸收峰是由于 CO_3^{2-} 弯曲振动引起的，与生土材料相比，水泥改性生土材料图谱中此处吸收峰的强度显著增强，说明水泥的水化产物与空气中存在的 CO_2 发生了碳酸化反应。

单掺石灰改性生土的傅里叶红外光谱中 1414.3cm^{-1} 附近的吸收峰属于水中 OH^- 的弯曲振动吸收峰，说明石灰改性生土材料中的结晶水明显增加，初步判断源于石灰水化反应生成的胶凝产物。1006cm^{-1} 附近的吸收峰来自 Si-O 键的伸缩振动，说明 SiO_4^{4-} 发生凝聚，并产生了大量的 C-S-H 凝胶体。693cm^{-1} 附近存在的吸收峰说明生土材料中存在的石英并未发生反应。

同时掺入多种改性外掺料后，试验组 FC2 与 FC7 的傅里叶红外光谱中，3410 波数以上的 OH^- 特征峰更密集，波峰更强，说明土样中存在更多的 OH^-，证明土体内部的改性材料发生水化反应，生成了大量的 $Ca(OH)_2$ 及 C-S-H 凝胶。与 MC、ML 相比，1622cm^{-1} 附近的吸收峰峰形更宽、强度更高，说明改性生土材料中的结晶水明显增加，生成的水化产物明显增多，为 SEM 中复掺多种改性材料后土样微观形貌的变化提供了支撑。FC2 红外光谱图中的 1113.3cm^{-1} 附近的吸收峰属于 C-O 键的伸缩振动特征峰。FC7 的改性配合比中加入了高效聚羧酸减水剂，所以红外光谱图中的 1116.5cm^{-1} 附近的吸收峰属于醚键 C-O-C 的反对称伸缩振动特征峰。其他波数附近的特征峰含义与单掺水泥、石灰红外光谱图中对应波数附近的特征峰含义相同。

总结 XRD 和 FT-IR 的试验结果可以发现，试块 FC7 的内部密实度最好，土体耐水性最高。因为其改性配合比中不仅加入了化学改性材料如水泥、石灰等，也加入了砂、稻草、聚酯纤维等物理改性材料，还加入了聚羧酸减水剂。生土材料中掺入一定量的砂子，可以改变土体颗粒级配，有效填充内部微小孔隙，降低孔隙比，提高密实度，使改性生土材料的内部结构变得更加致密，从而提高生土材料的耐水性。由于砂子本身不具有黏聚力，因此当砂子掺量过多时，反而会降低土体的黏聚力，使结构整体性变差。同时，纤维材料的加入可以使改性生土材料变得更加致密，而且试块表面出现“绒毛”状。虽然纤维材料不会与土料发生化学反应，但纤维材料的加入使土料与纤维之间具备良好的机械啮合条件。加入稻草、聚酯纤维等材料后，改性生土材料的吸水率明显增加，这是因为虽然纤维网结构可以使生土材料搅合更均匀，在一定程度上可以阻断大孔的形成，但土粒与纤维之间不会发生化学反应，仅依靠物理连接会在两者的交接处形成不稳定薄弱区，增加材料孔隙率，提高吸水率；同时，在生土材料中加入水泥、石灰和纤维材料后，纤维材料会使得生土材料孔隙分布更加均匀，但是孔隙率略有增加。因此，对于同时掺加化学改性材料和物理改性材料的试验组（FC7），其吸水率会高于纯掺入化学改性材料的试验组（FC2）。

纳米 SiO_2 是一种粒径仅为 20nm 左右的无定形物质，由于其具有极强的火山灰活性、晶核作用和微集料填充效应，可以显著提高改性生土材料的抗压强度和耐久性。纳米 SiO_2 在改性生土材料中的具体作用如下。（1）火山灰活性：纳米 SiO_2 具有极强的火山灰活性，在养护前期可以显著降低改性生土材料中 $Ca(OH)_2$ 的含量，并可有效细化 $Ca(OH)_2$ 晶粒尺度。（2）“晶核”效应：纳米 SiO_2 与 $Ca(OH)_2$ 发生反应放出的热量可以促进水化反应的进程，使水化产物 $Ca(OH)_2$ 的晶体尺寸更小，取向更随机，还可以促进 C_3S、C_2S 及 C-S-H 凝胶的产生。（3）填充效应:纳米 SiO_2 颗粒微小，可以有效填充 C-S-H 凝胶之间存在的空隙，改善胶凝材料的颗粒级配，从微观尺度提高改性生土材料的密实度。总之，纳米 SiO_2 的火山灰活性、晶核效应和填充效应不仅能够促进胶凝材料的早期水化，还可以改善水泥浆体与骨料的过渡区，修饰水泥改性生土材料内部的微观结构，降低孔隙率，提高力学性能及耐水性。

减水剂是一种表面活性剂，具有减水率高、分散性强、和易性好及绿色环保等优点。近年来，减水剂已在混凝土中得到广泛应用，但仍有部分研究人员通过在生土材料中加入减水剂来进行改性试验研究。在生土材料中加入高效减水剂后，聚羧酸减水剂具有的静电斥力作用可以改变生土颗粒表面的电荷电势，减少泥浆中双电层的厚度，提高浆体的流动性。此外，聚羧酸减水剂具有静电斥力作用、空间位阻效应和水化膜润滑作用，可以使其吸附在水泥颗粒表面，并将水泥颗粒分散开来；其良好的分散作用有利于土粒的均匀分布，使压实后的土体变得更加均匀且致密。但过少的减水剂会导致其分散作用不能完全体现出来，而过多的减水剂会使包裹在土粒表面的润滑膜过厚，并抵消一部分压实功，使土体不能被充分压实。

高效减水剂还具有憎水和亲水的特性，减水剂的憎水基团会定向吸附于水泥颗粒表面，亲水基团会在水中形成吸附膜，吸附膜会增强水泥颗粒与土颗粒之间的接触，还会使水泥颗粒的表面积变大，使水泥水化作用更完全。通过浸水试验发现，加入高效减水剂后，试验组 FC7 的耐水指数比试验组 FC2 提高了 0.21，软化系数降低了 0.12，即加入高效减水剂的改性试验组的耐水性更好。在喷淋试验中，加入高效减水剂后，养护至 7d 的改性试块 FC5、FC5-1、FC7 冲刷 30min 后强度损失率依次为 67.94%、48.9%、7.13%，由此可以发现高效减水剂降低了土体浸水后的强度损失率。除此之外，养护 7d 后，与未加高效减水剂的改性试验组 FC5（0.0919）相比，试验组 FC5-1（0.1278）、FC7（0.4743）的耐水程度分别提高了 0.0359、0.3824，试块的耐水性得到显著提高，这是因为加入高效减水剂后，可以使水泥、石灰等胶凝材料的水化产物变得更丰富，分布也更均匀，土粒之间的团聚现象明显减少，这有利于提高土体的耐水性。

2.4 生土材料的环境性能

2.4.1 概述

生土材料具有良好的低碳环保性、可持续性、蓄热性及调湿性能，因而在现代城镇建设和乡村振兴事业中具有广阔的应用前景。此外，发展生土环保建材，也是减少水泥等高碳排放建材用量以及助力“碳达峰”“碳中和”的有效手段。

与砌体结构、混凝土结构等房屋相比，传统生土房屋普遍存在体形系数大、建筑气密性差、能源使用效率低等问题。但生土材料是天然的零能耗材料，可以就地取材，不产生运输与生产能耗。生土房屋拆除后，生土作为主要建筑材料，既可直接还田，亦可作为建材循环利用，其环境效益优异。因此，对传统生土房屋进行结构改造与材料性能改进，既有利于保护传统建筑风貌、实现文化延续，又可以提高居住感受，有利于世界环境可持续化的发展。

尽管现代高性能的材料已逐渐取代了传统的生土材料，但由于后者在经济、社会和环境层面的可持续性，各学者对生土材料的研究兴趣不断增长。由于生土材料具有低碳性、低能耗、高热惯性和良好的吸湿特性，在减少环境使用能耗上表现突出。目前，世界上关于生土类建筑的研究大多数都致力于改善室内热环境，降低其使用能耗，以获得最佳的热舒适性。其研究手段主要有两种，一是对建筑进行实地热监测，二是借助各种热性能模拟软件如 Ecotect、EneryPlus、DesignBuilder 等对窑洞、Earthbag、夯土建筑、土坯房等现有土工建筑进行室内热舒适度模拟。

2.4.2 研究现状

目前研究主要是针对生土材料本身及生土房屋的墙体材料如土坯砖、夯土墙等进行环境性能研究，主要涉及墙体的热工性能及生土房屋的节能减排效益。针对改性生土材料的热工性能研究方面，Elhafouni 等人研究了纤维增强土的热物理性质，发现这种新型复合材料的扩散性更小，质量更轻，可以提高建筑的隔热性能。Giuffrida 等人发现创新夯土材料具有更低的导热性和比热容。Martins 等人分析了剑麻纤维对水泥土环境性能的影响，其温室气体排放平均值为 20kg/m^3，且当纤维含量为 1.0% 时，复合材料的环境性能最佳。Hany 等人发现，聚苯乙烯泡沫塑料可以显著降低压缩土砖的干密度和导热系数，有助于减少外墙的传导传热，改善室内空气质量。Saidi 等人发现，加入 12% 的水泥或石灰时，两种生土砖的导热系数分别提高了 37.79% 和 22.57%。Giroudon 等人研究了大麦和薰衣草对夯土导热性的影响，得到热导率随着纤维数量的增加而降低的结论。Alhaik 等人发现 18% 的大麻秸秆会使土壤的导热系数降低约 50%。

国内不少专家研究了改性生土材料的热工性能。比如，张飞以取宁夏黄土为研究对象，分析了含水率和温度对黄土热物理性质的影响，得出以下结论：当含水率增加、温度降低时，黄土的导热系数和热扩散系数增加；温度越低，土样的比热容越低。唐盼盼等通过试验测试了不同含水率下砾砂、粉土和黏土的导热系数，发现随着含水率的增加，三种非饱和土体的导热系数增加速率为砾砂＞粉土＞黏土。谢正鹏研究了干密度、含水率等因素对膨润土与红黏土混合材料的导热系数的影响，发现随着干密度和含水率的提高，混合材料的导热系数也有显著提高。徐洁基于瞬态法对不同压实度和含水率下非饱和石英砂、石英粉和高岭土的导热系数进行了测量，在相同压实度和含水率下，土体导热系数的大小关系为石英砂＞石英粉＞高岭土。

国外针对土砖或土坯墙的热工性能已开展了不少研究。比如，Millogo 等人发现，加入木槿纤维和大麻纤维后，可以提高土坯的强度，降低导热性和收缩率。Charai 等人得到 8% 的狗尾草纤维可使土坯的隔热性能和热容分别提高 56.7% 和 17.9% 的结论。Bouchefra 等人发现，水泥含量、压实压力及纤维长度对压缩土砖的热性能影响较大，纤维可以降低 CEB 的导热系数，提高 CEB 的隔热性能。El Wardi 等人发现，与原土相比，加入 30% 的石灰后，土砖的导热系数提高了 13%，蓄热系数提高了 12%，热扩散系数提高了 20%。Christoforou 等人发现，使用当地可用资源，会显著降低土坯砖的环境影响，减少温室气体的排放量。Fernandes 等人发现，与陶瓷砖墙和混凝土块相比，葡萄牙压缩土砖的环境影响约降低了 50%。

国内关于生土墙体热工性能模拟研究方面，刘大龙等使用 EnergyPlus 对陕西、新疆和西藏三地土坯房的单位建筑面积耗热量进行了模拟，结果发现，新疆生土房的热工性能最佳，西藏的数据最低。杨永等通过试验研究了水泥、石灰等改性材料对生土砌块吸湿性能和导热系数的影响，结果表明水泥改性生土砌块的导热系数随水泥掺量的增加而提高，石灰改性生土砌块导热系数的变化趋势与水泥相反，而复合改性生土砌块的导热系数随纤维掺量的增加而降低，随着相对湿度的增大而增大。褚逸凡等对秸秆生态复合墙体的热工性能进行了研究，发现秸秆生态复合墙体的传热系数为 0.93W/（m^2・K），低于普通混凝土墙体的传热系数 1.32W/（m^2・K）。麻莹楠对经过改性的生土墙的热工性能进行了优化研究，发现秸秆板保温构造形式的湿度调节能力较好，但保温隔热能力较差。

国外学者也借助各种建筑能耗分析软件对传统夯土房屋的热工性能进行了模拟研究，英国研究人员使用 EnergyPlus 对一栋既有土砖房的室内热环境及使用能耗进行了模拟研究，结果表明，土砖墙可以有效降低室内空气温度、相对湿度波动的幅度及全年采暖能耗。此外，在最冷和最热的一周，与烧结砖房屋相比，土砖房可以提供更好的室内气候，提高居住体验。Azhary 等人使用 DesignBuilder 对由三种不同类型的黏土砖建造的围护结构的热性能进行了模拟研究，结果表明，未烧黏土是一种良好的隔热材料。Zeghari 等人对一栋两层土坯房的建筑使用能耗进行了模拟研究，结果表明，土坯房的热损失比混凝土建筑减少了 40%。也有学者对窑洞的热性能进行了模拟研究，结果表明，在没有任何采暖条件的情况下，窑洞能显著改善室内热环境。关于生土房屋热环境研究的主要结论是，生土作为建筑材料在热衰减、热滞后、绝缘性能和太阳辐射增益利用等方面具有显著优势，土墙能够保持令人满意的热舒适水平。Fahmy 等人对使用不同围护材料的住宅的能耗进行了对比研究，结果表明，与水泥砌块围护结构相比，压缩土块围护结构在夏季制冷能耗减少了 15.6%，年能耗减少了 8.5%，碳排放量减少了 11.6%。

国内不少学者对生土民居室内热环境进行了模拟研究。比如，于瀚婷借助 EnergyPlus 模拟了农村以黏土砖、空心砖、秸秆砖三种材料为围护结构材料主体的农村现存典型住宅的采暖能耗、碳排放和经济性差异，发现秸秆砖的保温隔热性明显优于其他两者，可以有效地减少采暖能耗，降低碳排放，维持良好的室内热环境。冉明士采用 DesT-h 能耗模拟软件研究发现夯土建筑的单位面积累计热负荷比砖混建筑减少 21.49kWh/m^2，夯土建筑的采暖季热负荷指标比砖混建筑降低了 42.17%。张磊采用 DesignBuilder 对新疆吐鲁番生土民居的室内热环境进行了模拟研究，发现改性生土墙体良好的热稳定性可以有效减小夏季室外环境波动的削弱作用。王天时采用 EnergyPlus 研究了围护结构做法、形体排布、建筑朝向和屋顶做法对寒冷地区窑洞民居和房式民居热工性能的影响。朱轶韵经过研究发现，秦巴山区的典型生土民居的室内热环境较差，因为现有生土民居空间形式简单，且缺乏有效的保温构造措施。刘成琳发现，与传统夯土民居相比，新型夯土民居的耗热量指标降低了 39%。贾萌评估发现，通过保温构造设计的生土砖示范农宅的节能率达 20%，表明生土材料具有良好的蓄热能力。

2.4.3　生土材料环境性能改性方法

现存关于生土材料热工性能的研究方法大多都是以试验分析与数值模拟相结合为主，生土材料良好的保温隔热能力对室内热环境的模拟研究具有重要意义。张磊分析了水泥、石灰两种传统改性材料对新疆吐鲁番生土材料热工性能的影响，通过热性能参数测试得到以下结论：随着水泥表观密度的增加，改性生土材料的密度逐渐增大，材料内部愈发密实，孔隙率逐渐减小，而导热系数逐渐增大，孔隙率与表观密度、导热系数与表观密度的关系详见图 2.4-1。

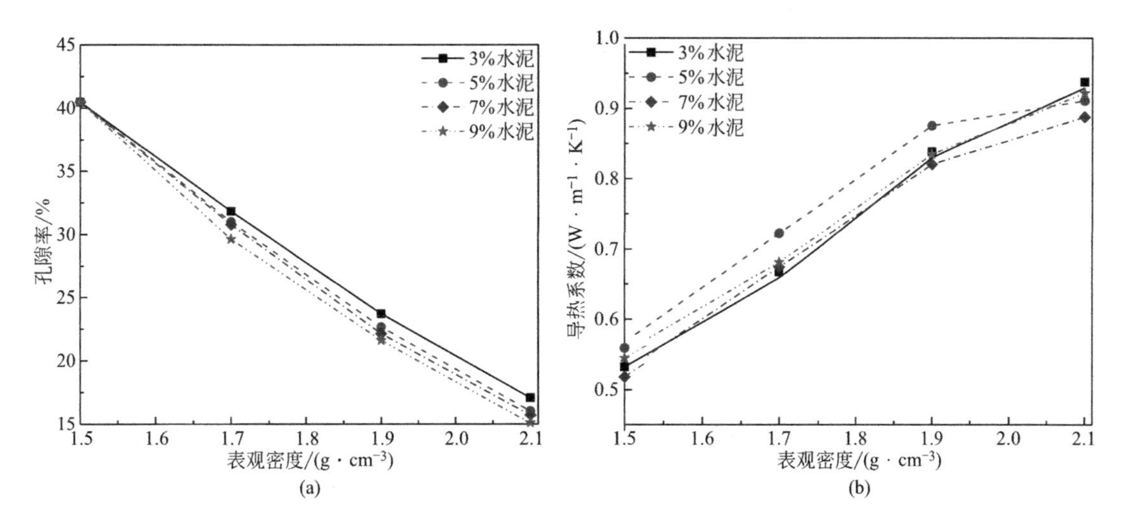

图 2.4-1　水泥改性生土材料的导热系数及孔隙率的变化关系
（a）孔隙率与表观密度；（b）导热系数与表观密度

石灰改性生土材料的导热系数的变化趋势与水泥改性生土试样一致，即随着材料表观密度的增加，石灰改性生土材料的孔隙率逐渐减小，导致导热系数逐渐增大。因此，表观密度对石灰改性生土材料导热系数的影响主要来自表观密度对材料孔隙率的影响。

在相同表观密度下，不同水泥掺入量的改性生土材料的孔隙率并未出现明显的变化，说明改性生土材料间的水泥掺量差很小，不足以造成材料孔隙结构的显著变化，进而导致材料的导热系数差别不大，详见图 2.4-2。

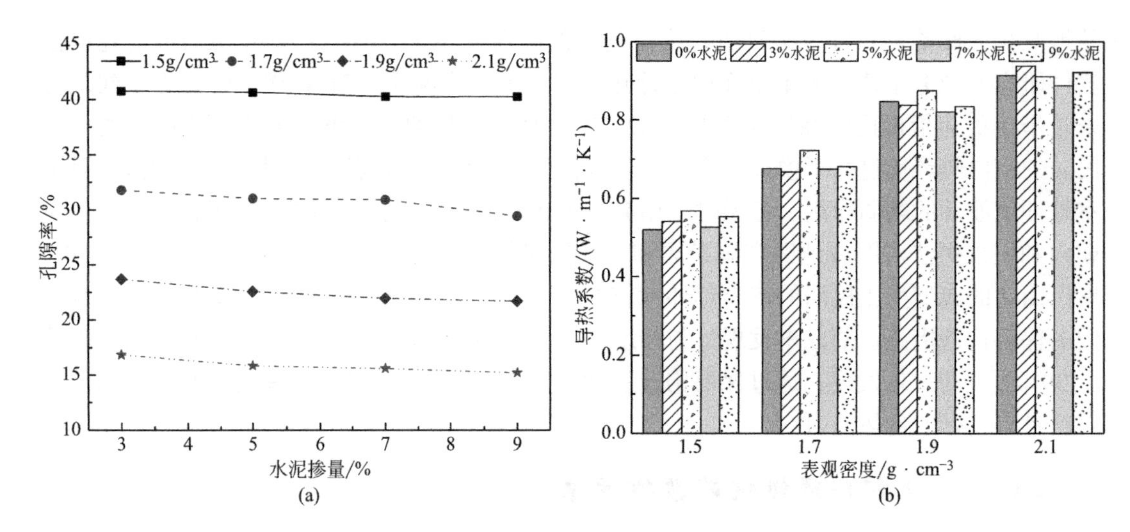

图 2.4-2 水泥掺量对导热系数及孔隙率的影响
（a）水泥掺量与孔隙率；（b）表观密度与导热系数

随着石灰掺量的增大，石灰改性生土材料的导热系数呈现出先增大后减小的变化趋势。当石灰掺量从 4% 增加至 6% 时，各表观密度下石灰改性生土材料的导热系数均有提高；随着石灰掺量继续增加，石灰改性生土材料的导热系数开始降低，即当石灰掺量为 6% 时，石灰改性生土材料的导热系数最大。因为随着石灰掺量从 4% 增加至 10%，石灰改性生土材料的孔隙率呈现出先减小再增大的变化趋势，当石灰掺量为 6% 时，石灰改性生土材料的孔隙率达到最小值，此时石灰改性生土材料的结构最致密，导热系数最大，详见图 2.4-3。

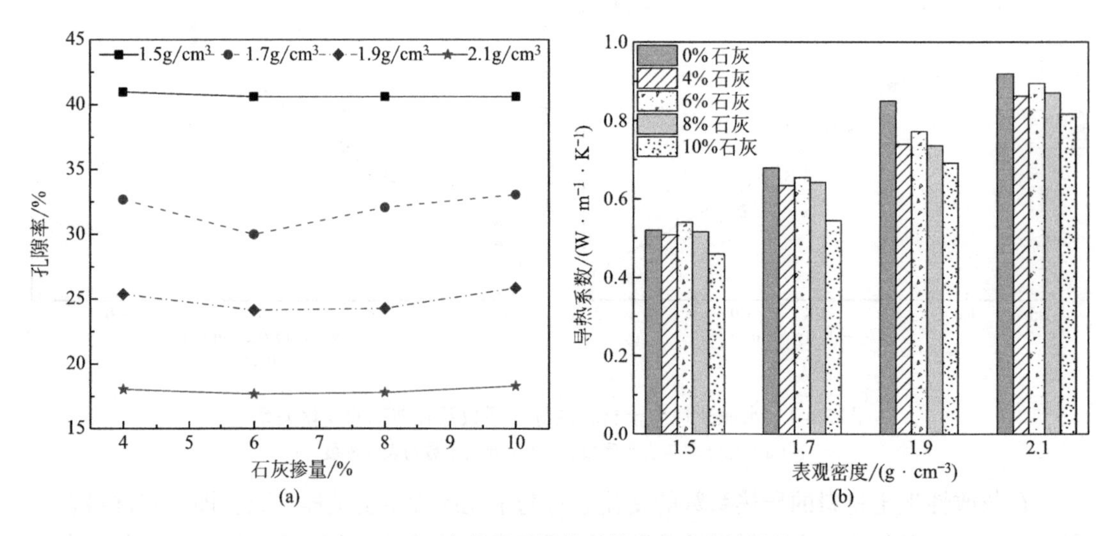

图 2.4-3 石灰掺量对导热系数及孔隙率的影响
（a）石灰掺量与孔隙率；（b）表观密度与导热系数

在不同水泥掺量下，水泥改性生土材料的热扩散系数随着表观密度的增大而逐渐增大。在 3% 水泥掺量下，当表观密度从 1.5g/cm^3 提高至 2.1g/cm^3 时，热扩散系数从 0.4497mm^2/s 增大至 0.5887mm^2/s；在其他水泥掺量下，水泥改性生土材料表现出相似的变化趋势。这说明水泥改性生土材料的表观密度越大，其热扩散系数越大，热量穿过建筑墙体需要花费的时间更短，墙体内表面温度随室外环境的变化越明显，对室内热环境越不利，详见图 2.4-4。

在不同石灰掺量下，随着表观密度的升高，石灰改性生土材料的热扩散系数逐渐增大，这一结果与水泥改性生土材料热扩散系数随表观密度的变化规律一致，说明石灰改性生土材料的表观密度越大，材料的热扩散系数越大，热量穿过由此材料所建造的墙体需要花费的时间更短，对建筑的室内热环境越不利。

在同一表观密度下，水泥掺量对材料热扩散系数的影响显著，随着水泥掺量的增加，水泥改性生土材料的热扩散系数显著降低，即热流穿过建筑墙体所需时间更长，此时建筑墙体的内表面温度与室外温度相比表现出明显的延迟，有利于室内温度的相对稳定，详见图 2.4-5。

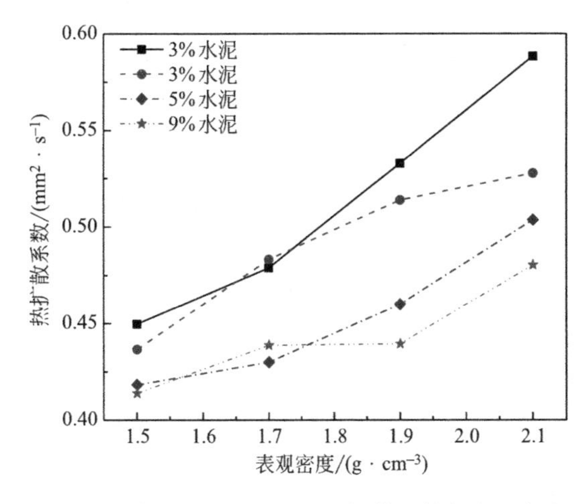

图 2.4-4　水泥改性生土材料热扩散系数与表观密度的关系

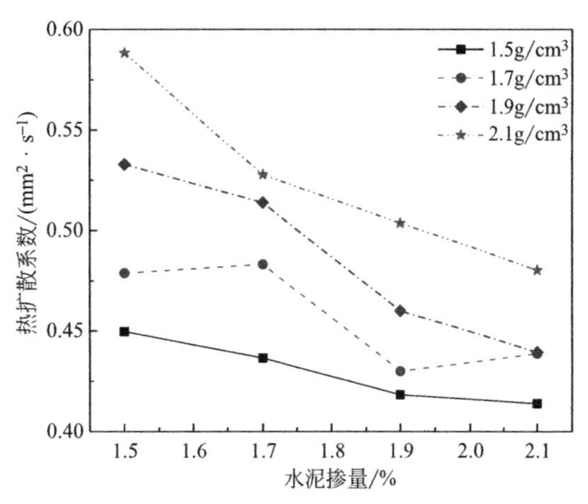

图 2.4-5　水泥改性生土材料热扩散系数与水泥掺量的关系

随着石灰掺量的增加，石灰改性生土材料的热扩散系数呈现出先增大后减小的趋势。当表观密度为 1.5g/cm³，石灰掺量从 4% 增加至 6% 时，石灰改性生土材料的热扩散系数从 0.3950mm²/s 增至 0.4703mm²/s。在其他表观密度下，石灰改性生土材料的热扩散系数与石灰掺量之间存在相同的关系。当石灰掺量为 6% 时，石灰改性生土材料的热扩散系数达到最大值，此时石灰改性生土材料内部热流的传递速率最大，热量穿过墙体所需要的时间最短，对建筑室内的热环境最不利，详见图 2.4-6。

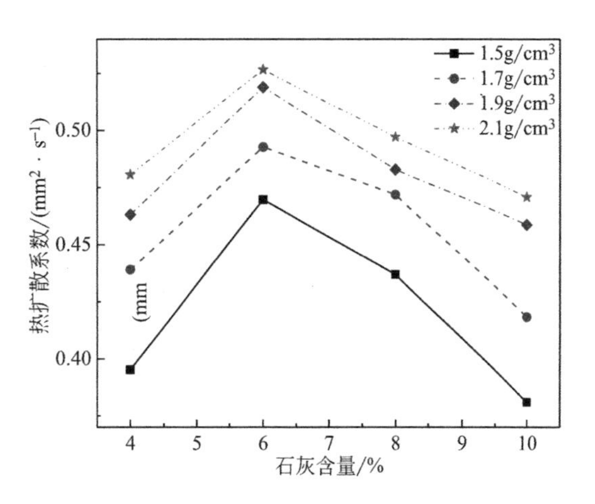

图 2.4-6　石灰改性生土材料热扩散系数与石灰掺量的关系

表观密度对水泥改性生土材料比热容

的影响显著，随着表观密度的增加，水泥改性生土材料的比热容呈现出先增大后减小的趋势：当表观密度从 1.5g/cm^3 变为 1.9g/cm^3 时，水泥改性生土材料的比热容逐渐增大；当表观密度从 1.9g/cm^3 继续增大到 2.1g/cm^3 时，水泥改性生土材料的比热容明显降低，详见图 2.4-7。

表观密度对材料比热容的影响显著，随着表观密度的增大，石灰改性生土材料的比热容测试值呈现出先增大后减小的趋势，详见图 2.4-8。

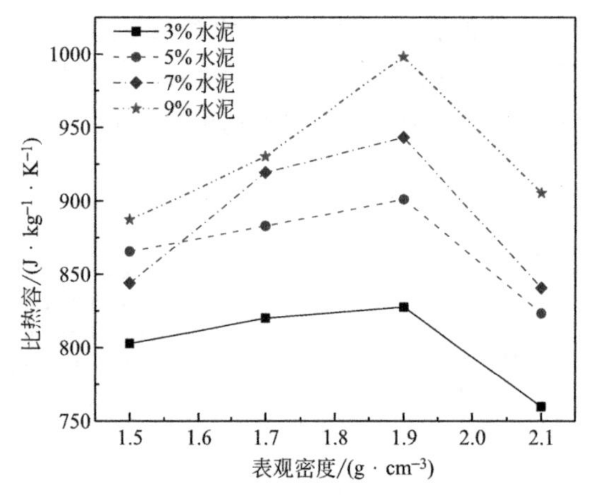

图 2.4-7　水泥改性生土材料比热容与表观密度的关系

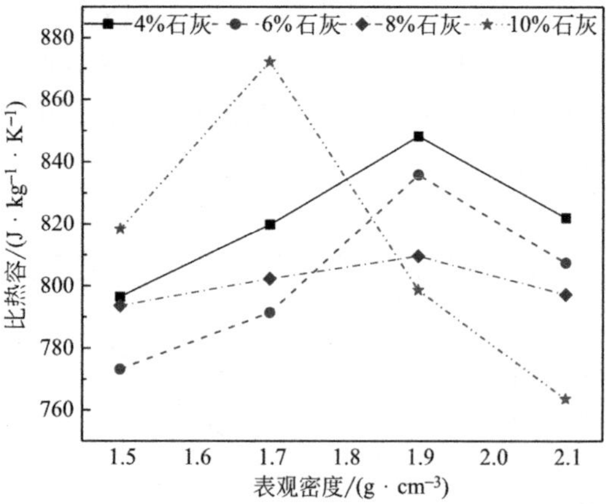

图 2.4-8　石灰改性生土材料比热容与表观密度的关系

掺入水泥能够提升生土建筑材料的比热容，随着水泥掺量的增加，水泥改性生土材料比热容的测试值逐渐增大；这说明掺入的水泥使生土材料具有更加优异的蓄热性，建筑墙体每升高 1ºC 能够吸收并储存更多的热量，水泥对于墙体的蓄热和室内热环境保持稳定具有积极的作用。

掺入石灰后，能够部分提升生土材料的比热容，使生土材料具有更加优异的蓄热性，对于墙体的蓄热和室内热环境的稳定具有积极的作用。在同一表观密度下，石灰改性生土材料的比热容与石灰掺量之间的相关性不明显。当表观密度分别为 1.5g/cm^3 和 1.7g/cm^3 时，石灰改性生土材料的比热容随着石灰掺量的增加呈现出先减小后增大的趋势；然而，当表观密度分别为 1.9g/cm^3 和 2.1g/cm^3 时，石灰改性生土材料的比热容随着石灰掺量的增大而逐渐减小，详见图 2.4-9。

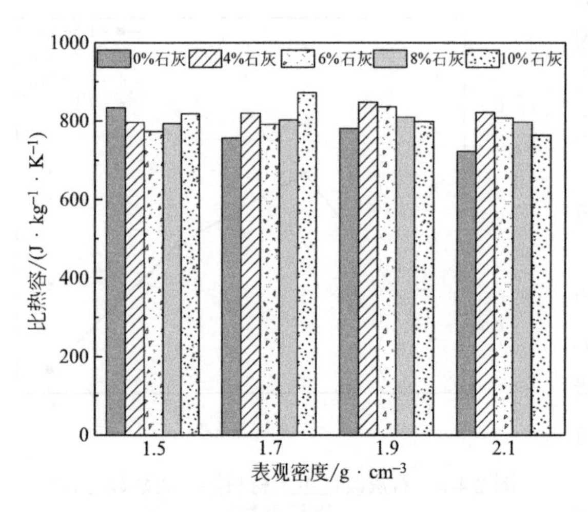

图 2.4-9　石灰改性生土材料比热容与石灰掺量的关系

在生土民居室内热环境的实测与模拟研究方面，麻莹楠使用 DesignBuilder 对位于四川巴中一处典型生土民居进行了建筑室内热环境的模拟分析。该建筑坐北朝南，层高 3.3m，建筑面积约为 114.05m^2，体形系数为 0.74，本次模拟暂不考虑卫生间区域。建筑墙体均为夯实生土墙体，外墙厚 400mm，内墙厚 300mm，房屋围护结构构造做法如表 2.4-1 所示。生土房屋建筑平面图如图 2.4-10 所示。

生土建筑围护结构构造做法　　表 2.4-1

围护结构	材料及构造做法（从外至内）
屋面	双坡屋顶，木构架青瓦屋面，无保温措施
外墙	20mm 厚草泥抹面 +400mm 厚生土墙
内墙	300mm 厚生土墙
地面	750mm 夯实黏土层 + 青砖铺地
门	普通单层木门
窗	木框单层普通玻璃窗

该研究使用的保温构造技术为外墙外保温技术。选用的保温材料有 EPS 板、PUR 板、秸秆。EPS 板导热系数约为 0.042W/（m·K），保温隔热性能良好，还具有良好的隔声和防水性能。PUR 板具有优异的保温隔热效果，是建筑行业目前应用较多的保温隔热材料，其导热系数在 0.025W/（m·K）左右。秸秆受资源和经济限制较大，作为保温材料，较适合农村地区，而且其来源广泛，价格低廉，是一种可再生能源。三种保温材料的相关性能指标见表 2.4-2。

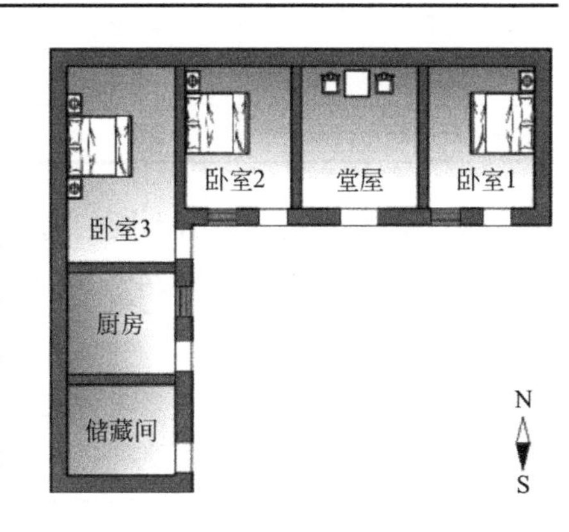

图 2.4-10　生土房屋建筑平面图

三种保温材料相关性能指标　　表 2.4-2

保温材料	表观密度 /（kg/m³）	导热系数 / [W/（m·K）]	蓄热系数 /[W/（m²·K）]	比热容 / [kJ/（kg·K）]	修正系数	水蒸气渗透系数 / [（g/（m·h·Pa）]
PUR 板	30	0.025	0.360	1.38	1.2	0.252×10^{-4}
秸秆板	150	0.043	1.943	2.01	1.0	0.354×10^{-4}
EPS 板	35	≤ 0.042	0.360	1.38	1.2	0.162×10^{-4}

杨永研究了不同构造形式下墙体热工性能指标计算，所采用的三种不同生土墙体保温构造如图 2.4-11 所示，表 2.4-3 是除表 2.4-2 中的三种保温材料外，涉及的其他材料相关性能参数。

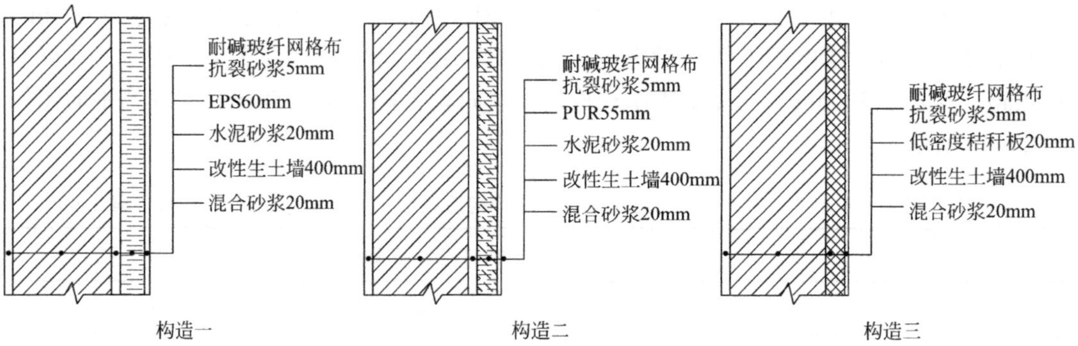

构造一

耐碱玻纤网格布
抗裂砂浆5mm
EPS60mm
水泥砂浆20mm
改性生土墙400mm
混合砂浆20mm

构造二

耐碱玻纤网格布
抗裂砂浆5mm
PUR55mm
水泥砂浆20mm
改性生土墙400mm
混合砂浆20mm

构造三

耐碱玻纤网格布
抗裂砂浆5mm
低密度秸秆板20mm
改性生土墙400mm
混合砂浆20mm

图 2.4-11　三种保温构造具体做法示意

相关材料性能参数表　　**表 2.4-3**

材料名称	密度 / (kg/m³)	导热系数 /[W/(m·K)]	蓄热系数 /[W/(m²·K)]	比热容 /[J/(kg·K)]
混合砂浆	1700	0.870	10.63	1050
改性生土墙	2030	0.937	13.05	940
水泥砂浆	1800	0.930	11.31	1050
耐碱玻纤网格布抗裂砂浆	1700	0.870	11.31	1050

根据有关公式计算出不同构造形式下外墙的热工性能指标见表 2.4-4。《农村居住建筑节能设计标准》GB/T 50824—2013 规定：寒冷地区农村民居建筑外墙的传热系数应小于 0.65W/（m²·K）。

复合生土外墙热工性能指标计算　　**表 2.4-4**

研究工况	传热阻 R_0 /（m²·K/W）	传热系数 K/［W/（m²·K）］	热惰性指标 D
工况 1	2.120	0.472	7.419
工况 2	2.891	0.346	7.697
工况 3	1.135	0.881	7.515

由表 2.4-4 可知，EPS- 改性生土墙复合外墙和 PUR- 改性生土墙复合外墙的传热系数明显低于 0.65 W/（m²·K）。其中，PUR- 改性生土墙复合外墙的传热系数仅为 0.418W/（m²·K），热工性能表现更好。EPS- 改性生土墙复合外墙和 PUR- 改性生土墙复合外墙的热惰性指标分别为 6.573 和 6.758，说明对改性生土墙采用以上两种保温构造，能对室外温度波动起到很好的抵御作用，保持室内的热稳定性。然而，秸秆板 - 改性生土墙复合外墙的传热系数达 0.933W/（m²·K），高于《农村居住建筑节能设计标准》GB/T 50824—2013 要求的传热系数最高值，造成这一现象的原因可能是秸秆板保温层厚度太小，20mm 的厚度不能满足围护结构热工性能要求，或可适当增加秸秆保温层的厚度，以达到改善墙体保温性能的效果。

图 2.4-12 和图 2.4-13 为不同保温构造形式下，生土民居在最冷月（1 月）与最热月（7 月）的室内平均空气温度模拟值。由图 2.4-12 可知，在最冷月，不同保温构造形式对生土

民居室内保温效果的优劣顺序为：工况 2 >工况 1 >工况 3 >无构造，且各保温构造形式下，房屋的室内温度均高于同时期的室外气温，说明采用的保温构造形式可以有效提高生土民居的室内居住温度。在最冷月，生土民居的室内舒适度都呈现出工况 2 的改善效果最好，工况 3 改善效果最差的特点。

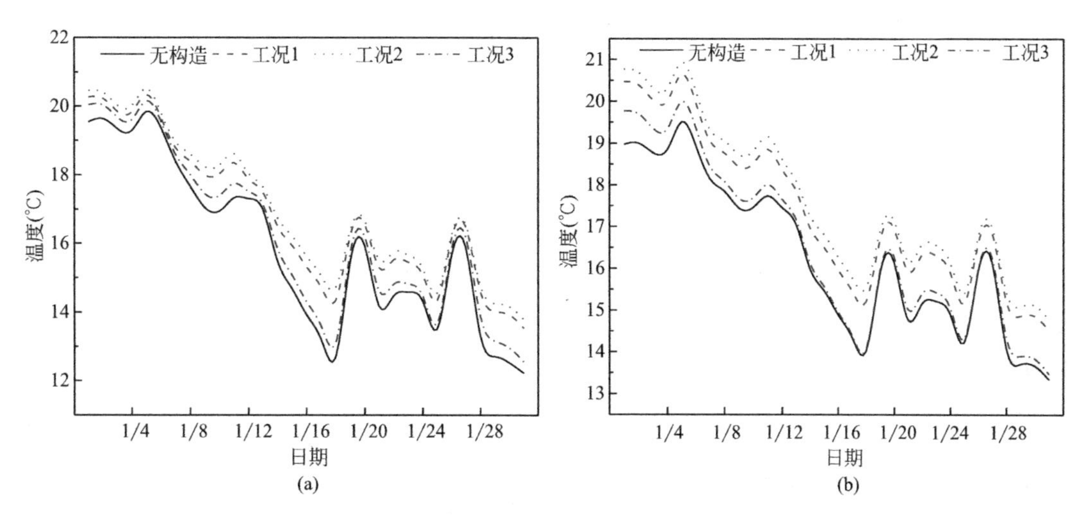

图 2.4-12　最冷月室内气温对比

（a）卧室 1；（b）卧室 2

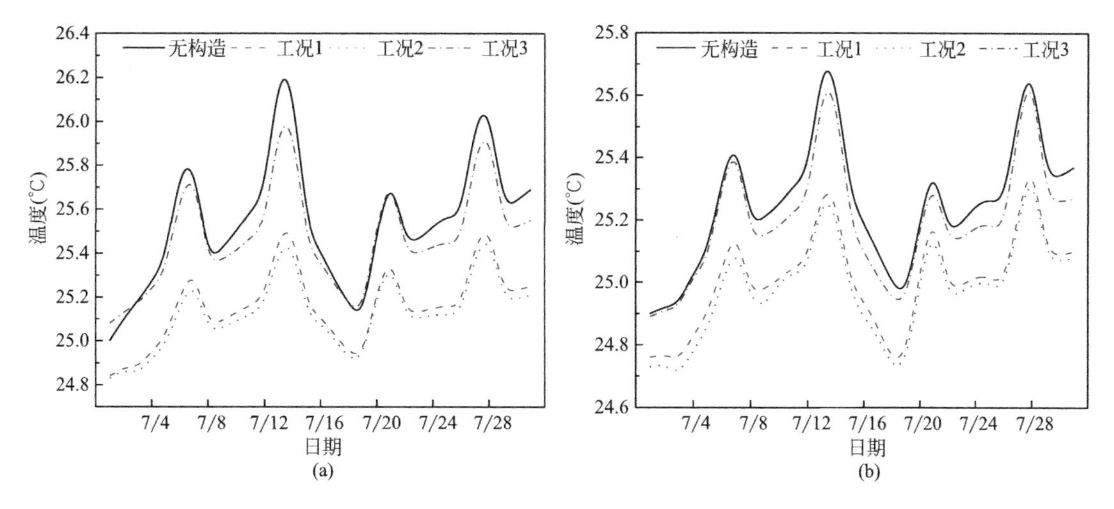

图 2.4-13　最热月室内气温对比

（a）卧室 1；（b）卧室 2

由图 2.4-13 可知，在最热月，不同保温构造形式下生土民居的室内空气温度对比情况为：无构造>工况 3 >工况 1 >工况 2。三种保温构造形式中，工况 2 隔热效果最好，工况 3 最差。当生土民居无任何保温构造措施时，室内温度波动幅度较大，无构造的卧室 1 和卧室 2 的室内温差分别为 1.24℃与 0.82℃。保温构造措施在一定程度上削弱了室内空气温度的波动幅度，以卧室 1 为例，三种不同的保温构造形式下卧室的室内温差依次为 0.93℃（工况 3）、0.70℃（工况 1）和 0.67℃（工况 2）。

为了对生土建筑的夏季热稳定性进行评价，图 2.4-14 以夏季最热周生土建筑日空气温度极差为纵坐标，绘制了每日空气温度的波动情况。当室外温度较高时，外墙保温构造对日空气温差的影响更明显。但总体而言，外墙保温构造对室内空气温度的极差值影响较小，说明改变外墙的保温构造形式对生土建筑热惰性指标的影响较小，生土建筑对室外气候波动的衰减作用主要来源于改性生土墙体本身。

综合对比两个房间的室内空气温度模拟结果，可知卧室 1 的室内空气温度随着墙体外保温构造形式的变化波动幅度大于卧室 2，说明墙体外保温构造对卧室 1 具有更明显的影响。在冬季最冷周，卧室 1 在 20：00 左右时室内空气温度达到最高，而卧室 2 最高温度出现在 21：00 左右。造成这一现象的主要原因是卧室 1 的外墙数量比卧室 2 多，外墙面积也比卧室 2 大，相比之下，卧室 1 的室内环境更容易被外界环境影响，温度波动花费时间较少。从模拟结果还可看出，卧室 2 的冬季空气温度普遍高于卧室 1，夏季空气温度则普遍低于卧室 1。因此，卧室 2 具有更好的居住舒适性，对降低冬季采暖、夏季制冷能耗具有积极作用。

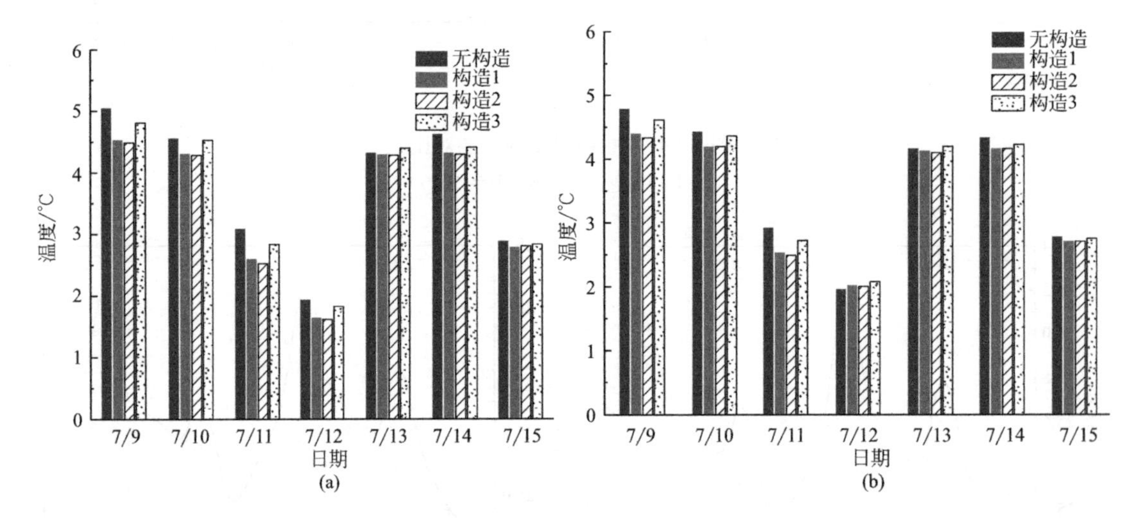

图 2.4-14　卧室日温差对比
（a）卧室 1；（b）卧室 2

通过与已有关于生土房屋的室内热环境模拟相比，可以发现，已有的热性能测试方法具有一定的理论依据，可以为后文针对江西省红黏土的热性能测试提供方法指导（第 2.4.4 节）。此外，可以将现有的生土民居室内热环境模拟方法用到赣南当地生土房屋的室内热环境模拟中。因此，第 2.4.4 节使用现有的测试方法针对江西红黏土开展热工性能测试，以研究不同改性配合比对其热性能指标的影响；同时，第 2.4.5 节也借助建筑能耗分析软件对赣南常见生土民居的室内热环境进行了模拟分析。总之，现有生土房屋的室内热环境模拟结果具有相当大的准确性，其研究成果不仅可以极大地推动生土民居的绿色发展，还可以为不同地区生土房屋的绿色节能研究提供数据参考，具有非常重要的实用价值。

2.4.4　改性生土材料热工性能测试

按称料、放料、压实、脱模的制作顺序来制作不同改性配合比下热工性能试验的测试试块，试件尺寸为 50mm × 50mm × 25mm，自然养护 28d 后进行测试。在同一改性配合比下，制备 3 块试件以进行重复测试，取 3 次测试结果的平均值作为最终结果。

热性能指标测试试验采用瑞典 Hot disk 有限公司生产的 Hot disk TPS-1500S 型导热系数仪，该设备符合 ISO/DIS 22007-2 标准，具有测试周期短、准确性高的特点，试验基于瞬变平面热源法，可以同时测得材料的导热系数、热扩散系数和比热容等参数，测试结果见表 2.4-5。

热工性能测试结果　　表 2.4-5

试验组	原状土	掺水泥	掺石灰	掺纤维	FC2	FC5	FC7
导热系数 /［W/（m·K）］	0.934	1.031	1.022	0.906	1.095	0.942	0.815
热扩散系数 /（mm^2/s）	0.267	0.198	0.211	0.294	0.307	0.321	0.478
比热容 /［J/（kg·K）］	2132	2943	3295	1910	2476	1835	1175

由表 2.4-5 可知，掺入水泥、石灰等对生土材料进行改性后，较原状土而言，试验组掺水泥、掺石灰及 FC2 的导热系数均有不同程度的增长。改性土体导热系数的变化主要来源于改性材料内部的化学反应，产生的水硬性胶凝材料不仅可以将土壤颗粒黏聚在一起，还能够对基体内的孔隙进行有效填充，从而提升了生土材料基体密实度，降低了孔隙率，宏观表现为材料的导热系数变大。而掺纤维与 FC5 的测试结果与原状土相比相差不大，因为改性生土材料内部并没有发生太多的化学反应，导致改性材料导热系数变化不明显。

导热系数表示稳定状态下物体传递热量的多少。材料的导热系数越小，墙体的总热阻越大，其保温性能也越好。而热扩散系数则表示吸热或放热状态（非稳态条件）下，物体内部温度变化的快慢程度。综合表 2.4-5 的测试结果可知，FC7 的热工性能最优异，其导热系数最小，单位厚度墙体的热阻最大，通过建筑墙体的稳态传热量最小，室内温度变化不明显，有利于室内温度的稳定和平衡，用 FC7 的改性配合比来建造墙体有利于房屋的保温和蓄热。

2.4.5 生土房屋环境性能模拟研究

1. 模拟软件选择

目前，国际使用比较广泛的建筑热环境模拟软件有 CFD、Energyplus、Dest、Ecotect、PKPM、DesignBuilder 等。综合考虑上述软件的各项优缺点后，本次生土房屋热工性能模拟的最佳软件是 DesignBuilder。相比于其他软件，DesignBuilder 有如下几个特点：

（1）Designbuilder 具有良好的交互界面，操作界面简单易用，而且建模采用 Open GL 内核，可以通过拉伸、切割等方式进行建模，建模过程简单直观。

（2）其有强大的自带数据库，包括各地区实时气象数据、各种建筑材料及其物理性能参数，以及海量的预设建筑类型模板、建筑构造模板、人员活动及设备运行习惯模板。

（3）其具有强大的模拟功能，详尽地考虑了建筑热环境的各种影响因素，软件允许设置大到气候条件、建筑围护结构等，小到门窗开启面积、门窗及设备使用习惯等参数。软件的输出结果种类丰富，除常见的逐时空气温湿度、辐射温度等，还包含 PMV 值、各构件热损失、各类能源消耗量、碳排放等模拟结果。

（4）Designbuilder 的计算结果准确而且可靠，软件以 Energy Plus 为计算引擎，该引擎通过了国际公认研究机构的模拟测试，最大计算误差不超过 5.2%。

2. 工程案例

本研究以江西省赣州市一栋建造于 20 世纪 70 年代的生土结构房屋作为工程实例，该房屋使用夯土墙承重，屋面为硬山搁檩构造，二层三开间设计，属于本地区生土结构房屋的典型构造，模型概况如图 2.4-15 所示。通过 DesignBuilder 环境性能分析软件建立数值模型，室外气候采用 DesignBuilder 软件自带的中国标准气象数据库（Chinese Standard Weather Data，CSWD）中赣州市的典型气象数据文件，来模拟、对比改性前后生土房屋的热工性能与节能环保性的差异。赣州市全年逐日温度如图 2.4-16 所示。

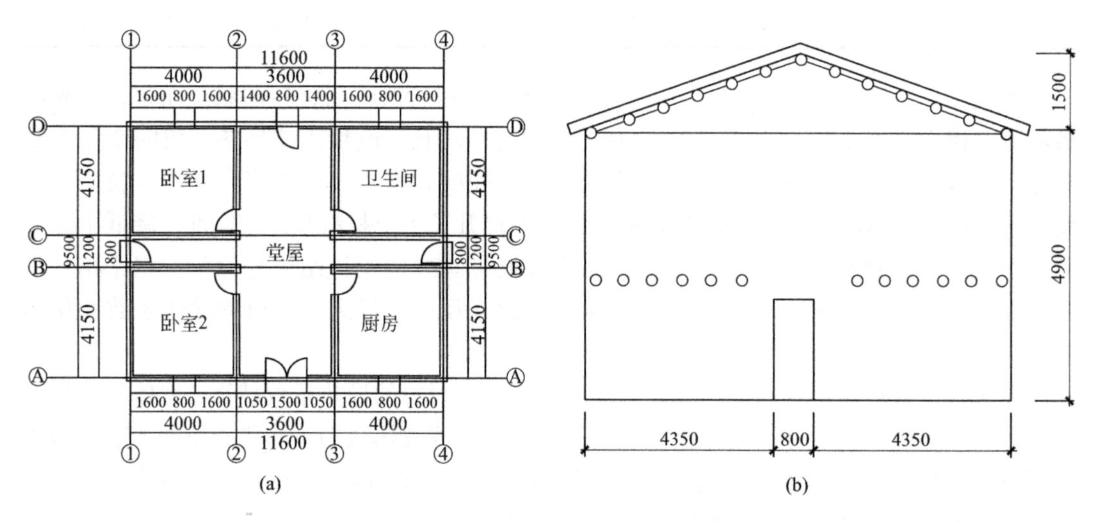

图 2.4-15 生土房屋平面图与立面图（单位：mm）

（a）平面图；（b）立面图

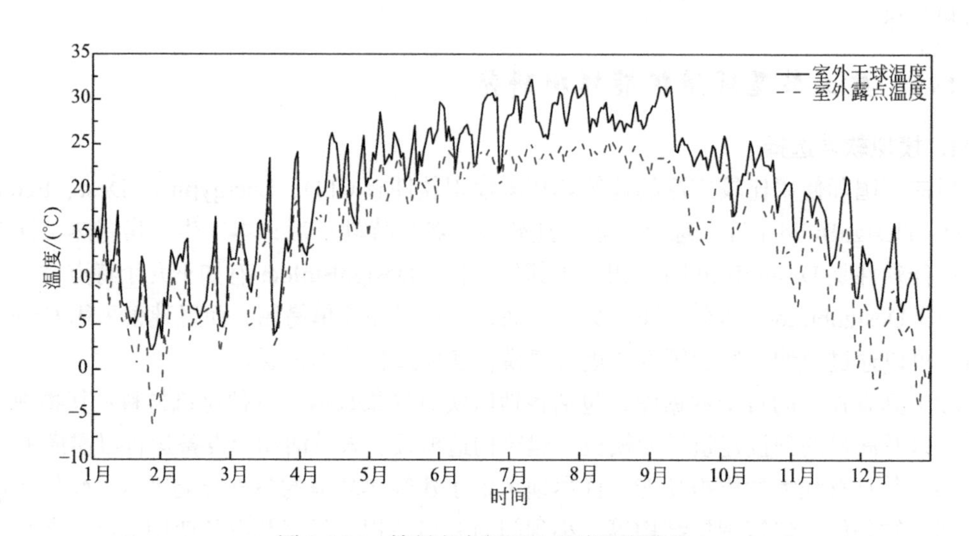

图 2.4-16 赣州市全年逐日干球温度曲线

3. 模型概况

现有研究表明，合理利用生土材料，可以降低建筑使用过程中的能源消耗。生土建筑的热工性能优越，因为传统生土房屋在建造过程中几乎不产生碳排放。如果全面计算建筑在生产阶段与使用阶段的能耗与碳排放量，可知生土建筑的环境效益非常可观。因此，针对传统生土材料进行改性试验，不仅可以促进生土房屋的发展，也符合全球建筑行业绿色发展的趋势，更有利于降低全球碳排放与建筑能耗。

因此，本节针对改性前后生土材料热工性能的变化，以研究得到的最优材料改性方案与未改性原状土所建造的传统生土民居为例，对比生土材料改性前后生土房屋的室内热环境、节能效果以及碳排放量的变化，分析生土改性方案对生土民居环境性能的影响。通过DesignBuilder建立的物理模型如图2.4-17所示。

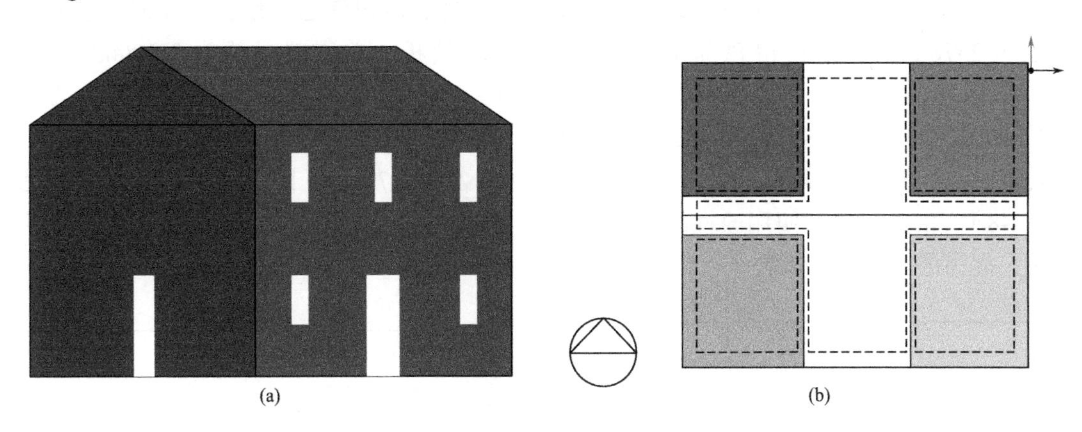

(a)　(b)

图2.4-17　模型概况示意
（a）物理模型；（b）内部功能分区

改良生土房屋的热工性能参数选用最优试验组FC7所测得的试验结果。传统生土民居及改良生土房屋的墙体材料做法及热工性能参数详见表2.4-6。将改性前后墙体热工性能参数输入软件中进行计算分析，对比不同农房类型的全年建筑能耗及典型“冬季周”与典型“夏季周”的室内温度等参数。我国《建筑抗震设计规范》GB 50011—2010规定，生土房屋宜建单层，灰土房屋可建双层，但不宜超过6m。《镇（乡）村建筑抗震技术规程》JGJ 161—2008规定，单层房屋高度不应超过4m，外墙不宜小于400mm，内墙不宜小于250mm。因此，在进行本次生土民居的热工性能模拟时，规定生土外墙厚度为500mm，内墙为300mm。

房屋墙体构造及热工性能参数　　**表2.4-6**

类型	材料	导热系数/[W/（m·K）]	比热容/[J/（kg·K）]	密度/（kg/m^3）
传统农房	压缩土砖	0.943	2132	1642
改良农房	改性生土砖	0.815	1175	1511

2.4.6 模拟结果分析

1. 热平衡分析

传统农房和改良农房的围护结构逐月得失热量情况见图 2.4-18。由图可知，最热月为 7 月，传统农房围护结构的失热部位（失热量由大到小顺序，下同）分别为地面、楼板、内墙，总失热量约为 2027.35kW · h；得热部位（得热量由大到小顺序，下同）分别为外墙、冷风渗透、屋面、外窗，总得热量约为 2214.53kW · h，围护结构总得热量大于失热量。改良农房围护结构的总失热量约为 744.83kW · h；总得热量约为 1550.74kW · h。主要失热、得热部位与传统农房相同，与传统农房相比，最热月 7 月改良农房的总失热量、总得热量分别降低了 63.26%、29.97%。

最冷月 1 月，传统农房围护结构失热部位为外墙、冷风渗透、屋面、外窗，总失热量约为 2578.21kW · h；得热部位为地面、内墙、楼板，总得热量约为 581.84kW · h，围护结构总失热量大于得热量（详见表 2.4-7）。改良农房围护结构的总失热量约为 2237.44kW · h；总得热量约为 460.49kW · h，二者相差 1777.95kW · h。与传统农房相比，最冷月 1 月，改良农房的总失、得热量分别降低了 340.77kW · h、121.35kW · h（详见表 2.4-8）。由此可见，使用改性配合比 FC7 所建造的生土房屋能更好地维持室内气温的稳定，提高居民的居住体验。

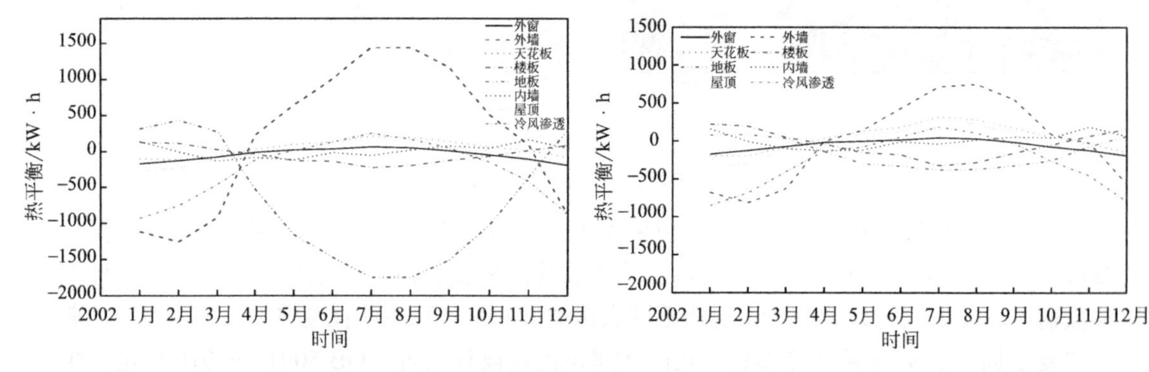

图 2.4-18 围护结构得失热量曲线

（a）传统农房；（b）改良农房

传统农房围护结构得失热量数据 表 2.4-7

热平衡 /（kW · h）	1 月	2 月	3 月	4 月	5 月	6 月	7 月	8 月	9 月	10 月	11 月	12 月
外窗	−169.7	−126.89	−75.23	−11	22.74	37.03	64	52.13	10.15	−47.06	−105.85	−190.66
外墙	−1114.99	−1254.6	−916.59	226.26	646.46	1010.74	1441.7	1443.58	1164.94	506.74	84.15	−881.93
天花板	−99.77	−114.37	−65.44	31.83	98.82	134.07	209.81	196.45	141.8	65.43	11.89	−80.3
楼板	127.9	115.79	26.19	−32.5	−124.41	−134.71	−222	−195.12	121.84	−64.18	17.81	84.65
地板	314.95	433.66	274.12	−56.24	−1160.22	−1468.72	−1749.3	−1749.4	−1510.2	−1020.6	−348.16	297.22
内墙	138.99	−4.26	−131.73	−80.07	−115.07	−12.09	−56.05	20.32	79.32	46.87	165.65	44.04

续表

热平衡 /（kW·h）	1月	2月	3月	4月	5月	6月	7月	8月	9月	10月	11月	12月
屋顶	−264.53	−231.97	−59.15	−54.39	115.91	100.87	243.71	192.85	58.92	10.02	−132.1	−167.33
冷风渗透	−929.22	−754.3	−457.91	−117.46	18.66	131.45	255.31	168.24	46.89	−147.39	−413.42	−876.53

改良农房围护结构得失热量数据　　表 2.4-8

热平衡 /（kW·h）	1月	2月	3月	4月	5月	6月	7月	8月	9月	10月	11月	12月
外窗	−173.17	−125.17	−72.6	−18.97	−2.41	13.5	42.86	30.57	−14.43	−77.75	−123.57	−191.51
外墙	−676.7	−818.08	−630.09	−2.29	142.23	431.36	714.86	747.31	547.93	78.27	−22.67	−562.85
天花板	−193.99	−195.21	−78.86	32	129.39	179.42	318.22	283.32	171.31	49.24	−34.81	−145.85
楼板	222.35	195.25	48.08	−39.62	−153.28	−180.49	−326.67	−282.74	156.47	−46.99	64.22	153.78
地板	79.39	82.64	34.65	−138.66	−300.06	−330.64	−380.57	−371.12	−326.48	−256.55	−70.18	63.79
内墙	158.75	−6.97	−99.38	−128.62	−118.46	−11.63	−37.59	14.62	55.44	43.79	184.68	65.22
屋顶	−337.51	−291.29	−112.55	−42.2	103.47	120.84	287.67	232.92	76.77	−33.5	−172.35	−244.08
冷风渗透	−856.07	−681.08	−402.86	−134	−79.15	55.88	187.13	106.29	−30.17	−264.77	−454.27	−794.85

2. 室内温度对比

为便于研究，气象文件预设了“典型夏季周”和“典型冬季周”的气象参数。“典型周”的气象参数均选自过去若干年中曾出现过的极其理想的天气状况。“典型周”的引入，对于建筑室内热环境的模拟研究十分有益。因为在特殊气候条件下的模拟研究不具有普遍适用性，缺少实际意义。本次热工性能模拟选用的典型夏季周为 7 月 10 日至 7 月 16 日，典型冬季周为 1 月 4 日至 1 月 10 日。改性前后房屋室内外温度的对比详见图 2.4-19。

由图 2.4-19 可知，在典型“冬季周”内，室外平均最高温度为 20.38℃，平均最低温度为 9.97℃。改良农房室内的平均最高温度为 21.79℃，平均最低温度为 19.29℃。与室外最低温度相比，室内平均最低温度提高了 9.32℃，改良农房室内温度显著提升。改良农房的室内平均最高温度仍然略低于室外空气平均最高温度，因为本次模拟中没有考虑室外太阳辐射对改良农房的影响。这说明，虽然改性生土墙起到了良好的保温作用，但是设计过程中仍需要考虑利用太阳辐射来改善室内环境。在典型“冬季周”内，改良农房的室内温度变化较为稳定，且室内温度随室外温度的波动不明显，室内温差较小，说明改性生土墙可以有效地隔绝室内外的热量交换。

在典型“夏季周”内，传统农房室内的平均最高温度为 27.56℃，平均最低温度为 26.87℃。改良农房室内的平均最高温度为 24.95℃，平均最低温度为 24.45℃；室外平均最高温度为 32.23℃，平均最低温度为 25.82℃。与传统农房室内的平均最高温度相比，改良农房室内的平均最高温度降低了 2.61℃。结果表明，在典型“夏季周”内，改良农房的室内温度更低，可以明显改善室内热环境舒适度。

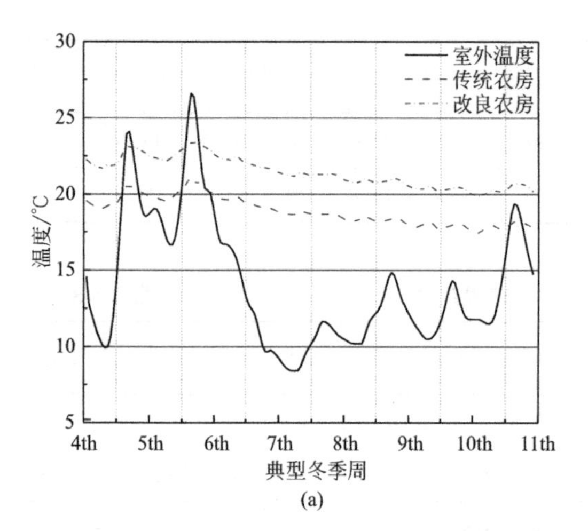

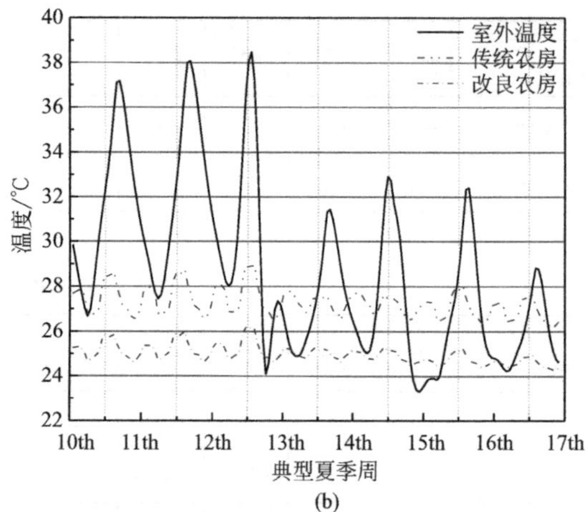

图 2.4-19　典型周改性前后室内温度对比曲线
（a）典型冬季周；（b）典型夏季周

3. 建筑全年碳排放量

图 2.4-20 对比了材料改性前后生土房屋全年二氧化碳的排放量。由图可知，传统生土房屋及生土材料改性后房屋的全年碳排放总量分别为 5893.14kg，5466.75kg。与前者相比，后者的全年碳排放总量减少了 426.39kg，降低了 7.24%。由于改性生土墙具有更加优异的保温隔热能力以及良好的通风透气性，使改良农房的每月碳排放量均低于传统农房。对比其他结构类型房屋，生土材料无生产加工以及运输等带来的碳排放问题，可以有效控制生土结构房屋全寿命周期内的碳排放量。因此，生土材料是一种天然的绿色建材，改性后的生土材料具有更好的环境效益。

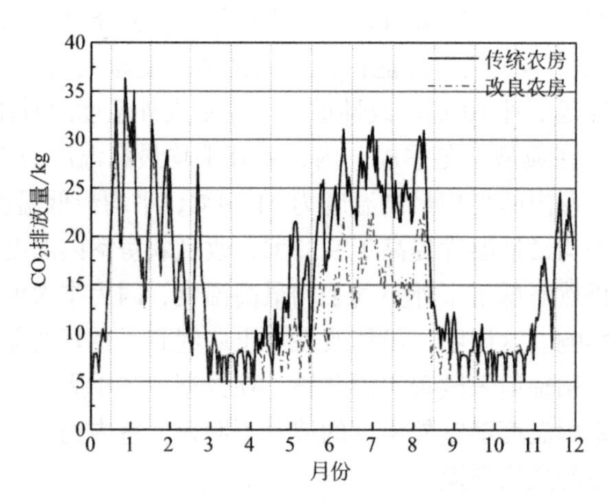

图 2.4-20　全年二氧化碳排放量对比

4. 建筑全年使用能耗

对比分析改性前后生土房屋的全年使用能耗，结果如表 2.4-9 和表 2.4-10 所示。由表可知，传统农房全年使用能耗为 13334.26kW · h。全年使用能耗中供暖、制冷能耗占比较大，分别占全年使用能耗的 33.84%、33.21%。改良农房的全年建筑使用能耗为

9788.94kW·h，与传统农房相比，全年使用能耗降低了26.59%。改良农房全年采暖能耗为2796.99kW·h，制冷能耗为2746.98kW·h，分别占全年使用能耗的28.57%、28.06%。与传统农房相比，改良农房的全年制冷、采暖能耗均有不同程度的降低，表明改性生土墙具有良好的蓄热性及热惰性，使室内温度变化缓慢，显著提高了室内热环境的平衡能力。

传统农房全年使用能耗　　**表2.4-9**

热平衡/(kW·h)	1月	2月	3月	4月	5月	6月	7月	8月	9月	10月	11月	12月
照明	103.18	94.92	99.5	85.28	82.85	82.97	84.22	81.35	83.59	91.19	92.39	97.15
设备	112.03	101.2	111.94	108.3	111.94	108.2	112.13	112.03	108.39	112.03	108.39	114.84
使用	31.12	28.56	31.87	27.48	22.61	21.09	20.78	21.02	20.56	22.66	27.27	32.33
太阳能	126.09	77.31	106.35	114.54	127.63	116.91	136.18	156.95	160.96	184.22	179.49	203.49
采暖	1172.34	1472.65	881.93	31.96	0	0	0	0	0	0	10.37	943.73
制冷	0	0	0	0	−126.36	−716.5	−1306.8	−1311.9	−895.76	−70.81	0	0

改良农房全年使用能耗　　**表2.4-10**

热平衡/(kW·h)	1月	2月	3月	4月	5月	6月	7月	8月	9月	10月	11月	12月
照明	97.18	89.52	93.85	80.43	77.94	78.04	79.2	76.57	78.8	85.88	87	91.35
设备	105.67	95.46	105.58	102.15	105.58	102.06	105.76	105.67	102.24	105.67	102.24	105.49
使用	29.38	26.96	29.67	24.87	21.61	20.29	19.8	20.09	19.89	22.25	26.31	30.51
太阳能	128.03	78.11	105.84	114.82	127.71	116.18	134.87	154.97	158.2	184.95	182.2	208.13
采暖	806.07	846.29	472.25	12.9	0	0	0	0	0	0	31.9	627.58
制冷	0	0	0	−4.29	−118.44	−440.24	−873.83	−789.64	−500.23	−56.31	0	0

由于生土结构房屋在建造过程中产生的能耗极低，属于零能耗建筑。研究证实，生土材料改性后，可以进一步降低生土房屋的使用能耗。针对生土房屋的构造如门窗等洞口的位置与形式等做进一步的优化设计，将会进一步提高该类房屋的使用舒适性与节能性。

第3章　生土民居的抗震性能

3.1　生土民居地震风险性概况

生土建筑是一种古老的建筑类型，并且沿用至今。生土民居具有就地取材、施工方便、保温隔热性能好等优点，在我国广泛分布，至今仍应用较为广泛。但传统生土材料的力学性能较差，并且缺乏抗震构造，整体性较差，导致生土民居的抗震能力不足，在地震中易产生严重震害。

3.1.1　生土民居调查概况

目前，我国现有生土民居主要集中在乡村。根据对我国各地区农村住房的调研，本书编者发现村镇地区生土结构房屋的保有量仍十分庞大。并且，相比于其他类型建筑，传统生土民居具有危房数量多且比例高的问题。

1. 调查范围

2010—2011年住房和城乡建设部村镇建设司针对我国各地区农村住房展开系统调研，共涉及28个省（自治区、直辖市），覆盖10.7万农户（约占全国农户总数的0.5%）。其中，各地区农村危房现状与抗震防灾性能评估为本次调查的主要内容。

2. 调查方法与内容

本次调研采取逐门入户对预先确定的调查范围进行检查，检查内容包括院落环境、房屋主要承重构件、节点构造做法、墙体裂缝及其他损毁情况等，记录所有危险点，并拍照存证。同时，现场填写村级问卷和农户问卷。村级问卷包括本村人口、户数、农民人均纯收入、地形地貌、本村农房主要结构形式、建筑风格等19个指标。农户问卷包括家庭人数、收入、住房条件、房屋建造年代、房屋结构形式、房屋危险等级、抗震措施等26个指标。

3. 农房安全性的界定

按照住房和城乡建设部颁布的《农村危险房屋鉴定技术导则（试行）》，将既有农房分为A级、B级、C级、D级共四个等级。其中，A级表示房屋基本完好；B级表示房屋结构或个别承重构件有轻微损伤，经一般修理后可继续使用；C级表示房屋部分承重构件受到损伤，局部出现险情，需经加固改造后方可继续使用；D级表示房屋大部分承重构件受到严重破坏，整体出现险情或濒临坍塌，一般需拆除重建。通常所说的农村危房即指危险等级为C级与D级的农村住房。

3.1.2 调查结果与统计分析

本次在全国范围内入户调查 18180 户生土结构房屋，占调查总量的 16.4%。根据抽样调查结果，各省（自治区、直辖市）农村生土房屋所占比例及危房率（C、D 级生土危房比率）如表 3.1-1 所示。

2010 年末各省份生土危房统计 表 3.1-1

序号	省（自治区、直辖市）	农房调查总量	生土农房数量	生土农房比例 / %	生土危房数量	生土危房率 / %	序号	省（自治区、直辖市）	农房调查总量	生土农房数量	生土农房比例 / %	生土危房数量	生土危房率 / %
1	冀	2977	712	23.9	199	28.0	15	湘	4070	338	8.3	175	51.9
2	晋	2362	456	19.3	201	44.2	16	粤	3330	483	14.5	68	14.0
3	蒙	3737	1342	35.9	614	45.8	17	桂	5888	336	5.7	231	68.8
4	辽	4401	141	3.2	91	64.8	18	琼	3897	27	0.7	7	26.1
5	吉	2754	187	6.8	147	78.6	19	渝	4513	1178	26.1	411	34.9
6	黑	4732	809	17.1	453	56.0	20	川	4134	542	13.1	271	50.1
7	苏	7398	104	1.4	56	54.2	21	贵	3085	133	4.3	81	61.3
8	浙	3371	30	0.9	12	38.5	22	云	4649	2478	53.3	330	13.3
9	皖	5050	197	3.9	83	42.1	23	藏	815	807	99.0	238	29.5
10	闽	4487	162	3.6	80	49.3	24	陕	3666	517	14.1	212	41.1
11	赣	3199	157	4.9	69	44.1	25	甘	3346	1539	46.0	499	32.4
12	鲁	4139	468	11.3	147	31.5	26	青	814	243	29.9	126	51.7
13	豫	4339	412	9.5	195	47.3	27	宁	3198	1500	46.9	297	19.8
14	鄂	3377	476	14.1	172	36.2	28	新	5270	2408	45.7	1354	56.2
合计									1069988	18180	16.4	6872	37.8

根据统计数据，按 2010 年末全国农户总数 23422.1 万户计算，全国农村既有生土农房总量为 23422.1 万户 ×16.4% = 3841.2 万户，其中生土结构危房总量为 3841.2 万户 × 37. 8% = 1452.0 万户。

从生土结构房屋所占比例、相对数量及危房率在各地区的空间分布看，总体呈现出西部较高、东部较低的态势。从生土结构的危房率看，全国各片区的地域差异不太明显，除个别省（自治区、自辖市）外，大部分在 30% ～ 50% 之间，平均危房率为 37.8%。这说明当前全国范围内既有传统生土结构房屋的安全性普遍偏低，应将该类型房屋作为今后农村危房改造的主要对象。

3.1.3 生土房屋的抗震缺陷与问题

传统生土材料在基本力学性能和耐久性能方面的固有缺陷，是生土结构房屋的安全性和耐久性较差的主要原因。除此之外，在建造技术方面，我国传统生土农房施工工艺粗糙，很少设置安全措施，或措施不全，导致房屋原始缺陷较多，又由于长期的自然环境侵蚀，普遍存在主体结构受损，地基下沉，墙体倾斜、开裂，梁、柱、屋架腐朽，屋面、墙体出现漏水、渗水等现象。加之农村居民大多没有定期维护、修补房屋的习惯，房屋结构的破损程度长时间不断积累，导致生土房屋在地震中极易损坏。我国生土房屋的抗震缺陷主要表现在以下几个方面。

1. 材料缺陷

（1）传统生土材料的耐水性很差，农房的墙体根部经常出现“碱蚀”现象，如墙根出现粉状白沫、起皮甚至剥落（图 3.1-1）。

图 3.1-1　生土墙体根部“碱蚀”现象

（2）长期的风蚀作用和雨水的侵蚀会造成大面积生土建筑墙体表层脱落现象（图 3.1-2）。

(a)

(b)

图 3.1-2　墙体表层土体脱落

（3）生土材料在养护过程中普遍存在干缩开裂的问题，并且裂缝在出现后会逐渐发育变宽（图 3.1-3）。其干缩开裂与当地生土材料、气候，以及施工工艺等有密切关系。

2. 墙体易开裂

由于生土材料强度低，生土墙体在养护过程中会因收缩变形而产生影响结构安全的裂缝（图 3.1-4）。生土墙体的裂缝会在地震中延伸并变宽，直至形成贯通缝，以致破坏生土承重墙的稳定性与承载能力，导致房屋发生局部甚至整体坍塌。

(a)

(b)

图 3.1-3　墙体干缩裂缝

(a)

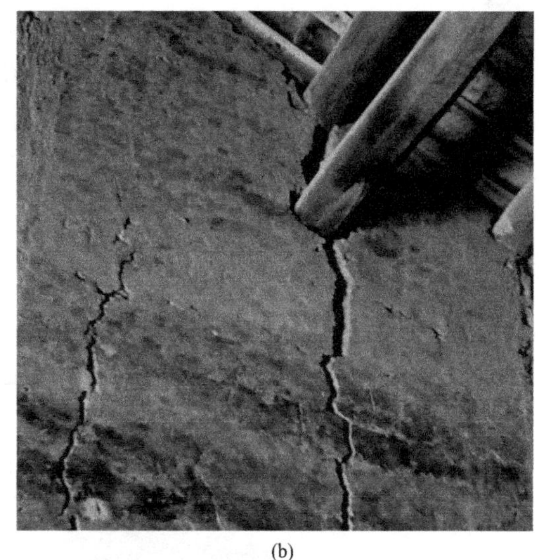

(b)

图 3.1-4　生土墙体裂缝

3. 结构整体性差

农房在建造时缺乏规范的构造做法和施工工艺，会导致结构的整体性较差，主要表现为纵、横墙交界处无可靠连接，大部分纵、横墙体之间有松动、脱开迹象；生土墙体与木构造柱之间粘结不好，相互脱开；墙体顶部未设置木圈梁；硬山搁檩；屋架与墙体之间无可靠连接等。以上问题不仅严重影响房屋的正常使用，发生地震时，还容易造成墙体脱闪或倒塌，如图 3.1-5 所示。

4. 墙体砌筑问题与缺陷

调查发现，生土房屋的承重墙体存在夯土与土坯砖混用或土 - 石混用、土 - 砖混用等现象（图 3.1-6），加上施工粗糙，不同的建筑材料之间缺乏可靠的拉结，无法形成完整的结构体系，生土房屋在地震中的稳定性很差。

图 3.1-5　结构整体性差

图 3.1-6　墙体材料混用

虽然传统生土民居的抗震性能普遍较差，但合理应用抗震构造措施，则可以显著提高生土民居的抗震性能，第 5 章将详细介绍生土民居的抗震加固方法。相关调查显示，大约 81% 的现有生土民居没有任何抗震构造措施，其面临的抗震风险极高。考虑生土民居在经济适用、绿色环保、自然美学等方面的突出优点，保护与加强既有生土民居的抗震能力，提高现代生土房屋的抗震性意义重大，也逐渐成为目前结构抗震领域的重点研究课题之一。

3.1.4　本地区生土民居概况

我国幅员辽阔，各地的自然条件、地理环境、经济文化特点等各不相同，造成各地生土民居的构造形式与风格差异较大。本章主要以江西省及周边地区的生土结构房屋为例，针对当地生土民居的构造特点、抗震缺陷以及抗震性能等展开介绍。

1. 江西生土民居概况

图 3.1-7　生土砌体房屋

江西民居多为土坯砌体结构与夯土结构房屋。土坯结构房屋一般以砖石做基础，上部墙体以土坯砖砌筑，墙厚多为 30 ～ 40cm，屋盖大多采用硬山搁檩与木屋架结构，如图 3.1-7 所示。

夯土房屋的基础和屋面构造形式与土坯房屋类似。夯土墙体以模具将生黏土逐层夯实，一般夯筑 2 层 6m 左右高的墙体，夯土墙内多埋入山木（直径 2cm 左右的树枝）或竹条。部分房屋会在生土中加入少量砂土或生石灰。图 3.1-8 为江西省龙南市某夯土民居的现场照片。

(a)

(b)

图 3.1-8　某夯土结构房屋

2. 江西省抗震设防要求与震害情况

江西省位于长江以南，北部与安徽相接，东北部与浙江相邻，东邻福建，南部与广东相连，西接湖南，西北部与湖北相通。虽然江西省历史上很少发生高强度地震，但近年已发生多次5.0级以上破坏型地震，并且本地区生土民居抗震性能差，存在小震即坏的问题。因此，生土民居的抗震与加固工作不容忽视。近年来江西省南部、北部地区的地震活动比较活跃，表 3.1-2 列出了近年几次地震事件的相关信息。

江西近年来主要地震概况　　**表 3.1-2**

序号	时间	地点	震级	震中烈度	震源深度	震害情况
1	1987 年 8 月 2 日	赣南寻乌	5.5 级	Ⅶ	13.0km	倒塌房屋3220间，严重破坏房屋94233间，直接经济损失近亿元
2	1995 年 1 月 24 日	赣南寻乌	4.5 级	Ⅵ	10.7km	倒塌房屋306间，严重破坏房屋7606间，直接经济损失3000万元
3	1995 年 4 月 15 日	赣北瑞昌、九江、德安等三县交界	4.9 级	Ⅵ	11.0km	倒塌房屋4000m^2，严重破坏房屋面积约33万m^2，经济损失5000万元
4	2005 年 11 月 26 日	九江—瑞昌	5.7 级	Ⅶ	10.0km	倒塌18000间，直接经济损失20.38亿元

由于南方的气候潮湿炎热，生土民居墙体普遍举架高、开间大，大部分房屋未做木质圈梁与构造柱等抗震措施，导致房屋抗震能力差，在历次地震中破坏严重，并存在小震即坏的现象。以 2005 年的九江—瑞昌地震为例，此次地震发生在九江县（现九江市柴桑区）、瑞昌市附近，宏观震中在九江县港口乡，周边湖北、安徽、福建和湖南等省，江西南昌市、彭泽县等周边市 / 县均震感强烈。据统计，这次地震虽然震级不大，九江县及瑞昌市部分村镇的房屋却受到严重破坏或毁坏，造成 17 人死亡，8000 余人不同程度受伤，直接经济损失高达 20.38 亿元人民币，倒塌房屋 18000 万间，损坏 15 万多间房屋的巨大损失，其中绝大部分为生土房屋。

3. 承重墙体的抗震性能

江西村镇既有生土民居常采用土坯墙和夯土墙建造。土坯墙常采用土坯砌体与泥浆砌筑，灰缝的切向粘结强度普遍较低，会影响墙体的抗剪与抗弯能力。夯土墙大多是将半湿半干的黏性土逐层夯实而成。就砌筑方式而言，夯土墙的抗震性能优于土坯墙，但夯土墙施工不当时，会产生较大的干缩裂缝，反而影响房屋的抗震能力。

此外，生土民居墙体的耐水性较差，易受雨水侵蚀，泥浆流失，造成墙体剥落、开裂，影响房屋的承载能力和抗震性能。既有生土民居一般建筑年代较早，并未多做外墙防水处理，在风化剥蚀及雨水侵蚀作用下，墙体的承重能力也将有所下降。如图 3.1-9 所示，该夯土民居屋面有渗水情况，土坯墙灰缝泥浆流失、风化剥蚀严重，导致墙体开裂、变形，房屋的承载力与抗震性能显著降低，急需进行加固、维修。

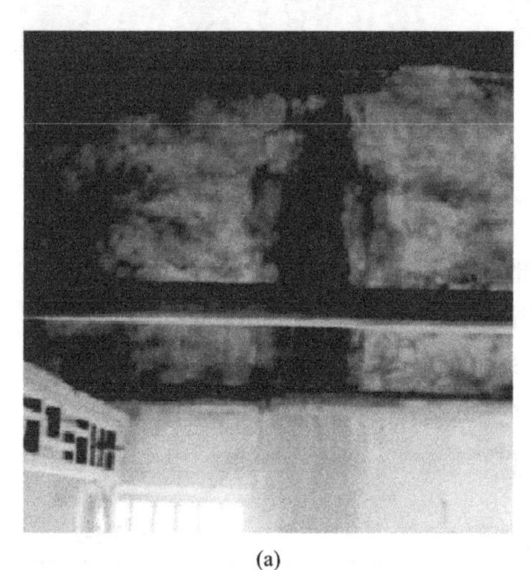

(a)

(b)

图 3.1-9　土坯墙体受风化侵蚀

（a）墙体因砂浆流失开裂；（b）土坯砌体砂浆流失严重

夯土墙较土坯墙的耐水性、密实性好，但长期风化剥蚀，易导致其墙体剥落，削弱局部墙厚，影响墙体的整体承载力和局部承载力，如图 3.1-10 所示。

图 3.1-10　夯土山墙受风化剥蚀

图 3.1-11　局部承载力不足

此外，调研发现，村镇生土结构房屋往往出现局部承载力不足，如水平构件支撑位置（木梁、木檩等）、洞口位置等，常见有明显竖向裂缝，这种情况往往是未设梁垫、过梁导致，如图 3.1-11 所示。

最后，生土结构房屋往往纵、横墙之间未设可靠连接，加之生土墙体的干缩性较大，干缩后，纵、横墙之间易产生明显裂缝，影响房屋的正常使用，并且不利于房屋抗震，如图 3.1-12 所示。另外，在拆模后，夯土墙会出现干缩裂缝，随着时间的风化侵蚀，干缩裂缝易出现深度、宽度及长度增大现象，存在一定的抗震安全隐患，如图 3.1-13 所示。

图 3.1-12　纵、横墙交接处

图 3.1-13　干缩裂缝

江西生土结构多为老旧房屋，多建于 20 世纪六七十年代，部分房屋的建造时间甚至更加久远。虽然江西地区历史上发生地震相对较少，震级相对较低，但每次地震过后均造成了巨大的经济损失，村镇房屋破坏严重。因此，生土民居需要在设计、施工、加固和维护等多层进行提升，并应加强村镇防震减灾工作的宣传和管理。

3.2　震害介绍

我国位于世界两大地震带即环太平洋地震带与欧亚地震带之间，受太平洋板块、印度板块和菲律宾海板块的挤压，地震频发。近年来，震害造成了大量的房屋破坏和人员伤亡，给国家与人民造成了严重的损失。据统计，2021 年我国共发生 5.0 级以上地震 20 次，造成直接经济损失 107 亿元。

面对地震灾害带来的伤痛，我们不能仅是默默地舔舐伤口，更要从中吸取教训。作为抗震研究工作者，需要了解震害，分析震害，发现结构的抗震缺陷，提出抗震加固措施。因此，本节对近年几次典型地震中生土房屋的震害进行介绍与分析。

3.2.1　广西苍梧 5.4 级地震

2016 年 7 月 31 日 17 时 18 分，广西梧州市苍梧县（北纬 24.08°，东经 111.56°）发生了 5.4 级地震，震源深度为 10km。此次地震是 1970 年广西地震台网中心建立以来在当地监测到的最大的一次广西陆地地震。地震的极震区烈度为 7 度，7 度区面积约 70km^2，6 度区及以上总面积约 1160km^2。此次地震未造成人员伤亡，却有大量房屋受损，其中生土房屋破坏现象较为突出。

1. 震害特征

震区内生土民居大多修建于 20 世纪 80 年代以前，一般为 1 ～ 2 层，层高 3.0 ～ 4.5m；采用土坯墙承重，墙厚一般为 300mm；屋面结构采用硬山搁檩式构造，檩条直接搁置于墙上，其上铺设木望板与瓦片构成屋盖，墙体通过木檩承受屋盖系统全部荷载。在本次地震中，共 10 栋生土民居倒塌，数百栋生土民居遭受不同程度的损坏。生土民居典型震害现象统计如下。

1）房屋倒塌

地震中倒塌的生土房屋主要表现为墙体和屋盖整体或局部垮塌。由于土坯墙承载能力较差，当水平地震作用方向与墙体垂直，地震动作用较大时，墙体容易侧向偏移，从而造成房屋倒塌。此外，因屋架与墙体间缺少可靠的拉结，地震时，屋架容易因滑移而发生落梁，甚至屋面整体塌落，该类震害如图 3.2-1 所示。

2）洞口位置墙体破坏

生土民居门窗洞口附近墙体发生开裂破坏的现象较为常见，开裂部位主要集中在洞口的对角部位，裂缝贯通墙体。门窗洞口的设置削弱了墙体的局部抗震能力，并在洞口角部形成应力集中，使得周围墙体产生开裂破坏，震害现象如图 3.2-2 所示。

图 3.2-1　房屋整体垮塌

图 3.2-2　门窗洞口墙角破坏

3）墙体局部受压破坏

由于木檩直接搁置在土坯墙上，且未设砂浆垫层等缓冲构造设施，在地震作用下，屋面结构的惯性力易在木檩下方产生应力集中现象，并导致下方墙体开裂。在本次地震中，较多房屋的土坯墙体在木檩下方沿着砌筑泥浆缝隙形成了明显的破坏裂缝，该震害现象如图 3.2-3 所示。

4）墙体开裂外闪

地震作用造成房屋墙体局部轻微外闪，在墙体中间出现一条竖向通缝，这是因为墙体在该部位未咬槎砌筑，两侧土坯墙缺乏有效联结，形成了抗震薄弱区，现场震害如图 3.2-4 所示。

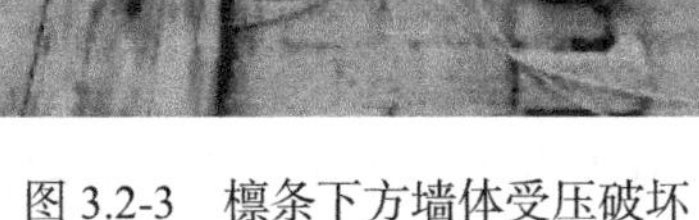

图 3.2-3 檩条下方墙体受压破坏

图 3.2-4 墙体外闪

5）抹灰层脱落

因为石灰砂浆与黏土砖的粘结性差，经历多年的干湿冻胀，两种材料之间的局部粘结已经分离，并形成空鼓，在地震作用下，生土民居外墙的石灰砂浆抹面层大片脱落，震害现象见图 3.2-5。

6）屋檐掉瓦

生土民居屋面瓦片直接叠垒在屋架上方，无连接措施，瓦片与屋架间、相邻瓦片间的摩擦力较小，在地震作用下，瓦片极容易在惯性力作用下滑落，震害如图 3.2-6 所示。

图 3.2-5 外墙抹灰层脱落

图 3.2-6 屋檐掉瓦

2. 存在的抗震问题

此次地震使多间生土民居产生不同程度的破坏或倒塌，反映了该类房屋抗震能力的不足。以下为生土民居存在的抗震问题。

1）房屋整体性差

生土房屋开间大、举架高，没有设置圈梁和构造柱，墙体的抗剪、抗拉强度均较低，基础、墙体和屋盖均无可靠联结，因此房屋的整体抗震能力较差。

2）施工工艺粗糙

生土房屋多采用泥浆砌筑，但灰缝处泥浆不饱满，经过风干收缩，易形成较大的空隙，进一步降低了砌块间的粘结强度；部分墙体没有咬槎砌筑，纵、横墙之间联结不牢，墙体易在地震作用下开裂破坏。

3）墙体自然侵蚀严重

生土民居外墙经历多年的风吹日晒，墙体受到严重侵蚀，木屋架和檩条也常出现腐朽破坏，若房屋维护不及时，房屋的抗震能力将被削弱。

3.2.2 四川汶川 8.0 级地震

2008 年 5 月 12 日 14 时 28 分，四川省汶川县境内发生 M_s8.0 级特大地震，地震震中位于北纬 31.021° ，东经 103.367° ，震源深度为 14km，破裂以逆冲为主，地面的振动响应强烈，震源机制复杂。地震烈度最高达到 11 度，11 度区的面积约为 314.906km^2，地震波及大半个中国以及亚洲多个国家和地区。在此次地震中，汉中市下属略阳、宁强两县受灾严重，诸多农房损害严重。

1. 震害特征

汉中地区的生土民居主要分为土坯墙承重和夯土墙承重两类，并多为木构架屋面结构。在汶川地震中，生土民居的墙体、屋面等破坏严重，主要震害表现如下。

1）房屋倒塌

在汶川地震中，该地区生土民居的承重墙倒塌严重，这无疑是生土结构抗震中最不利的震害。经震后分析，主要有以下原因造成生土墙倒塌：生土民居多为自建，缺乏合理的设计与正规的施工，结构平面布置不合理，纵、横墙无可靠联结，导致纵、横墙不能协调工作，容易形成单片墙体，在垂直于墙面的地震作用下，生土墙体极易发生外倾或者倒塌；宅基地选址与基础施工不当，使建造在软弱地基、砂土液化地基、地质不均匀地基上的房屋易在地震作用下发生整体破坏甚至倒塌；墙脚因受潮剥落并被雨水反复冲刷侵蚀，导致墙脚外侧凹陷，在地震中墙脚薄弱部位易造成墙体倒塌；图 3.2-7 为茂县萝卜寨生土民居发生整体与部分倒塌的现场图。此外，由于生土墙体土的成型强度较低，而且纵、横墙体之间的联结能力差，地震时容易发生纵墙或横墙外闪，导致整片墙体倒塌破坏（图 3.2-8）。木构架房屋由于其木构件与填充的夯土材料的材质不同而表现出不同的力学性能，而且材料之间没有有效的联结，在地震中不能协调工作，导致墙体局部倒塌，但在木梁、柱约束下尚能保护房屋的整体性，不至于发生整体倒塌（图 3.2-9）。

2）墙体开裂破坏

生土墙体的开裂与其特性、构造措施以及地震作用的大小有关。生土承重墙体的门窗

(a) (b)

(c) (d)

(e) (f)

图 3.2-7　茂县萝卜寨生土民居在汶川地震中发生倒塌

图 3.2-8　生土房屋大面积倒塌

图 3.2-9　木构架生土围护墙倒塌

洞口过多、过大，窗间墙过窄，墙内设置有烟道，这些因素均会削弱墙体的承载力，导致生土墙易在地震作用下产生裂缝，震害如图 3.2-10 所示。屋盖系统的檩条或者大梁直接搁置在生土墙体上，在檩条或者大梁与墙体接触位置产生应力集中，导致墙体局部破坏，产生开裂宽度不一的竖向裂缝，震害如图 3.2-11 所示。生土房屋结构整体性差，很多农房纵、横墙体之间无有效拉结措施，在地震剪切力的作用下，很容易发生墙体开裂、墙体外倾的现象，这是此类房屋的主要震害之一（图 3.2-12）。有的生土房屋由于木柱与墙体之间没有有效联结，在墙与柱连接处出现严重开裂，墙体出现局部破损塌落（图 3.2-13）。

图 3.2-10　生土房屋墙体外墙上的斜裂缝

图 3.2-11　萝卜寨生土墙的竖向裂缝

图 3.2-12　纵、横墙交界处开裂及纵墙外倾

图 3.2-13　墙柱连接不牢并脱离

3）屋面结构破坏

汉中市的生土民居多为坡屋面设计，山尖墙高且窄，在地震作用下，木檩或屋架易将屋面的水平惯性力传至山尖墙上，导致山尖位置发生倾斜甚至倒塌。如果山墙上的木檩（梁）搭接长度不够，或者没有垫木连接，在地震作用下，木檩会从墙中拔出，造成屋面垮塌。在本次地震中，萝卜寨生土房屋屋面垮塌震害如图 3.2-14 和图 3.2-15 所示。生土房屋屋面结构多采用木屋架或檩条承重，经调查发现震害地区生土房屋的屋面与墙体的连接比较薄弱，地震时此类屋盖容易发生落瓦及屋架倾斜（图 3.2-16），严重时会造成屋瓦、檩条及屋盖塌落（图 3.2-17）。

图 3.2-14　生土房屋屋面垮塌

图 3.2-15　生土房屋屋面局部垮塌

图 3.2-16　屋面落瓦

图 3.2-17　屋面结构塌落

4）木柱与木梁的设置

在生土结构房屋中设置木柱与木梁，一方面有助于通过木梁、柱将屋面的荷载有效地传递至基础，另一方面合理地将木柱与生土墙体进行联结，可以有效地提高墙体的刚度与整体性，显著提高房屋整体的抗震性能。萝卜寨某生土房屋设置了木柱与竹梁的房屋，在经历汶川地震后，其主体结构依旧完好，如图 3.2-18、图 3.2-19 所示。

图 3.2-18　震后生土民居主体结构完好

图 3.2-19　生土房屋木柱与木梁构造合理

2. 存在的抗震问题

（1）本地区生土民居平面与立面的布置不利于抗震；

（2）门窗洞口尺寸与位置设计不合理，且未设置过梁；

（3）单坡屋面较多，山尖墙位置存在抗震薄弱问题；

（4）生土承重墙转角处和内外墙交接处无有效联结。

（5）缺少木柱与木梁（竹梁）设置，生土民居整体性较差。

3.2.3 新疆南疆地区巴楚地震等

新疆地处亚欧大陆腹地，处于五大地震带之中，是我国多震地区之一。南疆更是地震多发区，据不完全统计，仅1996年以来，南疆发生破坏性地震多达30余次，共造成327人死亡，5000余人受伤，直接经济损失超过35亿元人民币。2003年巴楚发生6.8级强烈地震，造成268人死亡，直接经济损失达13.7亿元人民币。

1. 震害调查

为了了解村镇中常用的生土房屋在地震中的受灾情况，葛学礼、王亚勇等对新疆巴楚地区的生土房屋进行了平均震害指数分析，给出了地震震中烈度为9度下村镇生土房屋的破坏比例与平均震害指数，以及不同烈度下村镇生土房屋的破坏比例与平均震害指数。调研发现，位于7度、8度、9度区的农村生土民居的平均震害指数分别为0.28、0.70和0.90，其中，严重破坏和倒塌的房屋比例分别为16.32%、69.94%和100.00%。

2. 存在的抗震问题与经验

1）土坯成型不规则

当地土坯墙体（图3.2-20、图3.2-21）成型不规则，也不统一，且随意搭砌，泥浆粘结亦不牢固。这类土坯墙体极易在地震作用下产生局部应力集中，从而导致墙体的抗侧承载力下降，最终导致房屋开裂甚至倒塌。

图3.2-20 当地土坯墙体（一）

图3.2-21 当地土坯墙体（二）

2）木构架与墙体的联结能力差

木柱与土坯墙体以及木梁、柱间有效联结之后，可以有效地约束土坯墙体，提高土坯墙体的抗侧承载力，增加其整体性和变形能力。但从图3.2-22、图3.2-23可以看出，木柱与土坯墙体、木柱与木梁之间没有有效联结，木柱反而分割了墙体，墙体的高宽比增加，墙体在水平地震作用下更容易发生侧向变形与破坏。

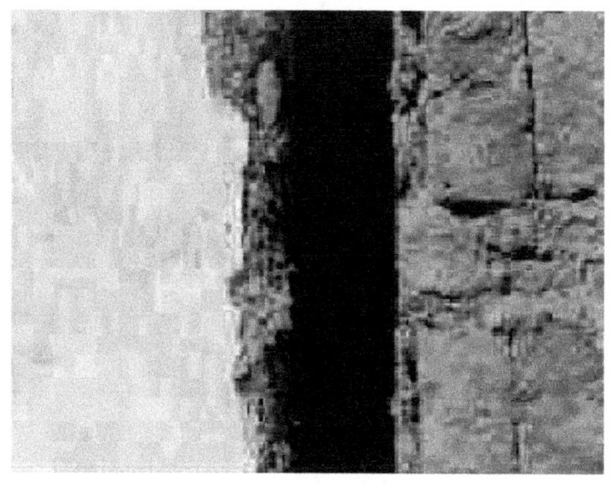

图3.2-22 木构件与墙体的联结能力差（一）

图3.2-23 木构件与墙体的联结能力差（二）

3）土坯的砌筑方式差、竖向灰缝不饱满

从图3.2-24、图3.2-25中可以看出，土坯墙体中有立砌土坯，而且竖向灰缝不饱满。这些砌筑方式严重影响了土坯砌体的抗侧承载力，从而影响其抗震性能。

图3.2-24 砌筑方式差、竖向灰缝不饱满（一）

图3.2-25 砌筑方式差、竖向灰缝不饱满（二）

4）良好建造工艺有助于提高房屋抗震性能

在本次调研中，编者也发现有些生土墙体房屋历经数次地震还保存完好，图3.2-26、图3.2-27是莎车县的生土民居，据主人介绍，图3.2-26中的土坯房屋已建造50年以上，而图3.2-27中的土坯房屋也已建造达30年以上，但是历经几次地震以后依然保存完好。从现场观察分析，该房屋土坯墙体保持良好，没有明显裂缝。该房屋在建造过程中非常注意所选择的土质，在砌筑过程中也很注意灰缝的饱满度。图3.2-27中的土坯墙体是在基础上用当地传统的小铲将踩实后的湿土一铲一铲砌筑成墙体，从形式上看，墙体是由很多块巨型土坯卧砌而成。图3.2-26中的土坯墙体也是用相同方法砌筑而成，且内、外墙有一层草泥浆抹面。

图 3.2-26　土坯房屋（一）

图 3.2-27　土坯房屋（二）

3.2.4　甘肃夏河 5.7 级地震

2019 年 10 月 28 日 01 时 56 分，甘肃省甘南州夏河县（北纬 35.1°，东经 102.69°）发生 5.7 级地震，震源深度为 10km，震中位于夏河县扎油乡，距夏河县 18km，距合作市 21km。合作市、夏河县震感强烈，天水市、兰州市有明显震感。

1. 震害调查

由于此次地震震级较小，地震强烈程度中等，同时震中位于无人山区，周边区域地广人稀，所以并未造成严重的人员伤亡和大规模的地质灾害，地震灾害主要表现为民居房屋的不同程度受损。编者通过对Ⅵ度及Ⅶ度区藏式村镇房屋震害进行调查研究，总结了藏式村镇房屋的结构特点及房屋典型震害，并剖析了房屋震害特征。

夏河县地处青藏高原东北角边缘，地势由西北向东南倾斜，海拔在 3000 ~ 3800m 之间。其地形以山地为主，域内主要为藏族聚居区。具有地域民族特色的藏式民居在当地应用广泛，其中木构架承重的藏式土木结构房屋占当地民居的比例超过 90%。

藏式木结构房屋主要由木构架承重，木构架结构形式多为穿斗式木构架，木柱间通过穿枋或斗枋以半榫或透榫工艺相连，檩条以榫卯工艺搁置于柱顶形成木框架，檩条之上安装椽子、木板等形成屋面。为防寒保温，当地通常在房屋前庭安装玻璃幕墙形成暖廊，同时在木构架外围修筑围护墙。早期的围护墙以生土夯筑而成，随着经济的发展和农村危房改造政策的实行，逐渐出现了生土 - 砖混合墙体和砖混墙体。

2. 震害特征

此次地震造成的灾害并不严重，但是震害特征较为典型。下面针对震区不同类型围护墙体木构架房屋的典型震害进行总结。

1）生土承重墙破坏

以生土墙作为围护墙的木构架房屋是当地最为常见的一种自建民居。在此次地震中，木构架损坏较轻，几乎没有损伤，仅个别卯榫连接节点轻微脱开。但外围护墙体的破坏比较严重，主要表现为夯土墙体的平面内开裂、外闪以及部分或整体倒塌，如图 3.2-28（a）~（c）所示。围护墙倒塌，同时导致屋面檐边衬板断裂、生土面层掉落破坏，个别房屋外围护墙体地基基础几乎没有处理，直接依山而建，震后地基坍塌，如图 3.2-28（c）

所示。此外，部分房屋生土填充墙面层掉落，墙体开裂，如图 3.2-28（d）所示。

(a) (b) (c) (d)

图 3.2-28 生土承重墙房屋震害

（a）外围护墙体开裂；（b）外围护墙体局部倒塌；（c）墙体倒塌，檐边破坏，地基坍塌；（d）生土填充墙开裂

2）生土 - 砖砌体混合砌筑震害

近年部分房屋出现了以生土 - 砖混合墙为围护墙的木构架房屋。此类房屋以木构架为主结构，外围护墙采用夯土墙与砖墙混合砌筑工艺建造。

此次地震中生土 - 砖混合承重墙体震损严重，尤其是采用夯土墙外贴砖砌体的外围护墙，震后外砌的砖砌体层与夯土层剥离坍落，内层夯土层产生开裂或倒塌，如图 3.2-29（a）所示。对于采用夯土墙组合砖墙砌筑的墙体，震后夯土墙上垒砌的砖墙发生部分倒塌，夯土墙产生开裂，同时檐边产生瓦片掉落、衬板和椽子断裂的破坏现象，如图 3.2-29（b）所示。此外，部分夯土墙与砖墙竖向联结组合墙体无拉结措施，裂缝扩张发展如图 3.2-29（c）所示。

3. 存在的抗震问题

1）房屋的选址不合理

此次地震波及范围地处山区，地形起伏明显，可供使用的平坦地形较少，当地部分村落民居多位于半山腰或山坡位置。受山体放大效应和边坡效应影响，该类场地地震动将被放大，导致该类地形上房屋相比平坦地形房屋的震害更为严重。图 3.2-30 所示为震中距几乎相等且同属Ⅶ度区的黄科村和拉尔代村地形特征，黄科村建在半山腰，而拉尔代村建在山谷平坦地形上，在震害调查中也能明显看出黄科村的震损程度明显重于拉尔代村。

(a)

(b)

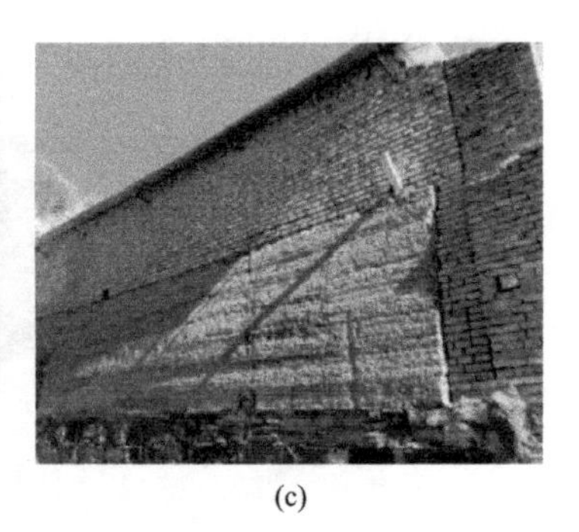
(c)

图 3.2-29　生土 - 砖混合砌筑墙房屋震害
（a）墙体剥离开裂倒塌；（b）混砌墙体局部开裂倒塌；（c）混砌竖向裂缝扩张

(a)

(b)

图 3.2-30　两村地形对比
（a）位于半山腰的黄科村；（b）位于山谷平坦区域的拉尔代村

2）房屋的构造不合理及维护不足

震害调查过程中发现，当地藏式木构架房屋主要是当地工匠凭借经验建造而成。从震害表现可以看到，采用传统卯榫工艺建造的木构架几乎没有受到损伤，但是外围护生土墙却在地震中破坏严重。

由于采用土坯墙或砖墙的外围护墙变形能力不如木构架，二者在地震中的变形极不协调，使得墙体产生明显的裂缝甚至外闪倒塌。同时，当地外围护墙体所采用的建造工艺和构造措施不合理，也是造成墙体破坏严重的原因之一，典型表现如下。

（1）夯土墙多采用“一板到顶”的建造工艺，地震后造成墙体转角和中部连接部位产生竖向通长裂缝甚至外闪倒塌；

（2）夯土层外贴砌的砖砌体层与夯土层没有可靠地联结，且砖砌体层砂浆强度不足，造成贴砌砖砌体层剥离倒塌；

（3）采用夯土墙之上垒砌砖墙或夯土墙与砖墙并联的建造方式时，上、下两种墙体之间无可靠联结，震后垒砌的砖墙部分或完全倒塌，并联裂缝开裂扩张；

（4）部分墙体无构造柱，甚至在联结部位不设马牙槎，震后墙体开裂严重；

（5）由于墙体与木构架变形不协调，使墙体破坏时，造成与墙体相连的屋面檐边产生破坏；

（6）部分房屋外围护墙体地基基础几乎没有处理，个别墙体未设基础，直接依山而建，墙体易出现不均匀沉降导致产生的老旧裂缝，震后极易加重破坏甚至坍塌。

3.2.5 湖北秭归4.7级地震

2014年3月30日0时24分，湖北省秭归县发生4.7级地震，震中位于秭归县屈原镇（北纬30.92°，东经110.77°），震源深度为7.5km，震中烈度Ⅵ度，秭归县、巴东县、兴山县震感强烈。主震发生后，截至3月30日8时15分，共发生余震48次，最大余震为该日0时33分发生的1.5级地震。本次地震对秭归县郭家坝镇的部分地区造成了一定程度的房屋破坏和财产损失。在此次4.7级地震中，震损房屋数量较多，险情较重，破坏程度各异。

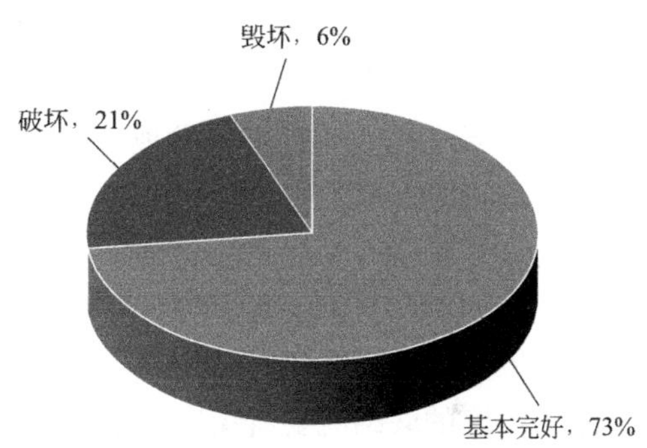

图3.2-31 Ⅵ度区生土民居破坏比

1. 震害调查

生土民居在此次地震灾区分布较广泛，地震中生土民居普遍发生破坏。编者在房屋破坏最严重的郭家坝镇头道河村抽取了5个自然村、组，抽样点采取逐栋调查的方式，统计则以行政村为单位。汇总调查数据统计得到生土房屋的破坏比，如图3.2-31所示。

2. 震害特征

在此次地震中，生土房屋的震害主要表现为屋檐掉瓦、墙体开裂和坍塌（图3.2-32）等。生土房屋的建造工艺较为粗糙，缺少构造措施或构造措施不齐全，梁与墙体之间缺少可靠联结，房屋的整体性较差，地震时墙体容易倾斜，从而导致屋架塌落。

(a)

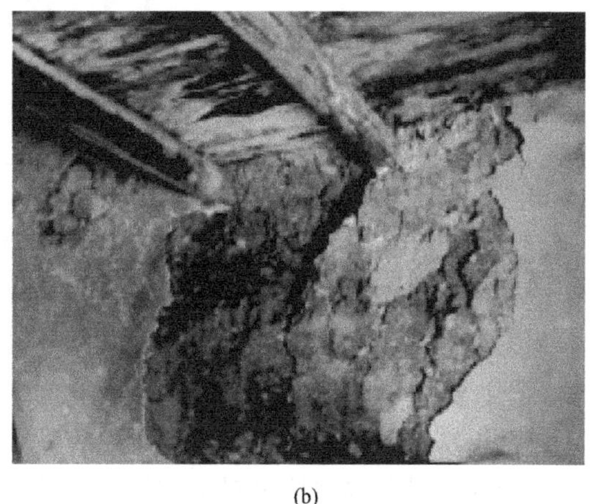

(b)

图3.2-32 震中区土木结构房屋的震害现象

（a）瓦片被震落；（b）土坯房墙体开裂和塌落

3. 存在的抗震问题

通过地震灾害现场考察，Ⅵ度异常区形成的主要原因如下。

（1）基础处理不当：出现严重破坏房屋均位于公路靠近长江一侧，房屋基础部分处于基岩上，部分为人工石块堆砌体。由于坡形基础处理不当，地震时房屋容易产生不均匀变形，出现开裂现象。

（2）高山峡谷地形影响：出现严重破坏的房屋均处于沿江山体突出边坡上。地震时，突出山体对地震动有放大作用，导致房屋受地震作用加强，出现破坏现象。

（3）房屋结构有缺陷、施工质量存在问题：生土房屋本身存在强度低、耐水性差的问题，加上设计及施工不规范，导致房屋的整体性差，在地震中容易发生破坏。

3.2.6 小结

综合以上震害可以发现，生土民居由于自身的材料属性、建造工艺、选址不合理、房屋维护不当等问题，其抗震性能普遍较低。在地震作用下，易发生破坏甚至倒塌，亦有小震即坏的情况发生。

但编者在震后调查中也发现，一些抗震性能优异的生土民居甚至历经多次地震不坏。因此，如果能选取适合建造房屋的生土材料，或添加有效的改性材料，可以提高房屋的承载能力，并减轻夯土墙干缩开裂等问题。此外，施工工艺也非常重要，如夯土墙的建造工艺，土坯的制作与砌筑方法等对墙体的稳定性至关重要；使用木梁、柱与生土墙体有效连接，可以提高房屋的整体性与抗震性能。最后，传统生土民居多采用硬山搁檩屋面结构，其与山尖墙的联结既要避免应力集中问题，又要保证联结有效，避免发生落梁。综上，笔者认为传统生土房屋的抗震缺陷问题主要出在建造工艺上，由于生土民居多为自建房屋，房屋的质量与工匠的能力关系密切，缺乏统一的规范指导与约束亦是生土民居抗震性能较差的原因。保证生土民居设置必要的抗震措施，保证施工质量是可以有效地提高生土民居的安全性能，还能保护当地建筑的传统风貌。

3.3 抗震性能研究

21世纪以来，伴随我国经济发展与村镇房屋震害问题的突显，村镇建筑抗震性能研究被广泛重视，其中生土民居的抗震性能研究也进入新的发展阶段。众多研究人员利用试验分析、数值模拟、工程实践等多种方法对生土构件以及生土房屋的抗震性能展开研究，并取得了丰富的研究成果，如长安大学王毅红等进行了生土结构墙体的土料性能测试试验、生土结构墙体抗震性能试验研究，取得一系列生土结构抗震性能的研究成果。昆明理工大学陶忠等进行了土坯与土筑墙体力学特性试验研究，包括单块土坯的抗压、抗剪和抗折试验，土坯砌体的抗压试验，土坯、土筑墙体水平加载试验。大连理工大学李宏男等对村镇土坯结构房屋进行了应用摩擦滑移隔震技术减震研究，并进行了振动台试验，通过对比分析，验证了滑移隔震技术对土坯结构的减震效果，对该技术在生土结构中的应用给出了一些建议。

3.3.1　生土墙抗震性能研究

为了提高生土墙体的承载能力与抗震性能，西安建筑科技大学周铁钢团队提出一种新型灰膏 - 土坯墙结构，并通过振动台试验验证其抗震安全性。

原型房屋是单层灰膏 – 土坯墙结构，两开间，开间尺寸分别为 3.3m 和 3.6m，进深 4.5m，房屋净高 3.0 m。墙厚 400mm，土坯长 × 宽 × 厚为 290mm × 140mm × 90mm。试验模型的缩尺比为 1/4。模型制作根据相似理论计算确定，荷载模拟、结构构造等根据实际情况及相似原理确定，模型如图 3.3-1 所示。

图 3.3-1　试验模型

在输入地震波峰值加速度较小的情况下，除吊装过程中正立面窗洞左上角有初始细微裂缝外（图 3.3-2），无其他裂缝。当地震作用达到 8 度小震时（PGA 为 220gal），房屋背立面墙体中下部出现斜裂缝及水平裂缝（图 3.3-3），长度分别为 6cm 与 12cm；背立面右窗下部出现细小斜裂缝。当 PGA 达到 300gal 时，南立面和正立面墙体中部出现竖向裂缝，随后南立面和正立面墙脚部分出现斜裂缝，并伴随着局部墙皮翘起或剥落现象；各门窗洞口应力集中处出现新裂缝；背立面中下侧的裂缝有所发展。直至将 PGA 加至 800gal 时，房屋整体出现剧烈晃动，底部墙皮脱落显著；背立面墙根、正立面左下角土坯被压酥，部分土坯脱离；第一层砂浆配筋带以上墙体裂缝发展不明显，破坏主要集中在该砂浆配筋带以下；背立面墙体破坏严重，表现为墙根整体压酥（图 3.3-4）。南立面与北立面破坏情况类似（图 3.3-5）。至此，试验终止。

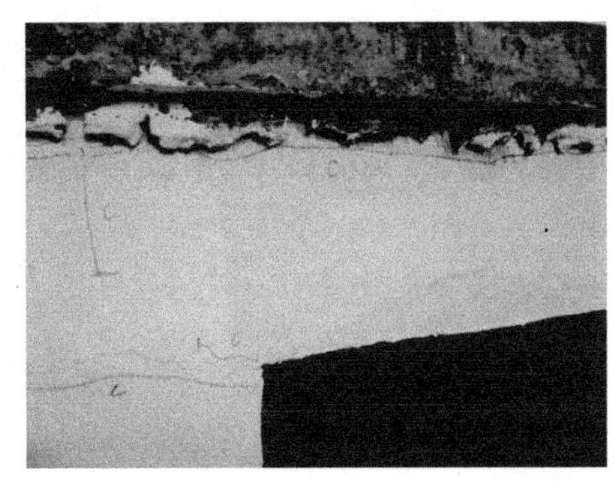

图 3.3-2　7 度小震时正立面初始裂缝

图 3.3-3　8 度小震背立面中下部裂缝

图 3.3-4　背立面破坏图

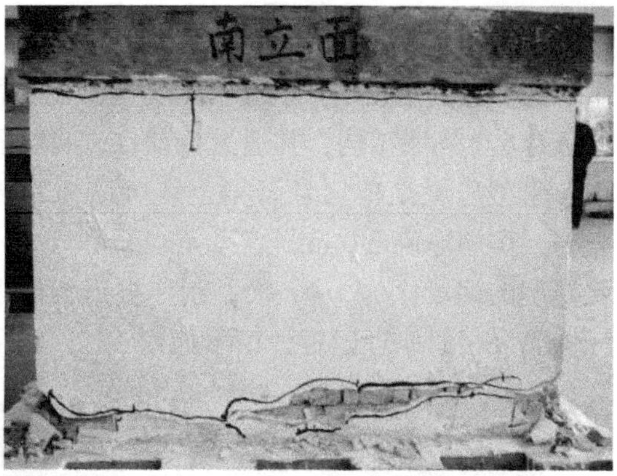

图 3.3-5　南立面破坏图

通过本试验，编者得出如下结论：

（1）对灰缝材料进行了改良，改良的灰缝材料强度越大，灰缝材料与土坯砖砌体的粘结性能越好，使用该灰缝材料建造的墙体抗剪承载力越大，抗压能力也越强。

（2）8 度中震，新出现的裂缝比较集中，大致在第一层砂浆配筋带以下部位；9 度中震，第一层砂浆配筋带以上墙体裂缝发展不明显，破坏主要集中在该砂浆配筋带以下；这说明砂浆配筋带限制了裂缝的开展，增强了房屋的抗震性能。

（3）总体来看，模型结构在 8 度中震地震作用下，整体性保持良好，结构未倒塌。对于我国大部分农村地区，新型灰膏 - 土坯墙结构房屋具有足够的抗震能力。

此外，基于传统夯土墙抵抗水平地震作用和剪切变形的能力较差，墙体整体性不足，易出现开裂、倒塌的问题。长安大学卜永红等提出一种内置绳网承重夯土墙体及其建造技术，并通过试验对比研究使用该技术建造的夯土墙体的抗震性能。

针对夯土墙体的缺点，将抗拉和变形能力较好的草（棕）绳等编织成网置于夯土墙中，以增强夯土墙的整体性，提高其承载和变形能力。内置绳网夯土墙示意图如图 3.3-6 所示。研究通过拟静力试验对墙体进行低周反复加载，试验现场如图 3.3-7 所示。通过观察试验结果发现，内置绳网承重夯土墙的整体抗剪能力、水平承载力及变形能力均得到明

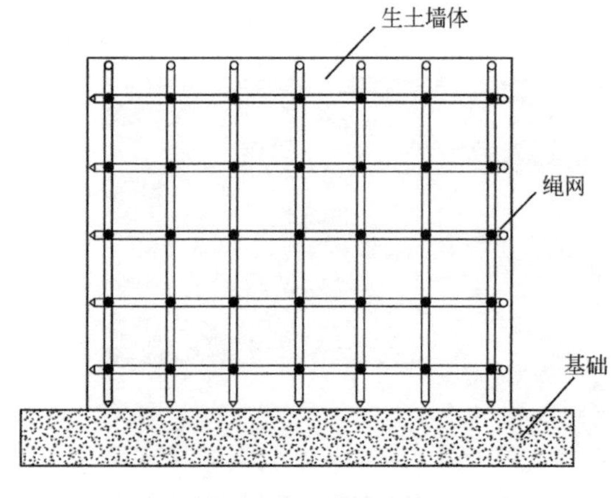

图 3.3-6　内置绳网夯土墙示意图

图 3.3-7　试验现场

显提高，说明该方法可以有效地提高生土承重墙的抗震性能。

除了利用材料与构造创新提升生土墙的抗震性能，石河子大学高龙龙等提出一种带钢套箍的新型钢节点木构架 - 生土墙，并通过拟静力试验对比素生土墙、上土坯下砖砌体混砌墙、榫接木构架 - 生土墙、新型钢节点木构架 - 生土墙体等四类墙体构件（图 3.3-8）的抗震性能。研究发现以下几点：第一，相比于素生土墙和上土坯下砖砌体混砌墙，带木构架生土墙的抗切与抗裂能力更强，增设木构架可提升墙体的延性，限制裂缝的发展，有效约束墙体后期变形，阻止破碎墙体的突然倒塌；第二，在生土墙中设置木构造柱和木圈梁组成的木构架，可有效提高生土结构的抗震延性和地震耗能能力；第三，新型钢节点各项抗震性能指标均优于传统榫接形式，表明其具备良好的抗震性能，综合考虑其施工便捷和工厂预制等特点，该节点连接形式具有较好的工程应用价值。

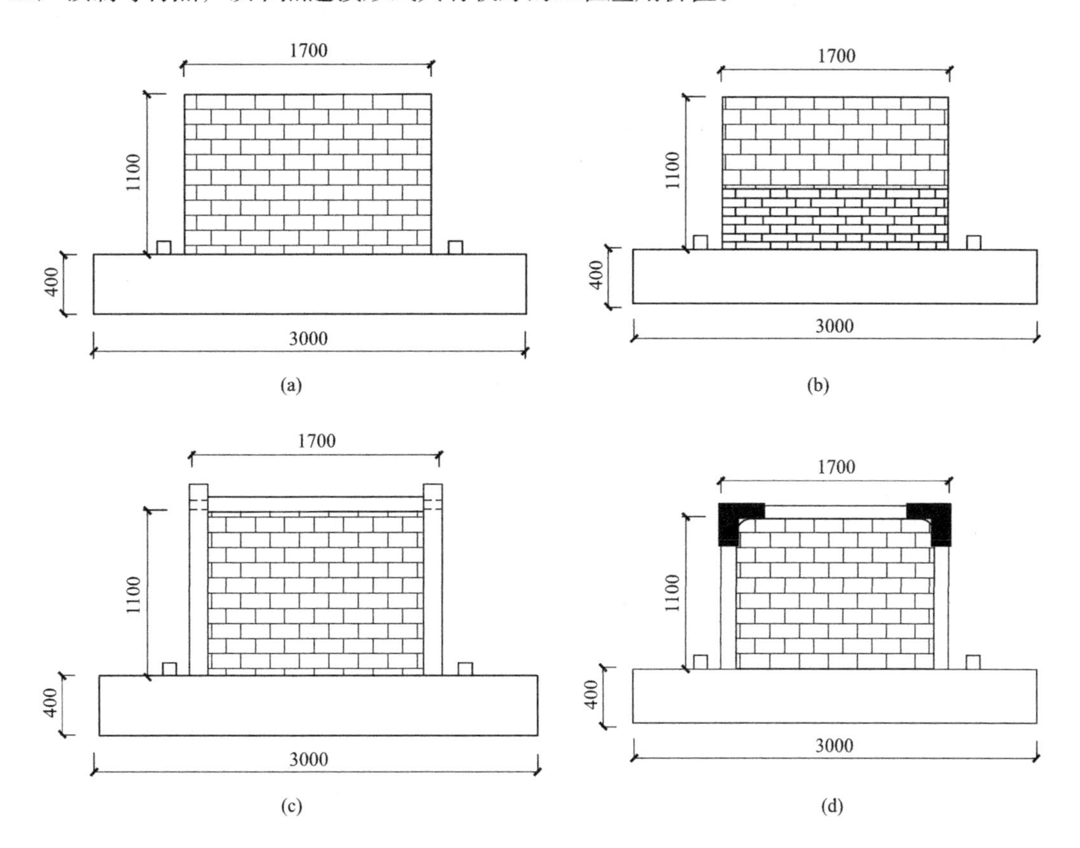

图 3.3-8　四种试验墙片示意图

（a）素生土墙体（GQ-1）；（b）上土坯下砖砌体混砌墙（GQ-2）；（c）榫接木构架 - 生土墙（GQ-3）；（d）新型钢节点木构架 - 生土墙体（GQ-4）

3.3.2　屋面系统与生土墙的连接构造

为了解决木屋架与土坯墙体搭接不牢、易产生应力集中等抗震缺陷问题，中国建筑科学研究院葛学礼团队开展了木构架承重土坯围护墙振动台试验，试验模型选取了村镇民居中典型的具有一个开间的房屋作为试验模型，模型与实物的比例为 1 ∶ 1，采用配筋砖圈梁，配筋砂浆带，斜撑、角撑、剪刀撑，连接用的扒钉、铁件、墙揽等造价低的抗震措施，如图 3.3-9 ～图 3.3-14 所示。试验发现，通过配筋砖圈梁，配筋砂浆带，斜撑、剪刀撑等抗震构造措施，以及扒钉、铁件、墙揽等造价低廉、常用的加强连接手段，可以对开裂墙体具有很强的约束能力，同时增强了屋架、梁柱节点和墙与柱连接节点的抗震效果。

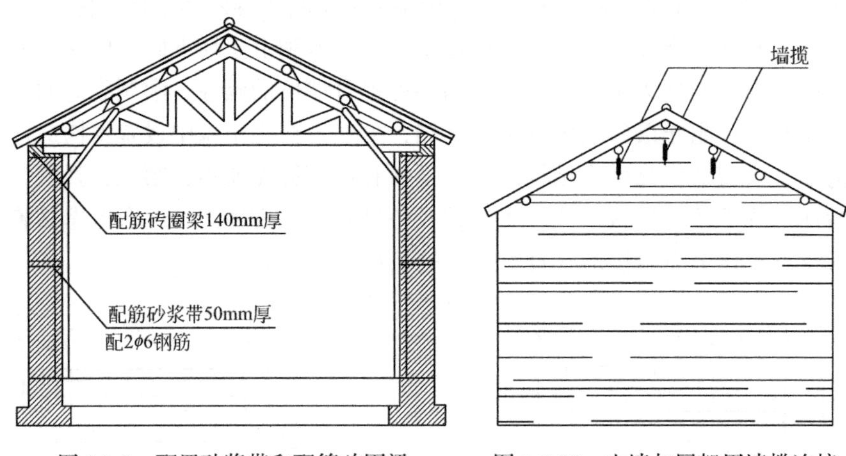

图 3.3-9　配置砂浆带和配筋砖圈梁　　图 3.3-10　山墙与屋架用墙揽连接

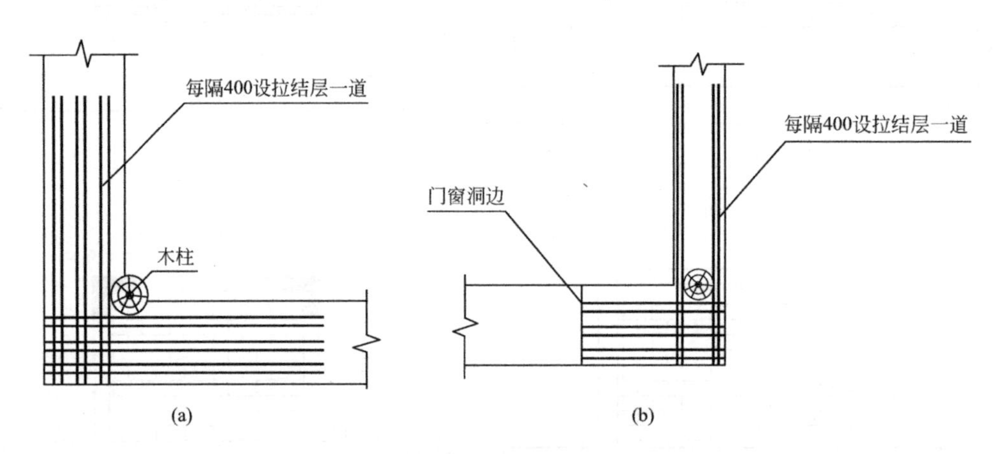

图 3.3-11　纵、横墙交接处的拉接措施

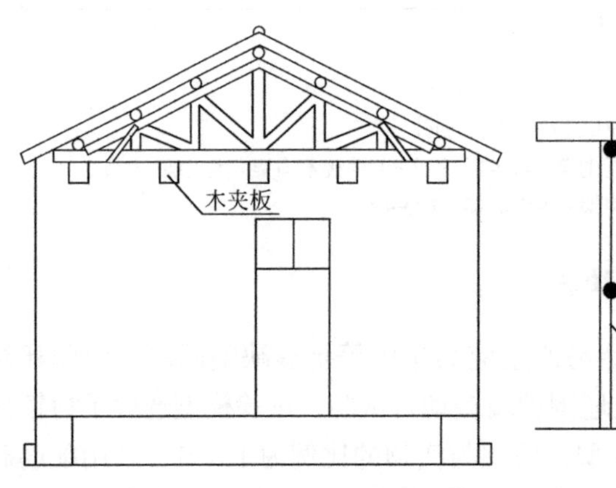

图 3.3-12　屋架下弦设置木夹板

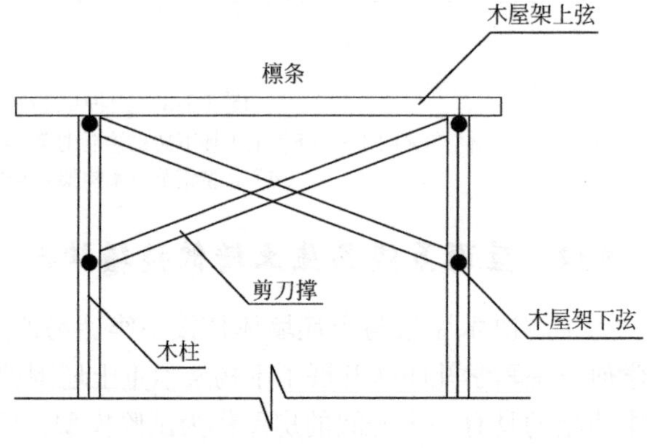

图 3.3-13　屋架间设置剪刀撑

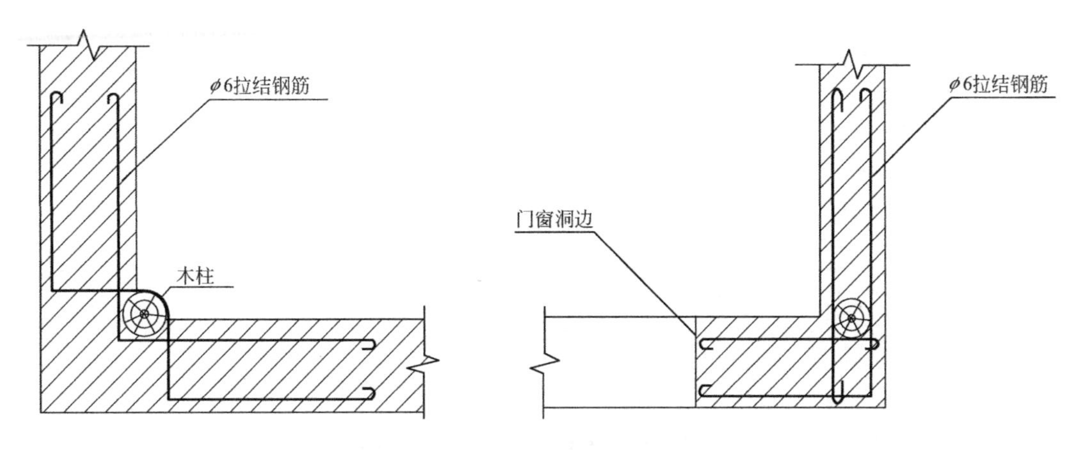

图 3.3-14　木柱与墙体的连接

此外，针对硬山搁檩式屋面构造结构抗震性能差，在地震中极易发生落梁，或导致山尖墙倒塌的问题，本团队提出了一种适用于硬山搁檩式房屋的新型减震限位装置，其由钢板和橡胶材料组成，并通过螺栓将木檩、橡胶、钢板紧紧相连，如图 3.3-15 所示。在地震作用下，木檩将屋面的水平荷载通过减震限位装置均匀地传递到横墙位置，可以有效地减少木檩与墙体之间产生的应力集中现象。减震限位装置中的橡胶材料也可以起到一定的减震耗能作用，并降低局部墙体的开裂与外闪震害。另外，通过减震限位装置，可以有限地限制木檩与横墙的相对位移，防止落梁的发生，降低屋面结构的破坏。

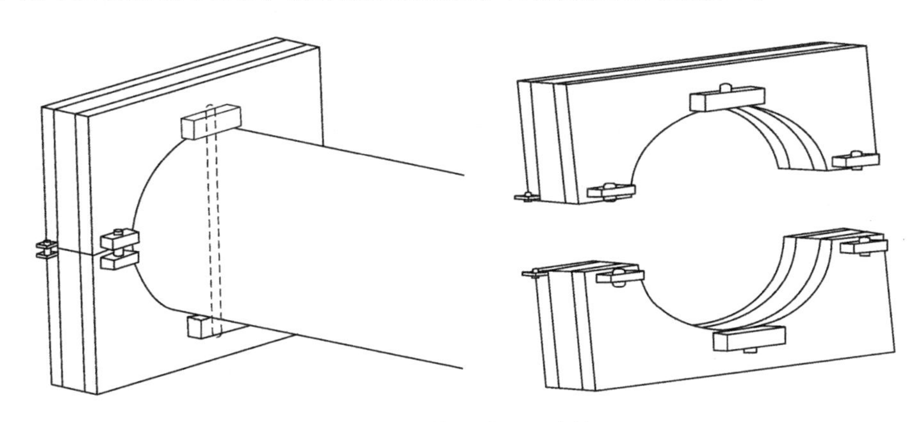

图 3.3-15　橡胶减震限位装置

为了验证该减震限位装置对生土民居抗震性能的影响，以江西省萍乡市上栗县某生土房屋为例，使用 ADINA 软件建立两类模型。第一类为原结构房屋，第二类是在木檩与墙体连接处设置橡胶减震限位装置的模型，具体模型如图 3.3-16 所示。通过输入 EL-Centro 波、Taft 波和天津波等地震作用，对比 7 度罕遇地震中两类加固前后生土房屋的地震反应特性。

在地震作用下，两类结构的层间位移角结果如表 3.3-1 所示。研究发现，未加固结构的层间位移角达到倒塌状态，而新型减震限位装置加固的房屋仅达到开裂状态。这说明该类生土民居无法承受 7 度区罕遇地震的作用，但安装新型减震限位装置后，墙体的变形得到很好的控制，相对于原结构，加固后结构的层间位移角减小 4.15 倍，显著提升了房屋

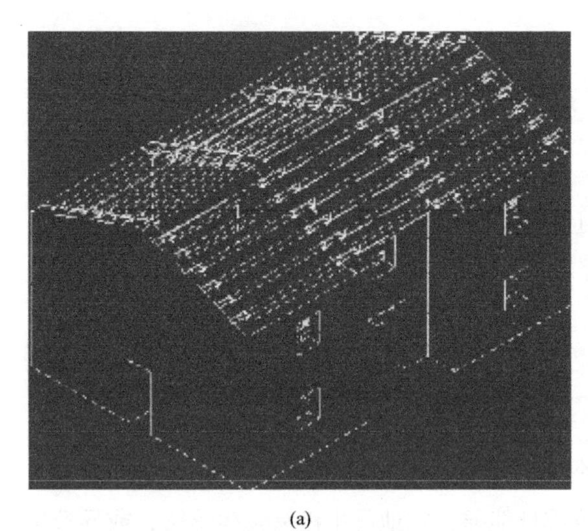
(a)

(b)

图 3.3-16　有限元模型

（a）原结构有限元模型；（b）新型装置有限元模型

的抗震性能。此外，从墙体的应力云图（图 3.3-17）中也可以发现，原结构剪应力在结构底部集中明显，墙角下部的剪应力均已达到该生土材料的允许荷载 74.1kPa，墙体存在倒塌风险。并且原结构木檩与墙体交接处的剪应力较大，达到 0.3MPa。新型减震限位装置可以明显改善山尖墙体的受力，墙体底部的剪应力相对于原结构也有一定减小，但墙体底部还是有一定的应力集中现象。

三种地震波作用下两类结构最大层间位移角　　表 3.3-1

结构类型	EL-Centro 波	Taft 波	天津波
原始结构	14.35/1000	12.31/1000	9.2/1000
新型结构	3.46/1000	3.80/1000	3/1000

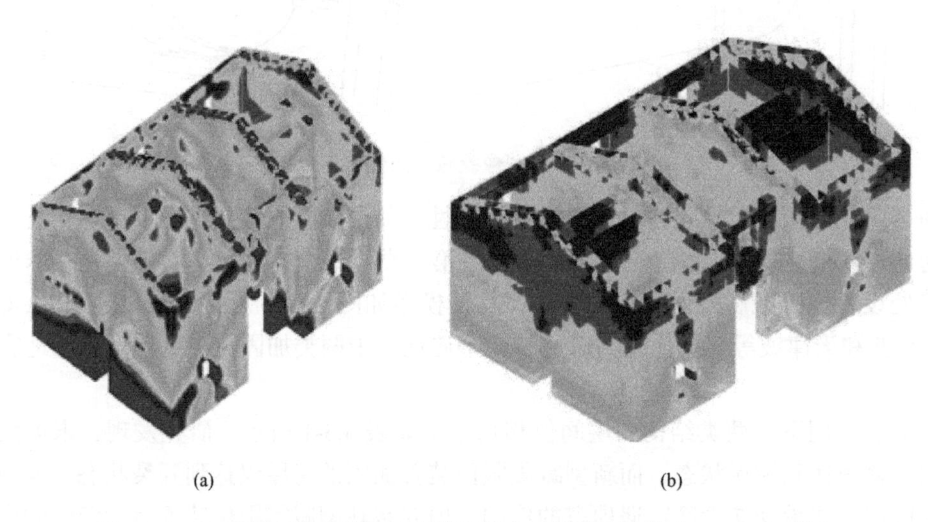
(a)　　(b)

图 3.3-17　7 度区罕遇地震作用下剪切应力云图对比示意（EL-Centro 波）

（a）原结构；（b）安装减震限位装置结构

3.3.3　生土墙隔震技术

国内外众多学者针对生土建筑的隔震形式通常为基础隔震，即在基础与主体之间设置一道隔震层，延长建筑物的基本周期，依靠隔震层的变形来降低地震波传递给上部结构的能量。目前，生土建筑的隔震技术研究可归纳为基础滑移隔震系统、橡胶垫层基础隔震系统、复合基础隔震系统等几大类。

1. 基础滑移隔震系统

基础滑移隔震系统采用摩擦滑移隔震元件，将原来由建筑结构构件塑性变形吸收地震能量，转变为由滑移隔震层隔绝和吸收地震能量。典型的结构布置如图 3.3-18、图 3.3-19 所示。目前，国内外已有的基础滑移隔震技术采用的材料主要是石墨、不锈钢板、玻璃丝布、聚四氟乙烯板、土工布、钢球、砂、大理石等。

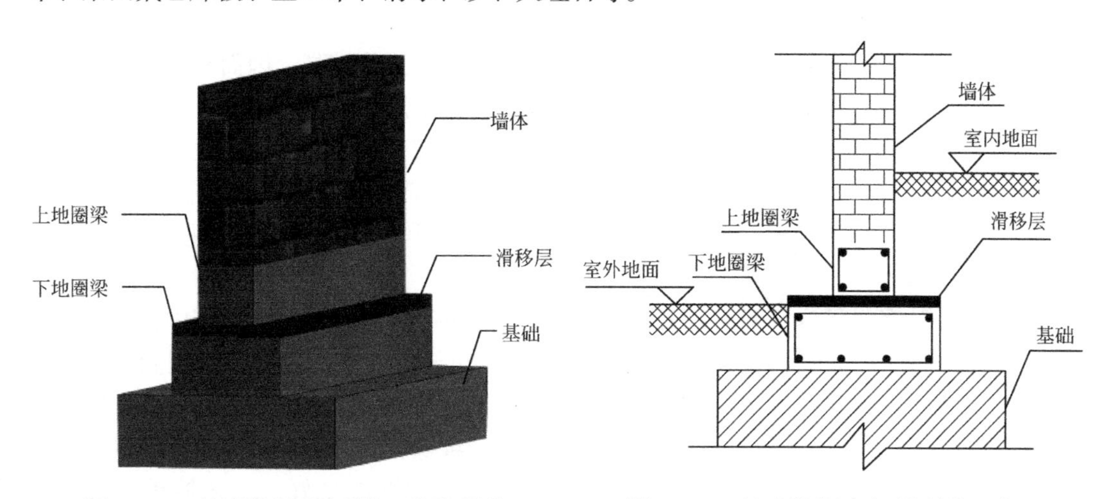

图 3.3-18　基础滑移隔震系统三维示意图　　图 3.3-19　基础滑移隔震系统结构示意图

滑移隔震技术的隔震效果较好，取材方便，成本较低，耐久性较好。此外，当采用基础滑移隔震时，通常只建造建筑结构的基础部分，不会影响上层建筑的功能和正常使用，是一种相对经济的抗震设计方法。但基础滑移隔震系统仍有许多不足：

（1）由于在水平方向上没有限位措施作为安全装置，因此在工程中不易被接受；

（2）隔震层的滑动位移大且难以控制，如果通过调节摩擦系数来调节滑动位移量，则隔震效果会减弱；

（3）在大震中无法控制房屋的摆动，在极震作用下无法控制房屋的提离。

2. 橡胶垫层基础隔震系统

橡胶垫层基础隔震系统以橡胶支座作为主要的隔震元件，目前应用于生土建筑中的主要有叠层橡胶隔震支座、铅芯橡胶隔震支座、纤维橡胶隔震支座等，典型结构布置如图 3.3-20、图 3.3-21 所示。

橡胶垫层基础隔震系统效果稳定，具有足够的竖向刚度，兼具良好的弹性变形与恢复能力及耗能低等特点，已广泛应用于城市的多层和高层建筑中，并成功地经受住了地震的考验。将橡胶支座应用在生土建筑中，具有良好的隔震效果，可以较好地减少向上传递的地震能量，并具有一定的限位功能。然而，在应用橡胶支座时，需设置隔震沟、底

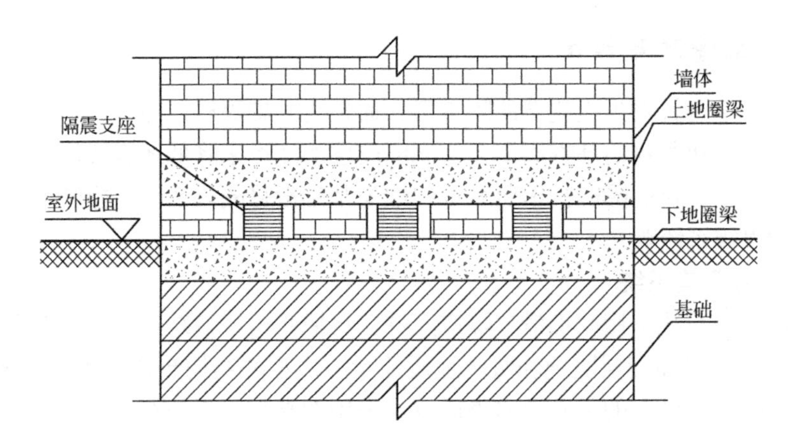

图 3.3-20 橡胶垫层基础隔震系统结构立面图

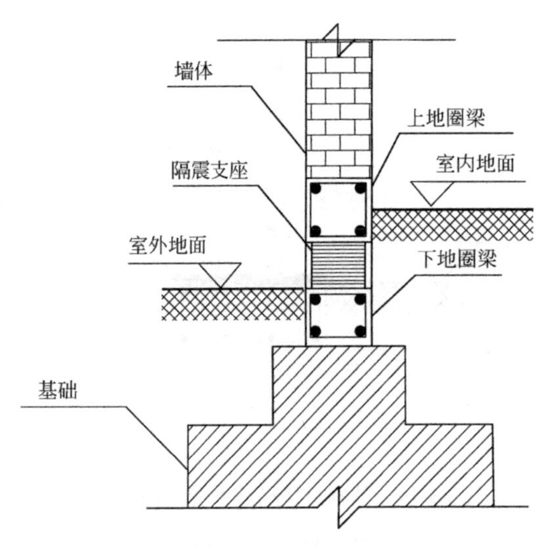

图 3.3-21 橡胶垫层基础隔震系统结构剖面图

层楼板等，造价较高，因而在应用于生土建筑时，需采用一定的措施降低成本，如可设计小直径带铅芯的支座；简化施工程序，将隔震层置于室内地坪以上；在隔震层上设托梁支撑上部结构，不设底层地板和隔震沟等。

此外，传统橡胶隔震支座中钢板材料造价较高，通过造价低廉的新型材料代替支座中的钢板将是今后一个重要的研究方向。其中，纤维橡胶隔震支座采用碳纤维材料代替钢板，隔震性能良好，工艺简单，造价低廉，质量轻，运输安装不需大型器械，可人工搬运安装，便于施工。但纤维橡胶支座的纤维层平面中的刚度相对较小，并且难以抑制橡胶层的横向变形，所以支座的垂直刚度和承载能力远低于有夹层钢板的橡胶支座。而且，纤维隔震支座水平极限变形能力和平面外的抗弯刚度均较小，在大震的作用下很可能会发生翘曲和翻滚，从而导致失稳破坏。此外，纤维橡胶支座加劲层和橡胶层之间的粘结措施还有待展开进一步研究，有必要通过试验进一步研究合适的纤维成分与适宜的粘结工艺，使纤维隔震支座刚度与承载力适当，粘结效果较好。

3. 复合基础隔震系统

前述两类系统任意组合（即串联或并联）则构成复合基础隔震系统，或水平基础隔震方案与竖向减震技术混合应用形成混合隔震系统。典型结构布置如图 3.3-22、图 3.3-23 所示。

复合隔震系统综合利用橡胶、沥青等柔性垫层的优势，可以提供一定的回复力，并具有滑移层滑动滞回耗能的特点，将基础滑移隔震和橡胶垫层隔震的优势在一定程度上展现出来，具有良好的隔震效果，但该系统施工相对复杂。

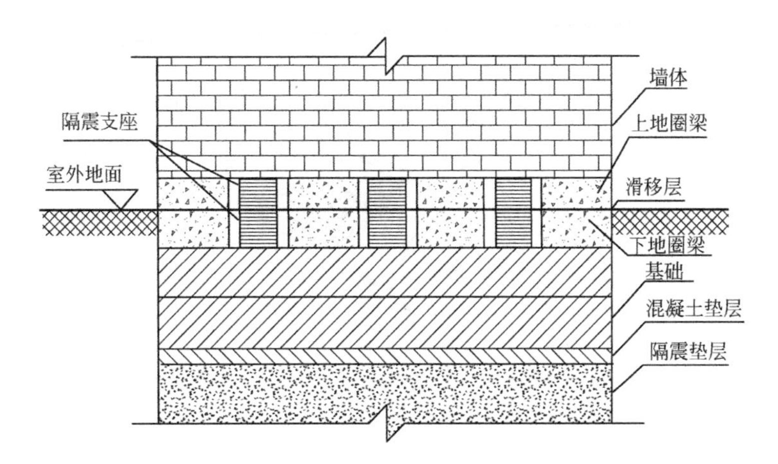

图 3.3-22　复合基础隔震系统结构立面图

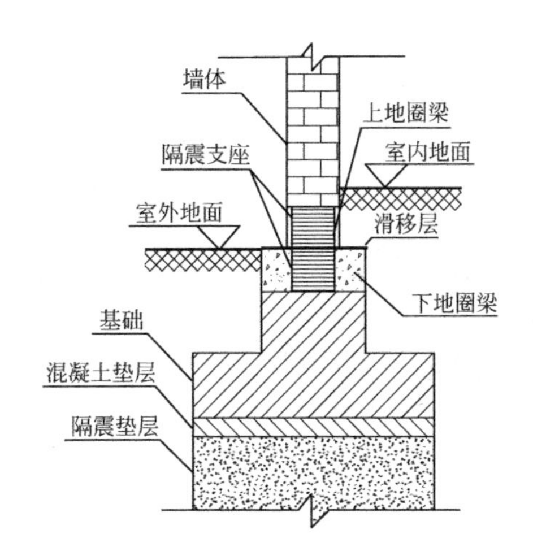

图 3.3-23　复合基础隔震系统结构剖面图

3.4　生土房屋抗震构造措施

根据调研情况，墙体严重开裂并脱落、墙角破坏、屋盖滑落是生土房屋在地震中的典型破坏形式，图 3.4-1 总结了生土房屋在地震中常见的破坏形式。本节据此对生土房屋在地震中的构造措施进行分析。

3.4.1　场地及基础选择

1. 场地选择

建造房子时，要避开地震断裂带，避开容易发生地质灾害（如泥石流、滑坡）的地段。山区居民建造房子时，往往依山而建，居住在容易发生滑坡的山坡上；另外，考虑到用水的方便，人们喜欢依河而居，居住在容易发生洪灾和泥石流的河床上，这都是不可取的，图 3.4-2 列出了不利于建房的选址示意。不适宜修建房屋的地段，具体指以下几种情况。

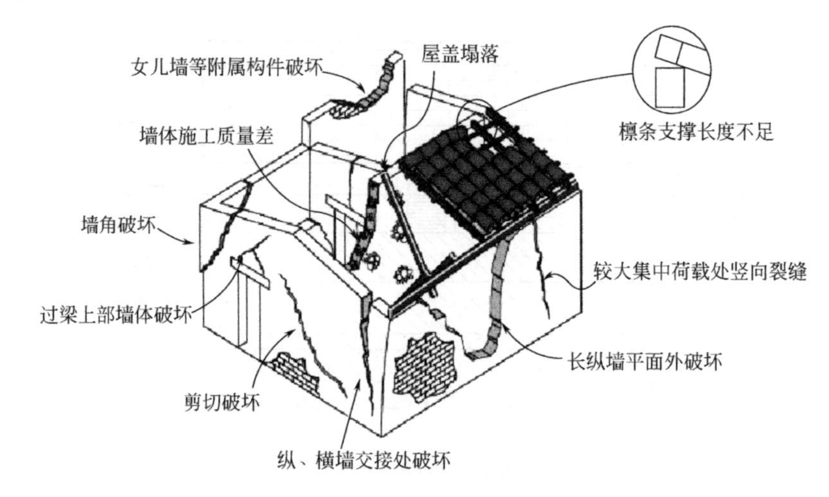

图 3.4-1　生土房屋常见破坏

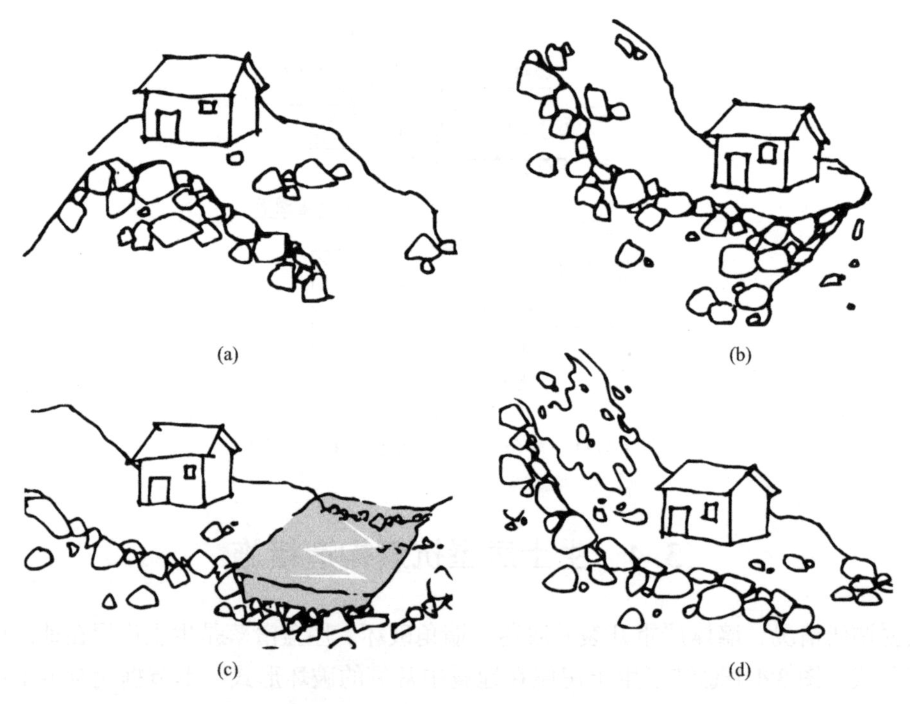

图 3.4-2　不利于建房的选址示意

（a）山脊或山丘等局部突出部位；（b）陡崖边；（c）河床边；（d）可能发生泥石流的地段

（1）地基承载力极低的地段，如地基承载力小于 260t/m 和厚度在 2m 以上的泥层、流沙层等，需要采取很复杂的人工加固措施的地段。

（2）地形坡度过陡，布置、修建房屋很困难的地段。

（3）经常被洪水淹没的低洼地段。

（4）有严重的活动性冲沟、滑坡、泥石流和岩溶的地段。

（5）地震时可能发生滑坡、崩塌、地陷、地裂、泥石流等的地震断裂带上，可发生地表错位的地段。

2. 基础选择

生土房屋的基础一般为砖基础、石基础，或灰土基础，砖基础应采用实心砖砌筑，灰土基础应夯实，采用卵石做基础时，应将其凿开使用，不应采用卵石或片石干砌的做法，实际中可根据当地情况就地选材。

生土墙体防潮性差，下部受雨水侵蚀，虫蛀鼠噬，削弱墙体截面，降低了墙体的承载力，因此生土建筑的墙根宜采用砖或毛石等耐水材料砌筑到高出地面以上，高度取室外地坪以上 500mm 和室内地面以上 200mm 中的较大者。在基础顶面设置水泥砂浆或者沥青防潮层保护生土墙体免遭潮气上升带来的破坏。

在室外做散水，便于迅速排干雨水，避免雨水积聚。散水宽度应大于屋檐宽度，排水坡度不小于 3%。散水一般做法如下：基层素土夯实后，铺不小于 60mm 厚素的混凝土或浆砌片石、砖等，面层采用 1 ∶ 3 水泥砂浆压光抹平，散水最外边宜设滴水砖带；保证排水通畅。在雨水较少的地区，也可做三合土散水，即在基层素土夯实后用三合土做不小于 100mm 厚散水（图 3.4-3）。

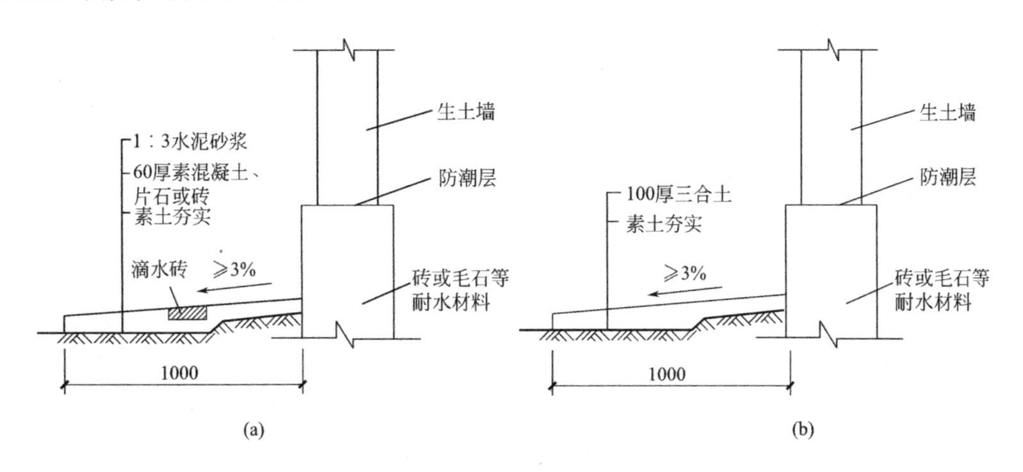

图 3.4-3 散水做法

可在沿房屋外墙设置钢筋混凝土圈梁来加强房屋基础的整体性，当地居民也可以根据自己的经济条件选用配筋砖圈梁或配筋砂浆带；配筋砖圈梁和配筋砂浆带的砂浆强度等级 6 度、7 度时不应低于 M5，8 度时不应低于 M7.5 ；纵向钢筋不宜过细；配筋砖圈梁的砂浆层厚度不宜小于 30mm，配筋砂浆带厚度不应小于 50mm。

3.4.2 材料选择

与其他结构体系相同，一个结构的耐久性和安全性离不开结构所选用的建筑材料，所选择的土料直接影响生土结构房屋墙体的抗震性能。

1. 夯土墙土料选择

生土墙体土料应选用杂质少的黏性土，避免采用砂性土或杂质多的土。另外，加入适量掺料的改性土，可以提高承重夯土墙的抗剪强度和变形性能，在墙体中加适量石灰可提高抗剪强度，加入适量草秸可显著增强其变形能力。当土料中的黏土成分过多时，可掺入一定比例的砂粒、卵石、瓦砾，以减小土墙的干缩变形，在土料中加入碎麦秸、稻草等对减小干缩变形十分有效；反之，若土料中的含砂量太大，土质松散，强度低，则应掺入一定比例的生石灰或水泥等胶结材料，以提高墙体的强度和耐水性。

2. 土坯土料选择

影响土坯强度和泥浆粘结强度的主要因素有土的种类、颗粒级配、制作时的含水率、掺料的种类及比例等。用于砌筑土坯墙的泥浆应黏性好，最好使用草泥浆。泥浆应稠稀适度，随拌随用，不能存放时间过长。水的含量太大，会降低生土的强度，并增加干燥过程中的收缩，因此水的含量不应超过干燥材料质量的30%，通常采用能将土正确搅拌混合的最小用水量。

3.4.3 生土墙体的抗震构造措施

1. 改进夯筑方法

地震时，在剪切力的作用下，纵、横墙体之间如果没有相互拉结措施，很容易因为房屋结构整体性差而发生墙体开裂或墙体外倾，这是生土结构房屋的主要震害之一。

通过试验验证得出，在夯土墙上、下层接缝处设置竹片竖向销键（竹片长20～30cm，宽2～4cm），或在墙体中加草绳（草绳直径约1cm，由麻皮、植物茎叶等搓拧而成），可以明显提高墙体的整体性，增强墙体的抗震性能（图3.4-4和图3.4-5）。

图3.4-4　加竹片销键

图3.4-5　加草绳

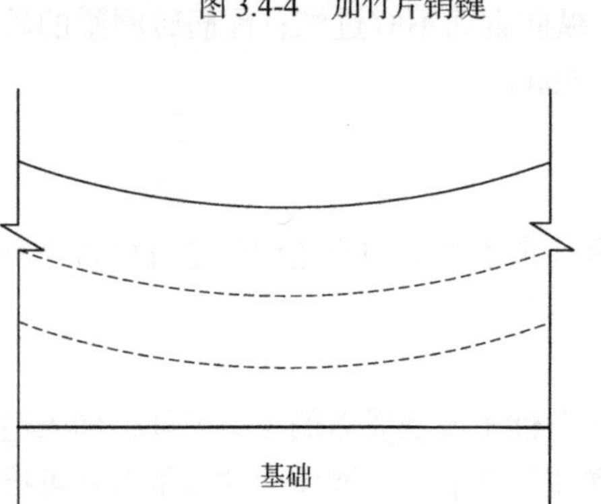

图3.4-6　错缝夯筑

传统夯土墙在两板水平接缝处是薄弱环节，如若每层之间的接缝处理不当，就会在较大地震作用下形成通缝，夯土墙体错缝夯筑，可以避免此种情况的产生（图3.4-6）。

试验现象表明，加入销键增强了墙体的整体性，但是加入销键的试件在销键位置出现众多裂缝，而且施工过程中加入销键增加了施工的难度。因此，生土墙体销键的选材可根据当地情况选择竹片或其他韧性较好的片状材料，施工前销键应先在水中浸泡，布置间距不宜过密，这样可以在一定程度上避免因为销键与生土墙之间伸缩率的不同而造成墙体出现众多裂缝。销键沿墙长度方向的布置间距宜为 500mm 左右，上、下宜交错布置，销键长度为 400mm 左右，宽度不应大于 50mm，应在销键周围加大夯击密度（图 3.4-7）。

也可在夯筑夯土墙时加入草绳，草绳应打结形成草绳网。试验结果表明，在夯土墙中加入草绳网，可以显著提高墙体的整体性，在较大地震作用下，即使墙体严重开裂，由于草绳网的存在，也可避免墙体发生较大的脱落，形成“裂而不塌”的状态（图 3.4-8）。

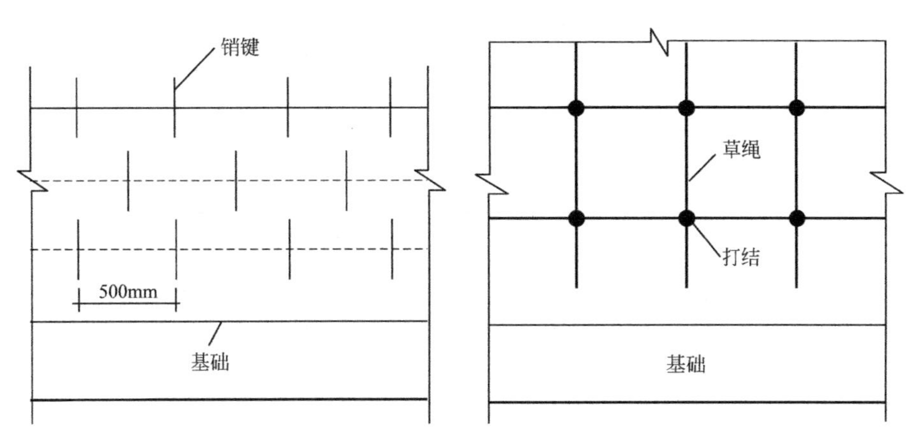

图 3.4-7　加销键　　　　图 3.4-8　加草绳

2. 加构造柱和圈梁

有学者对土坯墙体加构造柱和圈梁的抗震能力进行了研究，土坯墙体施工时加构造柱和圈梁，可以明显地提高土坯墙体的变形性能，值得推广。为方便施工，实际中夯土墙体可以选择木柱和木梁作为构造柱和圈梁，土坯墙体可以选择砌体构造柱和配筋砂浆带圈梁或配筋砖圈梁。

调研表明，纵、横墙交接处破坏是地震中常见的破坏形式。为避免发生此种破坏，建议墙体施工时，在纵、横墙交接处结合构造柱设置柔性拉结材料。在纵、横墙交接处与构造柱结合设置柔性拉结材料，可以约束纵、横墙交接处的墙体变形，加强纵、横墙交接处墙体的整体性，对拉结材料设置应符合下列要求（图 3.4-9）：

（1）拉结材料可采用荆条、竹片、树条等柔性拉结材料，编织成网片；

（2）拉结材料的设置间距沿高度每隔 500mm 左右；

（3）拉结材料深入纵、横墙每边长度不小于 1000mm，或至门窗洞边；

（4）使用拉结材料前，应先在水中充分浸泡，以加强和墙体的粘结。

震害表明，较细的多根荆条、竹片编制的网片，比用较粗的几根竹竿或木杆的拉接效果好，因为网片与墙体的接触面积大，握裹性好，拉接网片在相交处应绑扎。

位于 6 度和 7 度区的生土结构房屋应在房屋四角设置构造柱，二层和 8 度区一层生土结构房屋除应在房屋外墙四角设置构造柱外，还应在纵、横墙交界处设置构造柱。构造柱一般为木构造柱，土坯墙可设砖构造柱。当墙中设有木构造柱时，拉接材料与木构造柱之间可采用铁丝连接，为尽量少削弱墙体，而且不破坏纵、横墙体之间的整体性，木构造柱宜设置在生土墙角外侧或内侧。

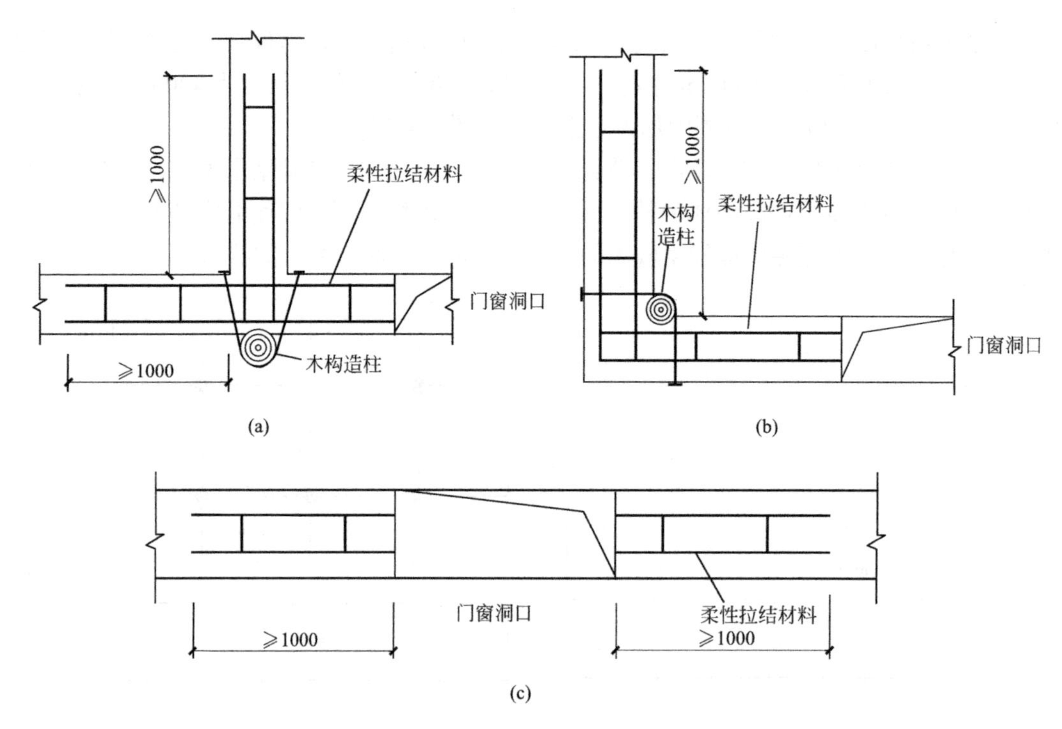

图 3.4-9　墙体拉结构造

（a）T 型；（b）L 型；（c）洞口边缘

生土结构房屋应在每层墙顶标高处沿房屋外墙设置一道圈梁，当房屋为 4 开间或大于 4 开间时，内横墙隔道加设一道圈梁与外墙圈梁联结（图 3.4-10）。圈梁可根据实际情况选择木柱圈梁、配筋砂浆带圈梁或配筋砖圈梁。8 度时生土房屋破坏严重，为保证墙体的整体性，应在生土墙体墙高中部加设一道圈梁（图 3.4-11），选取墙高中部圈梁类别时，应考虑生土墙体的施工特点。夯土墙夯筑上部墙体时，易造成下面的钢筋砖圈梁或配筋砂浆带的损坏，因此，夯土墙体墙身中部应使用木圈梁，土坯墙可使用配筋砖圈梁或配筋砂浆带。木圈梁的截面尺寸不应小于 40mm × 120mm，木圈梁的连接构造如图 3.4-12 所示，使用木圈梁前，应进行防腐处理，所有纵、横墙基础顶部应设置配筋砖圈梁。

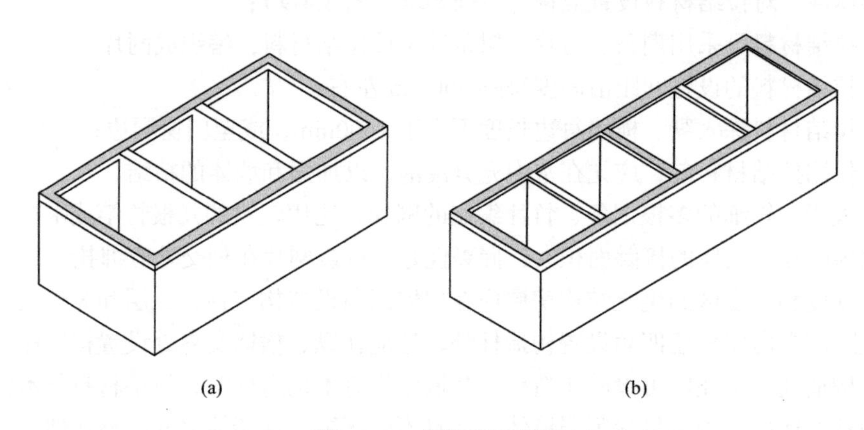

图 3.4-10　圈梁平面布置

（a）三开间圈梁平面布置；（b）四开间圈梁平面布置

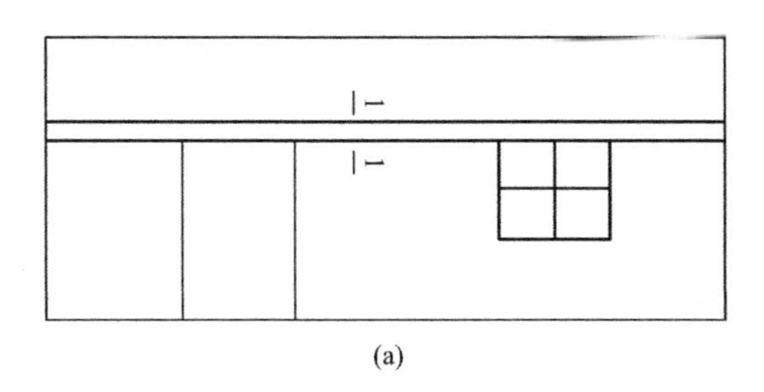

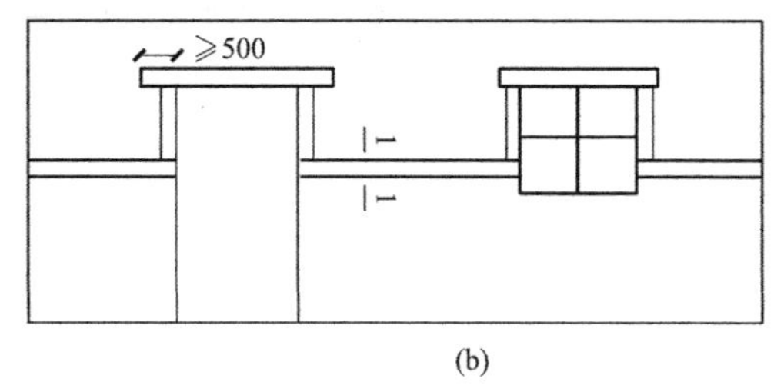

图 3.4-11　墙身中部圈梁平面布置

（a）圈梁与门窗过梁标高相同情况；（b）圈梁与门窗过梁标高不同情况

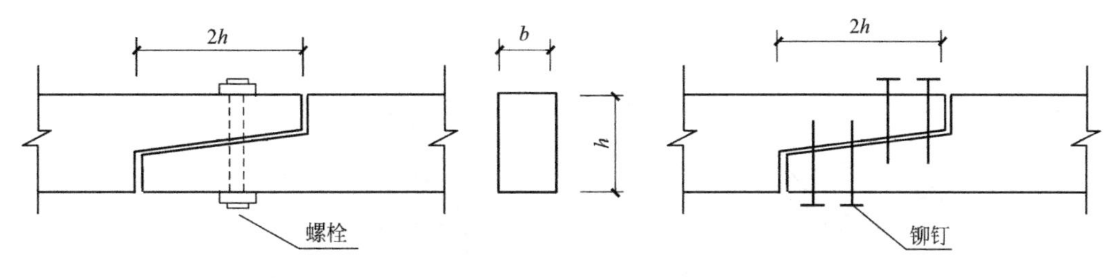

图 3.4-12　木圈梁连接构造

木构造柱与木圈梁必须可靠连接，可采用圆钉、扒钉或螺栓连接，如图 3.4-13 所示。木构造柱应伸入生土墙基础内，并且锚固长度不小于 60mm，构造柱周边缝隙应用砌筑砂浆填满，并且木构造柱必须采取防腐和防潮措施。

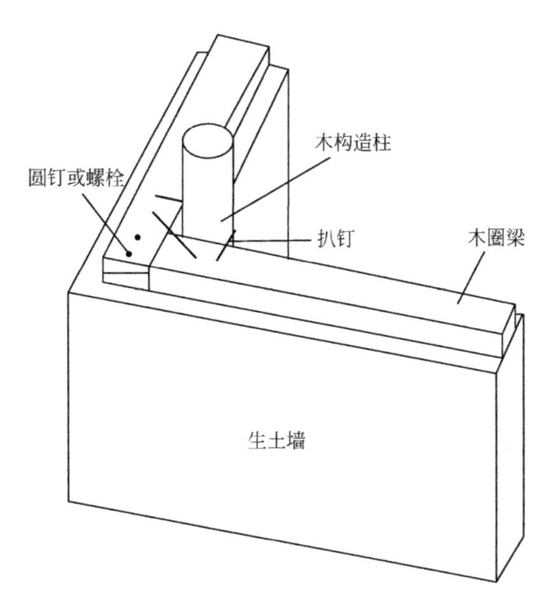

图 3.4-13　木圈梁与木柱的连接

土坯墙平砌时，可以采用砖构造柱，此时圈梁应为配筋砂浆带圈梁或配筋砖圈梁。砖构造柱截面尺寸不应小于 240mm × 240mm，与土坯咬槎砌筑，砖构造柱应伸入墙基础，且沿墙高 500mm 左右配置钢筋、荆条、竹片、木条等，使其伸入墙体内 1000mm 或至洞口边，如图 3.4-14 所示。

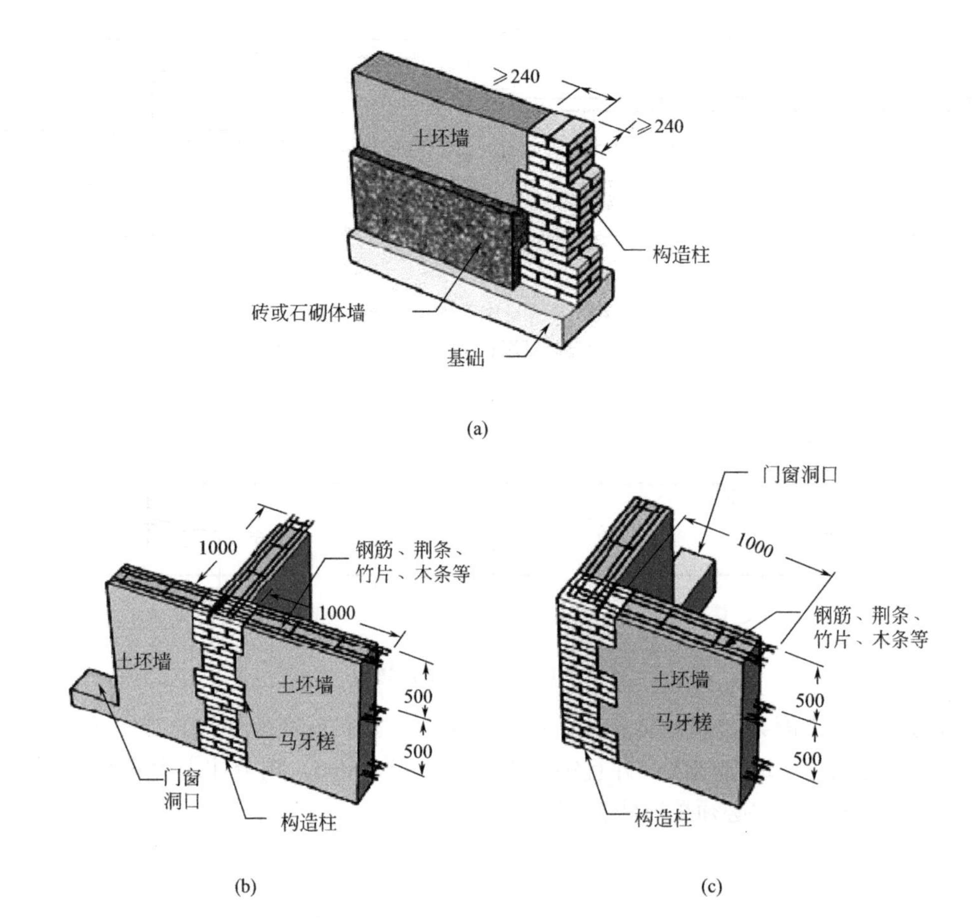

图 3.4-14　土坯墙砖构造柱构造

（a）砖构造柱伸入基础；（b）纵、横墙交界处；（c）外墙四角处

砖构造柱与钢筋砖圈梁或配筋砂浆带必须可靠联结，配筋砖圈梁或配筋砂浆带内的纵筋应伸入构造柱不小于240mm，如图3.4-15所示。

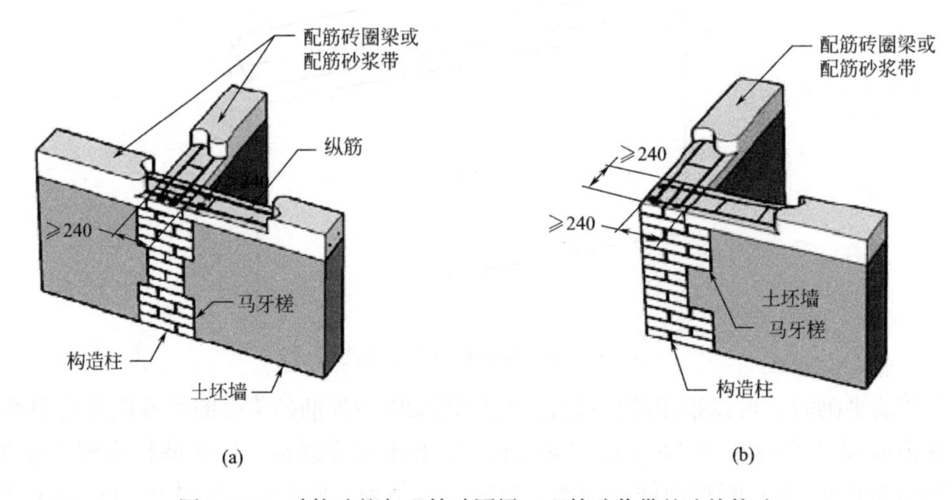

图 3.4-15　砖构造柱与配筋砖圈梁、配筋砂浆带的连接构造

3. 设置垫板或垫梁

在生土墙承重房屋中，屋盖系统的屋架、檩条或梁直接搁置在生土墙上，墙体承受着屋盖系统的全部质量，由于生土墙材料强度较低，当屋架、檩条或大梁与墙体局部接触时，接触点处会产生较大的集中荷载。在水平地震往复作用下，屋架、檩条或梁支承处松动，产生位移，严重时会造成屋盖系统塌落破坏。

根据试验研究结果，在集中荷载作用处设置垫板或垫梁，并且垫板、垫梁与墙体可靠固定，既可以加强屋盖构件与墙体的锚固，也可以减轻因集中荷载过大而造成的破坏。垫板一般采用木垫板，木垫板尺寸不应小于 400mm × 200mm × 60mm。硬山搁檩屋盖山尖墙顶宜沿斜面放置木卧梁支撑檩条，木卧梁与檩条的连接参见图 3.4-16。

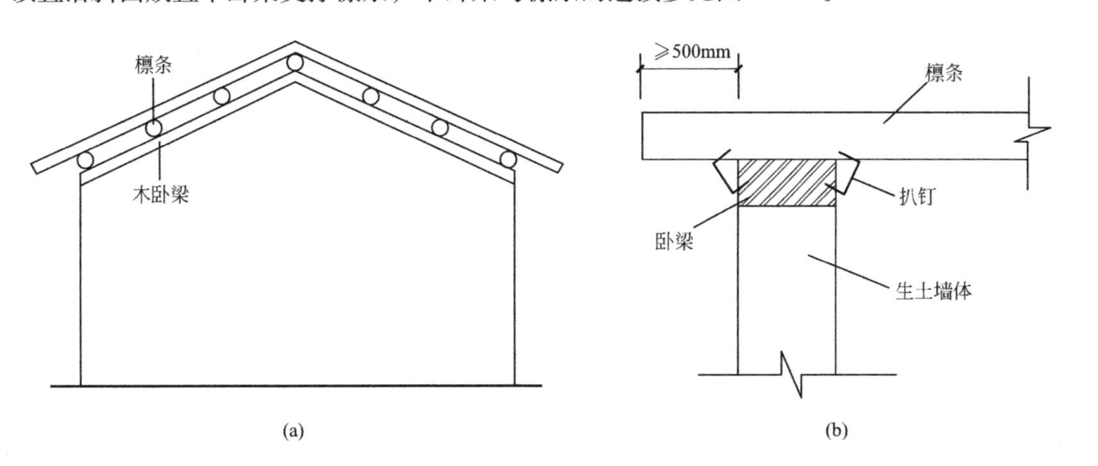

图 3.4-16 山尖墙顶设置木卧梁
（a）山墙顶木卧梁；（b）木卧梁与檩条连接

3.4.4 其他抗震构造措施

具体要求如下所示。

1）平立面要求

生土房屋的结构布置应力求简单、规整，平面不宜局部凸出或凹进，立面不宜高度不等，可使结构在地震作用下传力明确，以往的震害经验也充分表明，简单、规整的房屋在遭遇地震时发生的破坏也相对较轻。

2）承重形式要求

在承重形式上，生土结构墙体的抗剪、抗拉能力较低，因此不宜采用纵墙承重的结构体系。因为在纵墙承重体系中，屋架支撑在纵墙上，屋架下有可能不设横墙，房间空旷，纵墙在横向水平地震作用下，平面外受力较大，易造成墙体倒塌的严重破坏，所以生土结构房屋应优先采用横墙承重或纵、横墙共同承重的结构体系。生土房屋不应采用木柱与砖柱、木柱与石柱混合的承重结构形式，也不应在同一高度采用砖（石）墙、石墙、土坯墙、夯土墙等不同材料墙体混合的承重结构。

3）墙厚要求

生土墙体的抗剪承载能力较低，要保证墙体能够抵抗地震作用，墙体应具有一定的厚度。根据调研情况和试验研究，建议生土墙体外墙厚度不宜小于400mm，内墙厚度不宜小于250mm。

4）抗震横墙间距要求

生土结构房屋的横向地震作用主要由横墙承担，限制抗震横墙的间距，既可以保证房屋的横向抗震能力，也可以加强纵墙的平面外刚度和稳定性。纵、横墙宜均匀对称布置，在平面内宜对齐，在竖向应上下连续；房屋抗震横墙间距不应超过表3.4-1的要求。抗震横墙是指与纵墙有可靠拉结的厚度不小于250mm的土坯墙或夯土墙，因为只有横墙与纵墙可靠拉结，并有一定厚度的情况下，才能与外山墙共同抵抗水平地震作用。

房屋抗震横墙最大间距 **表3.4-1**

m

房屋层数	楼层	烈度		
		6	7	8
一层	1	6.6	4.8	3.3
二层	2	6.6	—	—
	1	4.8	—	—

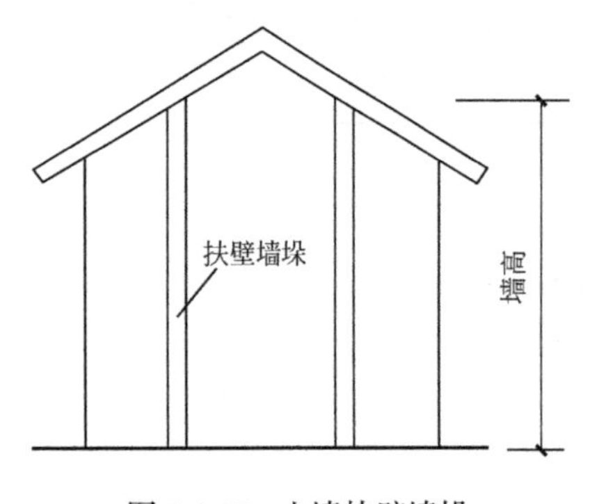

图3.4-17 山墙扶壁墙垛

5）层高、层数要求

抗震横墙间距、生土墙体强度、结构整体性以及施工质量等都是影响生土结构房屋抗震性能的主要因素，还包括房屋的高度。基于生土材料强度低、易开裂的特性和震害经验，应限制房屋层数和高度（表3.4-2）。墙体高厚比对墙体的稳定有较大影响，当山墙高厚比大于10时，应设置扶壁墙垛（图3. 4-17）。

房屋层数和高度限值 **表3.4-2**

6度		7度		8度	
高度	层数	高度	层数	高度	层数
6.0m	2	4.0m	1	3.3m	1

6）局部尺寸要求

生土墙体横截面局部尺寸过小时，在地震作用下更加危险，局部破坏可能导致整个结构坍塌。应对生土墙体局部尺寸给出限定，防止地震中因局部尺寸破坏而影响整个结构的安全性，生土结构房屋的局部尺寸限值宜符合表3.4-3的要求。

房屋的局部尺寸限值 **表3.4-3**

m

部位	6度	7度	8度
承重窗间墙最小宽度	1.0	1.2	1.4
承重外墙尽端至门窗洞边的最小距离	1.0	1.2	1.4

续表

部位	6度	7度	8度
非承重外墙尽端至门窗洞边的最小距离	1.0	1.0	1.0
内墙阳角至门窗洞边的最小距离	1.0	1.2	1.5

7）门窗洞口构造要求

门窗洞口过多过大，会严重削弱墙体的整体性，降低结构的抗震能力。门窗洞口在墙体上布置不均匀，会导致各墙段承受的地震作用不均匀，前、后纵墙开洞不一致，还会造成地震作用下的房屋平面扭转，加重震害，导致结构局部提前破坏，并引起结构整体倒塌。因此，应规定生土房屋门窗洞口的宽度不应大于1.2m且小于开间大小的1/3，并且均匀、对称布置。

8）维护要求

由于生土墙的抗弯强度和抗剪强度都很低，在地震时往往遭受严重的破坏，墙体会自发开裂和剥蚀，如果没有预防措施，严重时会造成屋盖的塌落。生土墙体的承载力很大程度上取决于墙体暴露在雨水和湿气中的程度，为了防止发生这种破坏，在生土房屋完工后，同样要注意对墙体的保护措施。

9）加强结构整体性

和砌体结构一样，土坯应咬槎砌筑，对不能同时砌筑而又必须留置的施工间断处，应砌成斜槎，斜槎的水平长度不应小于砌筑高度的2/3。考虑到施工方便，并且避免刚砌好的墙体变形和倒塌，土坯的大小、厚薄应均匀，墙体转角和纵、横墙交接处应采取拉接措施；砌筑土坯墙时，应采用错缝卧砌，泥浆应饱满，水平泥浆缝的饱满度应在80%以上；土坯墙接槎时，应将接槎处的表面清理干净，并填实泥浆，保持泥缝平直；在砌筑土坯墙时，应采用铺浆法，不得采用灌浆法。水平泥浆缝厚度应在12～18mm之间，泥缝过薄或过厚，都会降低墙体的强度。

经调查发现，生土房屋外墙转角处的纵、横墙伸出墙面，形成墙垛，地震中外墙角纵、横墙交接处未见裂缝，表现良好，这是因为墙垛可以抵抗扭力，防止墙角扭转破坏；分散地震作用在纵、横墙交接处产生的应力集中现象；加强墙片两端的约束，提高结构的整体性。因此，在建造生土房屋时，除了在外墙转角处设置墙垛，也可以在横墙与纵墙交接处设置墙垛，墙垛的厚度与墙厚相同，伸出墙面长度不应小于墙厚。

如果突出屋面的烟囱跟屋面没有可靠地联结在一起，在地震中会成为最容易破坏的部位。震害表明，烟囱在6度区就有损坏和塌落，7度、8度区的破坏就比较严重和普遍，易掉落杂物伤人。因此，突出屋面的烟囱不应大于500mm，应与主体结构采取拉接措施，并且应避免将烟囱设置在出入口上方。当烟囱是附外墙设置时，如果不与墙体进行拉结，烟囱在地震中极易塌落。因此，可以根据烟囱高度沿烟囱高与墙体进行拉结（图3.4-18）。

地震的发生存在不确定性，即使6度地区也存在可能发生8度及以上的地震烈度，因此，最安全的生土房屋应建造为一层，层高不大于3.3m，开间不大于墙厚的10倍，并采取抗震构造措施加强结构的整体性，纵、横墙交接处设墙垛，门窗洞口布置均匀、对称，洞口宽度不大于1.2m，并且不大于开间宽度的1/3，窗间墙长度不小于1.2m。

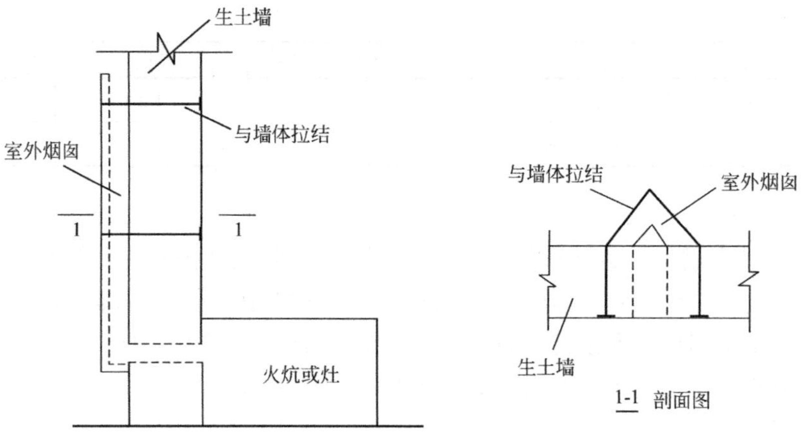

图 3.4-18　室外烟囱与墙体拉结

3.4.5　屋盖抗震构造措施

1. 屋面形式

常见的生土房屋屋顶有双坡屋面和单坡屋面（图 3.4-19），其中，单坡屋面结构不对称，房屋前后高差过大时，地震时前后墙的惯性力相差较大，高墙破坏时，极易引起屋盖塌落或房屋倒塌。所以，生土结构房屋宜优先采用双坡屋顶，如非必须，不宜采用单坡屋面。

从屋面施工、维修以及屋顶高度控制的角度考虑，坡屋面的坡度 α 不宜大于 30°。屋盖因地震作用造成的惯性力对墙体平面外的稳定有不可忽视的影响，屋盖自重较大时，地震作用大，增大了墙体的不稳定性。因此，在屋盖有足够刚度的前提下，应该尽可能使屋盖变轻，宜采用轻质材料（草、瓦屋面）。

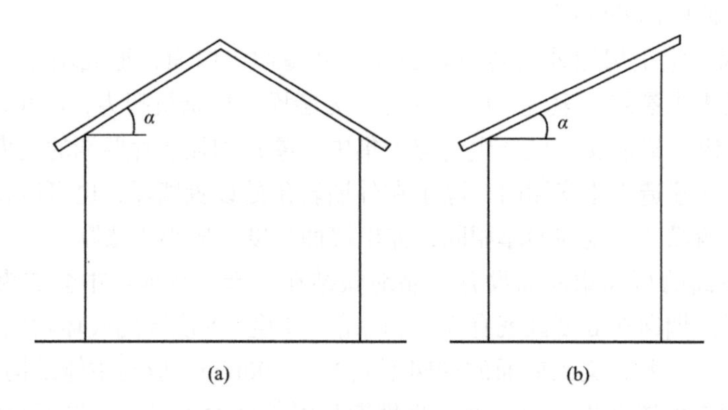

图 3.4-19　屋面形式

（a）双坡屋面；（b）单坡屋面

2. 硬山搁檩体系

硬山搁檩体系即将檩条直接搁置在山墙和内横墙上，农村不少硬山搁檩房屋的檩条直接搁置在山尖墙的砖块上，山尖墙的墙顶为锯齿形，搁置檩条的砖块只在下表面和上侧面有砂浆粘结。地震时，山尖墙易出现平面破坏或砖块掉落伤人，故要求采用砂浆将山尖墙墙顶顺坡塞实找平，加强墙顶的整体性，并将檩条固定。

而且檩条要满搭在墙上，内墙檩条搭接时，应用扒钉固定，如图 3.4-20 所示，避免由于搭接长度不足而在地震中被拔出，端檩要出檐，檩挑出尺寸不宜小于 500mm，并在山墙内、外两侧设置方木与檩条固定，如图 3.4-21 所示。不应采用单独的挑檐木，避免因挑檐木在地震时往返摆动而造成外纵墙开裂甚至倒塌，可以通过纵墙墙顶两侧设置双檐檩夹紧墙顶来固定挑出的椽条，如图 3.4-22 所示。不得在屋檐外挑梁上砌墙体，也可在纵墙顶设置木卧梁，用扒钉与伸出的椽条可靠连接，从而保证纵墙稳定，如图 3.4-23 所示。

此外，在 8 度地震区不宜采用硬山搁檩屋盖。这是因为采用硬山搁檩屋盖时，如果山墙与屋盖系统没有有效的拉结措施，山墙为独立悬墙，平面外的抗弯刚度很小，纵向地震作用下山墙承受由檩条传来的水平推力，易发生外闪破坏。

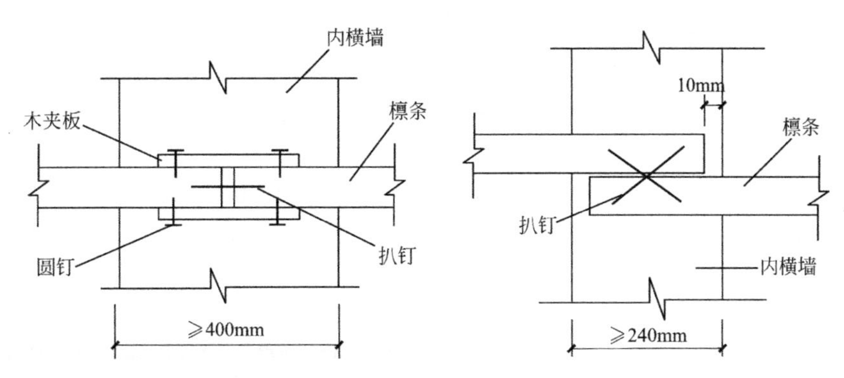

图 3.4-20　内墙檩条搭接

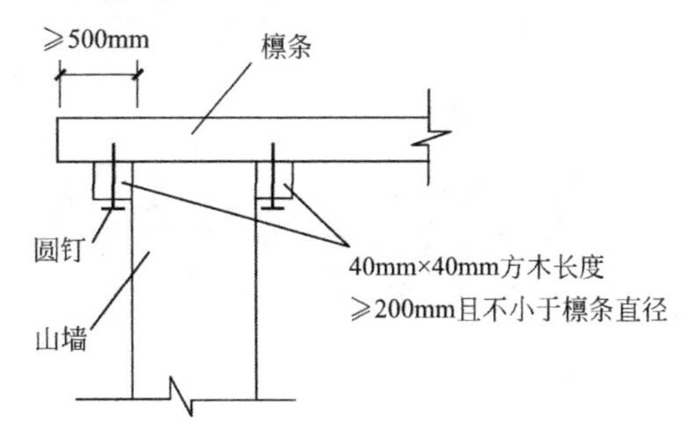

图 3.4-21　山墙与檩条连接做法

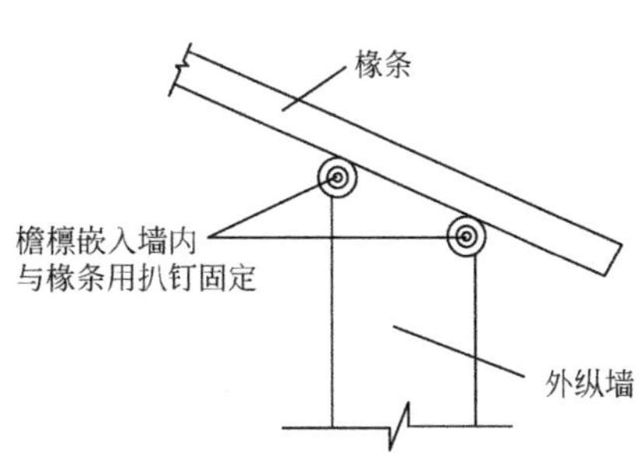

图 3.4-22　双檐檩檐口构造做法

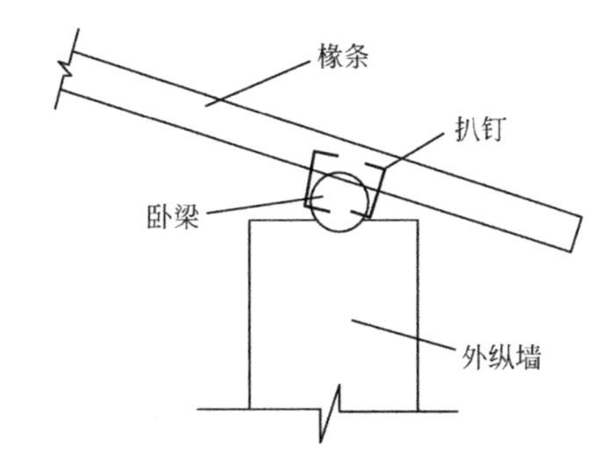

图 3.4-23　纵墙顶木卧梁与椽条的连接

3. 木屋架体系

三角形木屋架是最常见的一种屋架形式，木屋架不得采用无下弦的人字屋架或拱形屋架，因为无下弦的人字屋架和拱形屋架端部节点有向外的水平推力，在地震作用下，屋架端点的位移增加，会进一步加大对外纵墙的推力，使外纵墙产生外倾破坏。三角形木屋架的腹杆与弦杆靠暗榫连接，在强震作用时容易脱榫，采用双面扒钉钉牢，可以加强节点处连接，防止因节点失效而引起屋架整体破坏。

山尖墙之间或山尖墙和木屋架之间的竖向剪刀撑具有很好的抗震效果，剪刀撑可以有效地提高房屋的整体刚度，加强端屋架与内屋架或山墙与内横墙之间的联系，并且在水平地震作用下，使整个房盖体系共同工作。因此，两端开间和中间隔开间应设置竖向剪刀撑。当采用木屋架屋盖时，三角形木屋架的剪刀撑宜设置在靠近上弦屋脊节点和下弦中间节点处；当地设防烈度为 8 度，并且木屋架跨度大于 9m 时，宜在端开间的两榀屋架之间设置竖向剪刀撑，剪刀撑与屋架上、下弦之间及剪刀撑中部宜采用螺栓连接，如图 3.4-24 所示，剪刀撑交叉处宜设置垫木，并采用螺栓连接，剪刀撑两端与屋架上、下弦应顶紧，不留空隙。

木构架的节点由于连接复杂，在地震作用下受力复杂，榫接节点的榫头可能会松动甚至脱出，易造成木构架倾斜和倒塌，在节点的连接处加设斜撑是加强木构架整体性的主要措施。

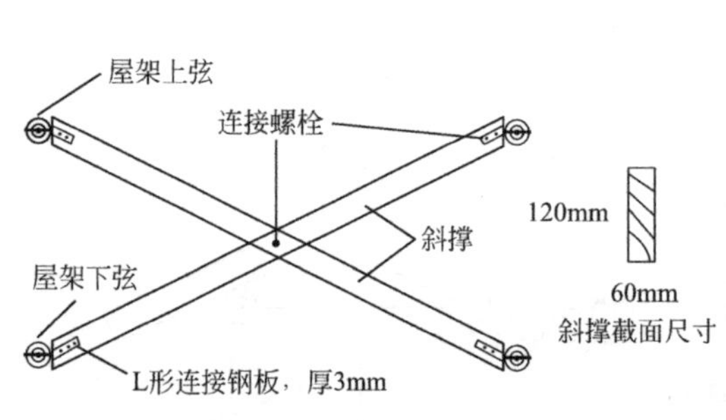

图 3.4-24　三角形木屋架竖向剪刀撑

第 4 章　生土民居的安全性能分析与评价

4.1　生土民居的安全性能与问题

江西省内村镇生土结构房屋包括夯土或土砖砌筑等形式，生土结构房屋是以未经焙烧的天然土为主要原料建造的，其中土坯砌块是将这类天然土置于专用模具中制作而成。由天然土建造的房屋具有施工方便、就地取材、保温隔热、低碳排放、绿色环保等优点，20 世纪 80 年代前在江西境内应用广泛。其强度条件虽可满足基础的承重结构，然而传统生土材料在基本力学性能和耐久性能方面的固有缺陷，会导致生土结构的安全性和耐久性较差。并且，生土结构房屋的墙体举架高、开间大、材料强度低，房屋整体稳定性差，其在硬性的抗震指标上也有着明显的不足。此外，在建造技术方面，我国传统生土农房施工工艺粗糙，很少设置安全措施或措施不全，房屋原始缺陷较多。又由于长期的自然环境侵蚀，生土房屋普遍存在地基下沉、承重墙体开裂、外墙侵蚀、梁、柱、屋架腐朽、粉刷层剥落、施工质量问题等现象。加之农村居民大多没有定期维护、修补房屋的习惯，房屋结构的破损程度长时间不断积累，最终变成危房。由于上述种种原因，生土房屋会出现许多安全问题，根据统计结果表明生土房屋的安全特性问题主要表现在房屋的场地、地基与基础、上部承重结构以及围护结构这几个方面，主要安全特性问题如下所示。

4.1.1　场地、地基与基础

经过大量的调研发现，许多农村民居宅基地选址不合理，究其原因，一方面因为缺少科学的专业指导，另一方面受当地地理条件限制，房屋处于抗震的不利地段，甚至是危险场地（图 4.1-1a）。当在地震发生时，处于不利场地的房屋就很难避免发生严重破坏。江西的生土房屋多处于山区，调研发现，软弱地基、新近填土地基及不均匀土层在生土结构的地基条件中比例较高。对于建在坡地上的房屋，村民主要是采用半挖半填的方式平整土地，通常未对地基进行合理处理，因此会引起基础的不均匀沉降，从而造成墙体裂缝（图 4.1-1b）。若房屋建造在未经良好处理的湿陷性黄土或膨胀性红土地基之上，可能会由于地基湿陷引起的附加沉降而造成更大的破坏。若房屋建造在软弱地基、砂土液化地基及土质不均匀地段，在地震作用下，会导致房屋产生严重变形或倒塌。

解决措施如下：

（1）生土结构的建造过程中，首先要合理地选择地址建造房屋，避免把房子建造在滑坡带、山坡等类似的不利于抗震的位置。

（2）建造房屋之前，应先对地质进行勘测，保证勘测结构的准确性、真实性，避免在施工中出现错误施工、盲目施工的问题。

（3）在建筑物墙体内设置圈梁和构造柱，可以增强建筑物的整体性，提高其抗弯刚度，在一定程度上防止或减少沉降裂缝的产生，即使出现裂缝，也可以防止裂缝的发展。

(a)

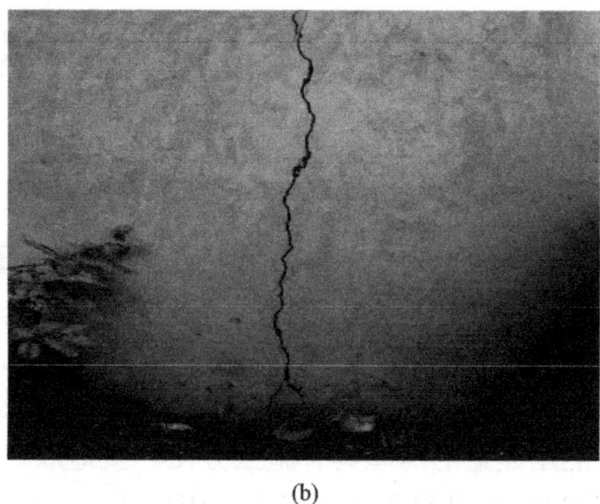

(b)

图 4.1-1　场地与地基基础问题

（a）危险场地；（b）基础沉降裂缝

4.1.2　承重墙耐久性

1. 墙体根部碱蚀严重

传统生土农房的墙体根部经常出现“碱蚀”现象，如墙根部位出现返潮、起泡、空鼓、开裂、剥落、结晶等现象，一般年代越久的房子越严重。墙体根部碱蚀有以下原因：一是墙体内的可溶性盐和碱随着墙体中水分的蒸发，同时将可溶性盐和碱析出，并附着在墙面上，对墙面造成侵蚀；二是墙体根部没有做防水和防潮的措施。当墙根受潮或受水侵蚀后，土体中的硫酸盐会在墙根表面结晶并产生膨胀，导致土墙表面粉化、溃烂甚至剥落，遇水冲刷后，墙根厚度变得越来越薄，墙体的承载力与稳定性受到极大削弱。墙体根部碱蚀的现象如图 4.1-2 所示。

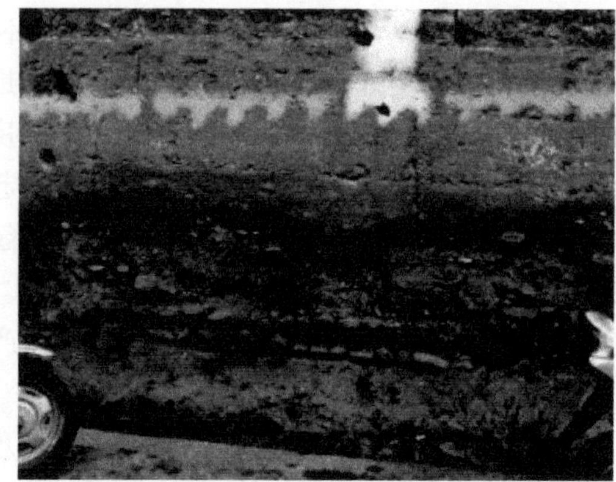

图 4.1-2　墙体根部碱蚀

解决措施如下：最普遍的解决生土墙体根部碱蚀的方式为砌筑土坯前在基础上铺设碱脚，一般取 3 ～ 4 匹砖，也可根据经济情况砌至窗台下（图 4.1-3a）。一些地区也采用石块作为碱脚（图 4.1-3b）。还可以在砖石地基上铺设油毡，以达到隔离硝碱的目的。铺设碱脚之后，可使生土墙体根部和容易透水的自然地面之间产生一定的隔断，可以有效地减少地表水和土壤水分对墙体根部的侵蚀，提高生土类墙体的安全特性。

(a)

(b)

图 4.1-3 碱脚
（a）砖砌碱脚；（b）石砌碱脚

2. 外墙面侵蚀

土坯墙体表面受侵蚀主要有两种情况：第一种情况是风蚀，江西秋冬季节气候干燥，风也较大，经过多年的风吹日晒，裸露在外的土坯山墙易遭受风蚀破坏，土体材料在外界各种因素（如干湿、冷热、冻融、磨损、撞击及腐蚀等）作用下，表面失去原有的平整光滑，或因内部发生膨胀应力而引起表层破坏，致使墙体抹灰剥落，灰缝酥松形成较大孔隙，土坯易碎粉化，直至墙体丧失承载力（图 4.1-4a）；第二种情况是雨蚀，江西处于我国南部，雨水充足，雨水的冲刷不仅会破坏墙体，还在墙体表面形成密度、盐分含量、颗粒组成等与原土体差异较大的结皮层，当温湿度变化时，结皮层剥落，会对墙体面层造成破坏。同时，雨水的冲刷会加剧建筑的冻融循环，使建筑更容易遭受风蚀的损坏。常年的雨水冲刷容易造成生土房屋基础侵蚀（图 4.1-4b）、墙面剥落（图 4.1-4c），甚至导致墙体崩塌（图 4.1-4d）。

解决措施如下：

（1）采用颗粒粒径不易被风蚀的土体材料，避免使用粒径为 0.075 ～ 0.250mm 的土体材料，且土坯内不宜出现粒径大于 20mm 的石块或其他杂质。

（2）土坯外墙应进行粉刷，不仅美观，还有防潮作用。一般采用麦糠、麦草、芦苇、石灰等作为粉刷材料，不仅具有防潮作用，还可增强土坯墙体的整体性。

（3）房屋室外可修筑砖、片石及碎石三合土为面层的散水，以减少雨水对墙体根部及基础的侵蚀。

（4）屋顶不宜封檐，宜挑出屋檐，不仅使建筑物更加美观，还能起到挡雨、增加房屋稳定性的作用。

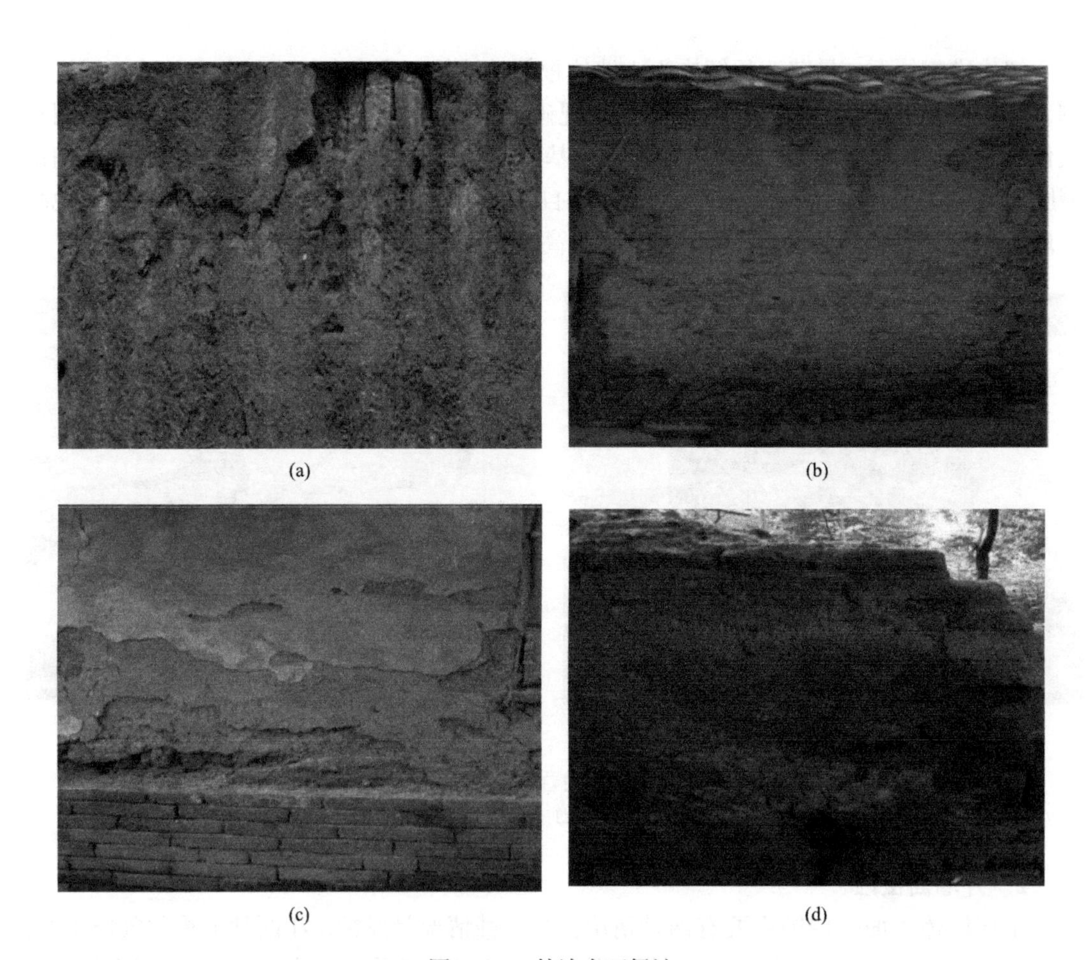

(a) (b) (c) (d)

图 4.1-4　外墙表面侵蚀
（a）风蚀破坏；（b）基础侵蚀；（c）墙面剥落；（d）墙体崩塌

3. 生土承重墙裂缝

由于我国村镇生土住宅的强度受施工工艺、土质、水分和温度的影响较大，在夯土墙外墙四角转角处、梁下墙体、纵墙和横墙交界处、窗间墙等部分会出现不同方向、不同宽度和长度的裂缝。裂缝按成因主要分为温度裂缝、受压裂缝、干缩裂缝、冻胀裂缝、沉降收缩裂缝和其他因素引起的裂缝，按形态主要分为垂直裂缝、水平裂缝、斜向裂缝、放射性裂缝和不规则裂缝等，按影响程度可分为结构性裂缝和非结构性裂缝，按变化状态可分为静止裂缝、活动裂缝、正在发展的裂缝。这些裂缝是生土住宅的抗震性能、承载能力、耐久性及防水性降低的主要原因，因此我们必须高度重视这些裂缝，找出裂缝形成的原因，从而制订相应的维护措施，尽量避免其危害居民的人身安全和财产安全。

1）地基不均匀沉降裂缝特征

现有农村土坯建筑大部分为自筹自建，未经合理的设计，完全由匠人根据经验及房主的经济条件建造，直接将土坯建筑建造于软弱地基、沙土液化地基或地质不均匀地段。且土坯建筑皆存在遇水易液化、防水性能差的特点，但现存大部分土坯建筑未设置散水，当雨水渗入地基后，地基土体液化，易发生不均匀沉降。又由于土坯墙体的延性较差，在静力作用下会形成不均匀沉降裂缝，如裂缝开展过大，甚至会导致墙体倾斜。

不均匀沉降裂缝主要特征为裂缝下部宽上部窄，且为里外贯通缝。具体表现如下：

（1）土坯建筑地基中部软弱，而两端坚硬，造成地基中部沉降大于端部，呈端部受剪，墙体形成垂直竖缝或“八”字裂缝。

（2）当土坯建筑地基端部沉降大于中部，即中部建于较坚硬地基，而两端地基软弱，形成负弯矩作用，可能出现斜裂缝（图 4.1-5a）。

（3）若土坯建筑的形状过于复杂、高低不一，或纵墙过长（图 4.1-5b），而没有设置沉降缝，也可能产生水平裂缝或垂直裂缝。

(a)

(b)

图 4.1-5　不均匀沉降裂缝

（a）墙端部不均匀沉降斜裂缝；（b）纵墙不均匀沉降垂直裂缝

解决措施如下：

（1）选择平整开阔的场地，避开软弱土、易液化土及土质不均匀地段，选择土质密实、坚硬、均匀地段。

（2）在土坯建筑周围设置散水，且散水宽度大于屋檐伸出墙面宽度，并在散水外围设置明渠，散水与墙体接触部位设置防水措施。

（3）可在土坯建筑底部设置地圈梁，增加建筑的整体刚度，以防止由于地基不均匀沉降而产生的变形和裂缝。

（4）当同一生土房屋相近部分的高差与荷载相差悬殊，结构形式变化较大，相近生土结构的基础形式与埋深相差较大时，可设置沉降缝，以避免在这些情况下造成基础底部压力差异过大。

2）温度裂缝

在生土结构的顶部，因为屋面受到日照，墙体与屋面会出现较大温差，又由于墙体与屋面由不同材料构成，膨胀系数也存在较大的差异，故材料的变形差异大，材料之间产生较大的温度应力，在土坯建筑顶部纵墙两端易形成“八”字裂缝，当裂缝遇到门窗时，易产生沿门窗角的斜裂缝（图 4.1-6a）。同样，由于白天受到较强光照，而夜晚天气寒冷，冬季土坯建筑向阳山墙常会出现倒“八”字斜裂缝（图 4.1-6b）。在屋顶下及顶层圈梁下的水平裂缝也是因为材料的膨胀系数不同，材料受热胀冷缩影响，易产生水平温度裂缝

（图 4.1-6c）。两端出现裂缝的概率大于中间，纵墙出现裂缝的概率大于横墙。

(a)

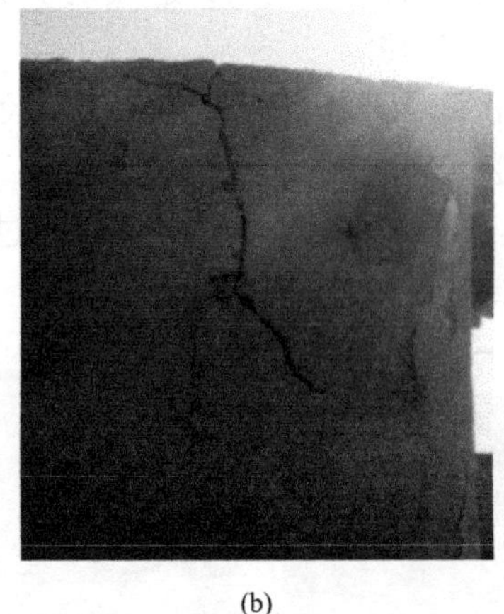
(b)

(c)

图 4.1-6　温度裂缝

（a）沿门窗角斜裂缝；（b）山墙倒“八”字裂缝；（c）屋顶下水平裂缝

解决措施如下：土坯建筑温度缝一般在温差相对稳定的情况下不会继续发展，且由于裂缝一般发生在建筑物顶部，一般不会对房屋结构造成较大影响。治理措施具体如下：

（1）避免高温季节进行屋顶施工，以减小其温度应力。

（2）合理设置保温隔热层，对于墙体较长的联排土坯房屋，可以设置温度缝。

3）土坯墙体荷载裂缝

现有大部分农村土坯房屋施工质量差，在纵、横墙连接部或转角处既不留槎砌筑，也不设置连接措施，致使墙体在长期荷载的作用下逐渐分离，从而生成裂缝。土坯房屋一般使用木屋架或硬山搁檩式屋盖，并且屋盖体系一般都直接架设于土坯墙上，即直接将檩条或大梁搁置在土坯墙体上，屋盖自重大，与墙体接触面积小，造成局部压力过大，而出现上宽下窄的裂缝（图 4.1-7a），且檩条下土坯呈酥性破坏。土坯墙体纵、横墙交界处（图 4.1-7b）或转角处（图 4.1-7c）易出现竖向垂直裂缝，裂缝上宽下窄，通常里外贯通。

(a)

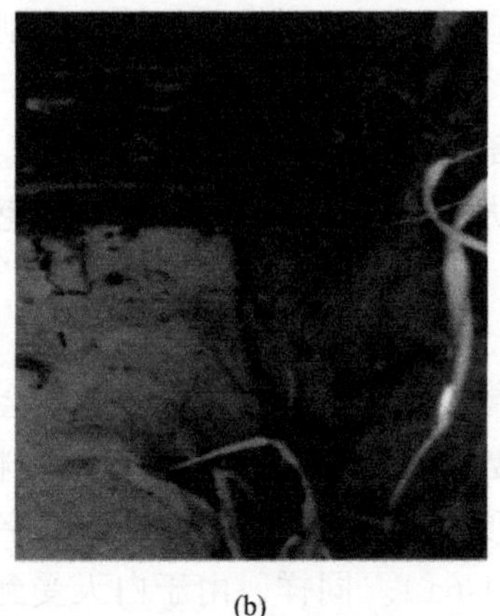
(b)

(c)

图 4.1-7　荷载裂缝

（a）檩条下裂缝；（b）纵、横墙交界处垂直裂缝；（c）转角处垂直裂缝

解决措施如下：

（1）对于屋架集中应力产生的裂缝，可以在檩条和屋架主梁下设置木垫块，且在山墙位置处设置墙揽（图4.1-8）。檩条要满墙搭接，最好伸出山墙，尽量使用整体性好、轻质的屋顶体系，如轻质瓦屋面。

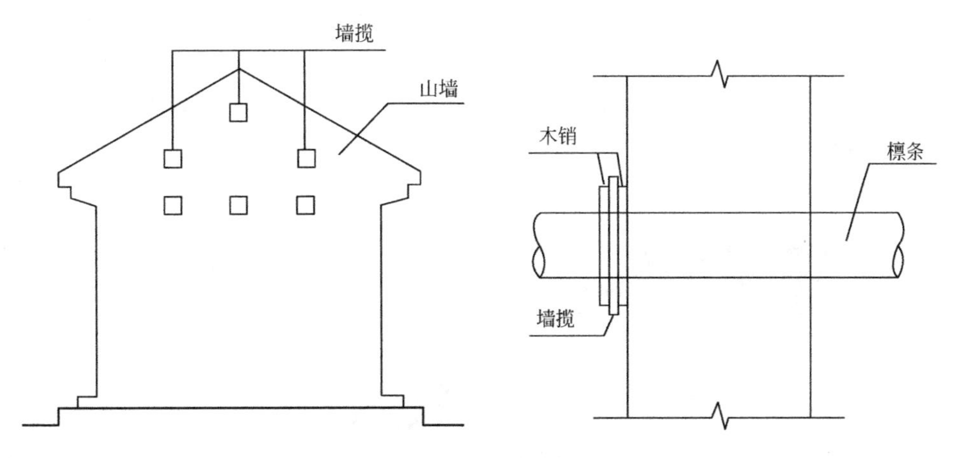

图4.1-8 山墙墙揽

（2）砌筑土坯时，应错缝砌筑，且在转角处和纵、横墙交界处留槎砌筑，纵、横墙交界处应留斜槎，切忌留直槎。可在土坯墙内沿高加竹筋，以达到增加建筑物转角处整体性和刚度的目的。

（3）使用流动性较好的泥浆，使泥浆在土坯上均匀分布，并且可在泥浆中加入纤维材料，增强泥浆的弹性模量。

4）干燥收缩裂缝

由于土坯吸水性能较强，铺设泥浆后，泥浆中的水分被土坯吸收，造成泥浆流动性差、灰缝不饱满等先天性缺陷。泥浆灰缝干燥收缩变形严重，使土坯墙体内部产生较大的拉应力，生成干缩变形裂缝。土坯墙体的干燥收缩裂缝主要为细小裂缝，分布无规律。干燥收缩裂缝出现在向阳处多于背阴处，夏季多与冬季（图4.1-9）。

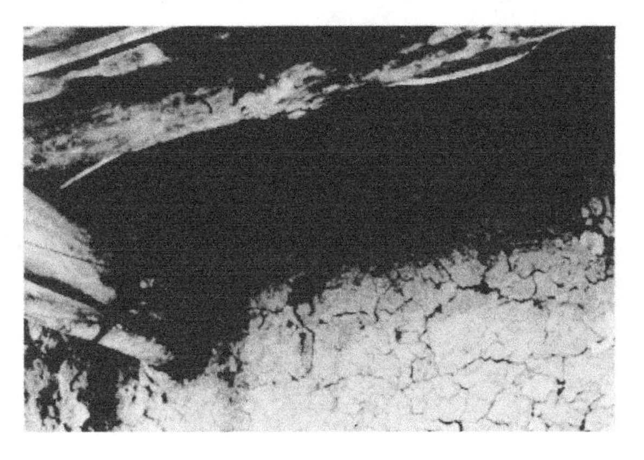

图4.1-9 干燥收缩裂缝

解决措施如下：

（1）在砌筑施工时，将土坯用水浸润，防止其吸收泥浆中的水分。

（2）湿法成型的土坯需要在成坯后进行干燥养护，一定待土坯干透，即“断坯无湿心”时，才可进行砌筑。

（3）制作土坯时，应控制土体材料的黏性，若黏性过高，可以添加适当比例的细沙，亦可加入稻草、麦秸等纤维材料，以改善泥浆延性。

4. 外墙面脱落

土坯墙体粉刷层剥落主要是由于房屋在长期使用之后，外墙粉刷层与内部土坯表面的粘结性能退化而引起的，故有必要研发具有更好耐久性的粘结泥浆或砂浆。在外界环境或者人为因素影响下，生土墙体粉刷层发生局部破坏之后，就会连续扩展到更大区域，而粉刷层剥离最终会影响承重墙的抗震性能。生土墙体粉刷层剥落主要发生在外墙，而内墙由于处于室内干燥环境，较少发生粉刷层剥落现象。调研还发现，常见的外墙粉刷层剥落形态有土坯墙体表面白灰粉刷层大面积连续性剥落（图 4.1-10a），土坯墙体的石砌体勒脚部位粉刷层脱落（图 4.1-10b），中间层具有泥浆打底的土坯墙体白灰面层剥落（图 4.1-10c），土坯墙体和石砌体勒脚部位粉刷层一起剥落（图 4.1-10d）。

(a) (b) (c) (d)

4.1-10　土坯外墙粉刷层剥落的常见形态

（a）外墙大面积剥落；（b）石砌体勒脚部位剥落；（c）粉刷层剥离；（d）窗下墙体及勒脚处脱落

解决措施如下：严格对施工过程中的质量进行控制，强化质量管理。施工过程中抹灰层产生空鼓裂缝有多种原因，主要是基层处理不当，砂浆选用不恰当，原材料不合格，施工操作不当，后期养护不当等，故要选取合适的砂浆，并定期对墙体进行养护。

5. 砌筑缺陷

调研发现，赣南地区土坯房屋墙体的砌筑质量参差不齐，问题主要表现在水平方向砌筑不平整和不注意错缝搭接（图 4.1-11）。土坯墙在砌筑过程中，如果不注意错缝砌筑，将会出现如图 4.1-11（b）所示的竖向贯通裂缝。另外，砌筑质量问题还表现在土坯房屋内、外墙体的砌筑泥浆不饱满。而土坯砌块水平缝、竖缝的泥浆不饱满，粘结力不足，将影响墙体的整体性，降低其抗剪能力以及平面外抗倒塌能力，增加在地震作用下发生墙体倒塌的风险。

(a)

(b)

图 4.1-11 砌筑质量问题
（a）砌筑不完整；（b）泥浆不饱满

解决措施如下：

（1）在开始墙体砌筑时，就像穿衣服扣扣子，应该将第一个扣子给扣好，要监督砌筑工匠刚开始砌筑的质量，这样整体的砌筑质量会得到一定的保障。

（2）采用流动性好的泥浆，保证泥浆在砌块之间充分且均匀地分布，砌块之间的泥浆要饱满。

4.1.3 屋面结构及其耐久性

1. 木构件耐久性

土坯房屋的木构件包括木屋架、木檩条、木龙骨、木楼板和木栏杆等。土坯墙或夯土墙具有很好的耐火性能，但是木构件不耐火，意外的火灾将会烧毁木构件，生土墙体却保持完好（图 4.1-12a）。再者，木材是容易腐朽的建筑材料，如果没有做好防腐、防虫措施，木构件很可能在风、雨水、日晒、白蚁等外界环境下遭到损坏。通过调查发现，在遭受遗弃的土坯民居建筑中，常常可见二层木楼板走廊部位的木龙骨和木楼板发生老化、腐朽现象（图 4.1-12b），可见及时修缮的重要性。此外，土坯建筑的木屋架也会发生老化、破损现象，这将使雨水顺着孔洞渗流到生土墙体内部，造成承重土坯墙体的二次损坏。

解决措施如下：

（1）定期检查房屋的消防隐患，做好消防措施，防止发生火灾。

（2）给易受腐蚀构件涂上防腐蚀涂料，减少构件的腐蚀破坏。

(a)

(b)

图 4.1-12　年久失修的木构架
（a）木构件失火；（b）木楼板腐蚀

2. 屋面结构

屋盖根据其结构形式可分为木屋架屋盖和硬山搁檩屋盖。木屋架屋盖的木屋架搁置在生土墙顶，木屋架上设檩条、椽条和屋面瓦；硬山搁檩屋盖是将檩条直接放置在房屋横隔墙和山墙上，其上设置椽条和屋面瓦。生土结构房屋的屋盖主要为木构件，其病害表现如下。

（1）节点连接薄弱：屋架与木卧梁间除榫卯连接外，无其他保障措施，地震时房屋上下颠簸，在水平方向摇晃，节点受水平力和拉扭力的共同作用，节点处易拉脱、折榫，导致局部破坏。

（2）结构体系不稳定：部分房屋三角形屋架间无斜撑（图 4.1-13a），仅靠榫卯与檩条连接，稍有松动即成为铰节点，使屋盖体系成为几何可变体系，当有较大地震作用时，房屋会倾斜甚至倒塌。

（3）山墙破坏：硬山搁檩房屋的山墙与檩条没有牢固的连接措施，由于山墙高，稳定性差，故生土山墙易外闪导致屋盖塌落。

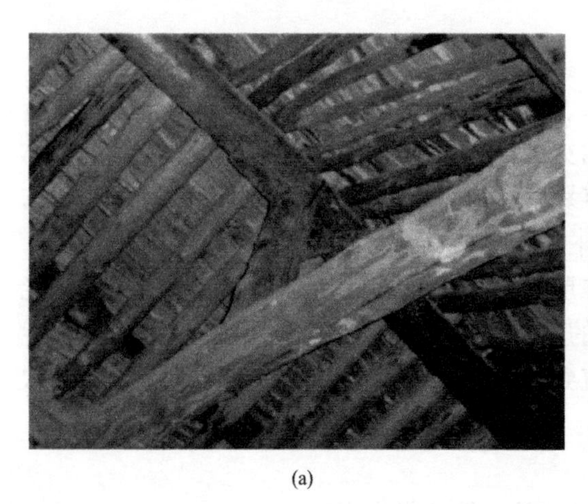

(a)

(b)

图 4.1-13　屋盖病害
（a）屋架无斜撑；（b）屋架过重导致墙体裂缝

（4）屋盖过重：部分生土房屋屋盖由于构造和选材不合理，导致屋盖过重，头重脚轻，地震加速度反应过大，使承重墙体出现局部裂缝（图 4.1-13b），重者会使房屋整体倾斜倒塌。

解决措施如下：避免屋架的局部节点处的不稳定以及因木檩导致的局部应力集中现象，可采用新型的橡胶减震限位装置，木檩穿过特制的橡胶减震限位装置（由钢板和橡胶材料组成），通过螺栓将木檩、橡胶、钢板紧紧相连，在地震作用下，木檩将屋面的水平荷载通过减震限位装置均匀地传递到横墙位置，有效地减少木檩与墙体之间产生的应力集中现象。减震限位装置中的橡胶材料也可以起到一定的减震耗能作用。减震限位装置可以有效地改善屋面荷载的传递路径，并降低局部墙体的开裂与外闪震害。另外，通过减震限位装置可以有限地限制木檩与横墙的相对位移，防止落梁的发生，减少屋面结构的破坏，有效地提高硬山搁檩房屋的整体抗震性能。

4.2　安全性能评价要点

4.2.1　生土民居安全评价发展

目前生活在江西省内乡村中传统民居的家庭，一般是收入较低的贫困家庭，以及已居住习惯并对老房子有深厚感情的老年人。村镇的老旧传统民居对上述家庭与居民来说是生活的重要依赖，有其存在的重要实际价值。因此，农村危房鉴定、安全性能评价与加固改造的工作是党中央、国务院实施保障性安居工程的重要内容之一，亦是脱贫攻坚的重点内容，受到各地政府的高度重视。自 20 世纪初以来，针对生土结构民居的评价研究可分为三个阶段。

第一阶段：中华人民共和国成立前。自 1928 年梁思成先生创办我国第一个建筑系以来，以他为代表的大批建筑学家调研、实地测绘了包括当时各地民居广泛采用的生土民居在内的传统建筑。虽然其目的是挖掘传统建筑的精髓，编纂中国自己的建筑史，但这些大量的一手资料为近代生土建筑的施工、安全性评价、加固改造等各方面的研究提供了基础数据。

第二阶段：从中华人民共和国成立至 2008 年。为加快社会主义建设的步伐，恢复战争创伤，在当时相对落后的经济条件下，全国各地建造了一大批生土建筑。在此大背景下，国家建设部门一方面继续对我国传统民居进行调查和考据，同时对我国各地民间生土建筑工法进行调查研究，并做了一些关于生土的材性试验，国家科委于 1958 年将夯土建筑与土坯建筑研究列为国家科研项目之一，对土坯材料及承重土坯墙进行大量的试验研究，代表性成果有《西北黄土建筑》《中国建筑类型及结构》《窑洞民居》等。20 世纪 80 年代初，任震英先生组织成立了中国建筑学会窑洞及生土建筑讨论会。在其后的十年时间，诸多国家建筑师和学者对传统生土建筑这一节能的乡土建筑进行再认识、再创造。同时，相关单位对夯土墙、土坯墙抗侧移能力及生土结构民居抗震性能进行了初步探究，《民用房屋抗震》《中国生土建筑》皆为这个时期的成果。这些研究成果对生土建筑的安全性评价和加固改造提供了可靠的技术支持。

第三阶段：2008年至今。2008年5月12日，四川汶川、北川发生了里氏8.0级大地震，影响范围包括震中50km范围内的县城和200km范围内的大中城市。据民政部报告，截至2008年9月25日12时，四川汶川地震已确认69227人遇难，374643人受伤，17923人失踪。此次地震对村镇民居造成了严重损害，尤其对广泛存在于地震灾区的生土建筑来说，可谓是灾难性的，生土建筑抗震性能差的软肋更加暴露无遗。因此，在现有经济状况下，为减少人民的生命财产损失，国家"十一五"科技支撑计划子课题"既有村镇住宅改造关键技术研究"旨在对既有村镇建筑进行安全性评价，对不适合居住的危房拆除重砌，对有加固价值的房屋进行加固改造。抗震性能差的生土建筑成为此项研究的重点。

4.2.2 现行规范与标准

现行《建筑抗震鉴定标准》GB 50023—2009。是对《建筑抗震鉴定标准》GB 50023—95的修订，修订工作于2008年7月正式启动，历经1年正式颁布实施。本标准是对现有建筑的抗震能力的鉴定，并为抗震加固或采取其他抗震减灾政策提供依据。《建筑抗震鉴定标准》根据现有建筑原来设计依据规范标准及设计建造年代的不同，将其后续使用年限划分为50年、40年和30年三个档次，并给出了不同后续使用年限的建筑应采用的抗震鉴定方法，即分别用A、B、C类建筑抗震鉴定方法，确定了既有建筑抗震鉴定的设计目标。后续使用年限少于50年的建筑，在遭遇相同烈度地震时，其破坏程度稍大于按后续使用年限50年鉴定的建筑，后续使用年限50年的建筑的设防目标同新建工程。《建筑抗震鉴定标准》中虽涉及生土房屋抗震鉴定的相关内容，但由于生土结构房屋一般未经正规设计施工，对既有生土结构房屋的后续使用年限进行确定较为困难，因此进行抗震鉴定的结果未必可靠。

现行《危险房屋鉴定标准》JGJ 125—2016是对《危险房屋鉴定标准》JGJ 125—99的修订，于2016年3月1日施行。该标准规定的评价步骤如下：(1)构件危险性评级，将构件划分为非危险构件(Fd)和危险构件(Td)两种等级；(2)房屋组成部分(地基基础、上部承重结构、围护结构)危险性鉴定，等级评定分为a级(无危险点)、b级(有危险点)、c级(局部危险)、d级(整体危险)四级；(3)房屋整体危险性鉴定，划分为A级(结构安全)、B级(基本安全)、C级(局部危房)、D级(整栋危房)四个等级。由于《危险房屋鉴定标准》的评价方法简明实用，故生土结构房屋危险性鉴定可借鉴《危险房屋鉴定标准》JGJ 125—2016中的评价方法，但该标准的评价方法有可能出现误判。

现行《民用建筑可靠性鉴定标准》GB 50292—2015由四川省建设委员会会同有关部门共同制定，经会审批准为强制性国家标准，自2016年8月1日起施行。《民用建筑可靠性鉴定标准》针对的是可靠性鉴定，包括安全性鉴定和正常使用性鉴定。故和《危险房屋鉴定标准》JGJ 125—2016相比，在具体鉴定项目上，其包含的内容更全、更细，但就村镇生土结构房屋的安全性评价而言，《民用建筑可靠性鉴定标准》还是侧重于安全性鉴定。和《危险房屋鉴定标准》鉴定方法类似，《民用建筑可靠性鉴定标准》将待鉴定建筑划分为鉴定单元、子单元和构件(含连接)三个层次，每一层次的安全性鉴定评级划分为四个安全性等级。《民用建筑可靠性鉴定标准》引入可靠性指标β作为结构构件承载力鉴定评级的分级标志，提倡的安全性鉴定分级与结构失效概率相联系，与国际接轨。但由于生土材料的地区差异以及材料性能差别较大，且材料性能受水分等因素的影响也差别较大，很难确定其可靠性指标。故《民用建筑可靠性鉴定标准》的鉴定方法不适宜用来评价生土结构房屋。

然而，房屋安全鉴定工作目前主要集中于城市建筑。但村镇房屋的结构形式和特点与城市建筑差别极大，现有城市建筑的鉴定技术与相关规范并不太适用于村镇房屋。目前，各地村镇生土房屋的危险性定性鉴定工作常参考住房和城乡建设部编制的《农村住房安全性鉴定技术导则》，房屋危险性定量鉴定常参考《危险房屋鉴定标准》JGJ 125—2016，如4.1节提到生土房屋出现的安全问题主要是在房屋的场地、地基与基础上部承重结构以及围护结构几个方面，这两本规范主要从场地危险性评估、地基基础危险性评估、承重结构危险性评估以及围护结构危险性评估来评价生土结构房屋。总结如下鉴定流程，如图4.2-1所示。

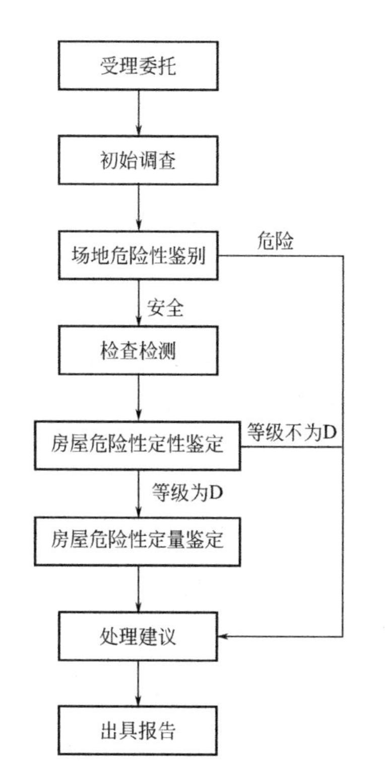

图 4.2-1　房屋危险性鉴定流程

① 受理委托：根据委托人要求，确定房屋危险性鉴定的内容和范围。

② 初始调查：收集、调查和分析房屋原始资料，并进行现场查勘。

③ 场地危险性鉴定：收集、调查和分析房屋所处场地的地质情况，进行危险性鉴定，若场地鉴定结果为危险，鉴定人员直接给出处理意见。

④ 检查检测：当场地鉴定为安全时，应对房屋现状进行现场检测，必要时，宜采用仪器量测和进行结构验算。

⑤ 鉴定评级：对调查、查勘、检测、验算的数据资料进行全面分析，综合评定，首先对房屋的危险性进行定性鉴定，若鉴定结果不为D级，鉴定人员直接给出处理意见。若定性鉴定结果为D级，则需要再对房屋危险性进行定量分析，分析出结果后，鉴定人员再给出处理意见。

⑥ 处理建议：对被鉴定的房屋，提出原则性的处理建议。

⑦ 出具报告：报告式样应符合本导则附录的规定。

1. 场地危险性鉴定

下列情况应判定房屋场地为危险场地：

（1）对建筑物有潜在威胁或直接危害的滑坡、地裂、地陷、泥石流、崩塌以及岩溶、土洞强烈发育地段；

（2）暗坡边缘；浅层故河道及暗埋的塘、浜、沟等场地；

（3）已经有明显变形下陷趋势的采空区。

2. 房屋危险性定性鉴定

若房屋场地危险性鉴定的结果为安全，则应对生土房屋进行危险性定性鉴定，现场检查的顺序宜为先房屋外部，后房屋内部。破坏程度严重或濒危的房屋，若其破坏状态显而易见，可不再对房屋内部进行检查。

当检查房屋外部时，应着重检查房屋的结构体系及其高度、宽度和层数；房屋的倾斜、变形；地基基础的变形情况；房屋外观的损伤和破坏情况；房屋附属物的设置情况及其损伤与破坏现状；房屋局部坍塌情况及其相邻部分已外露的结构、构件损伤情况。根据以上检查结果，应对房屋内部可能有危险的区域和可能出现的安全问题作出鉴定。

当检查房屋内部时，应对所有可见的构件进行外观损伤及破坏情况的检查；对承重构件，可剔除其表面装饰层进行核查。对各类结构的检查要点如下：着重检查承重墙、柱、梁、楼板、屋盖及其连接构造；检查非承重墙和容易倒塌的附属构件，检查时，应着重区分抹灰层等装饰层的损坏与结构的损坏。房屋的评价等级标准如表 4.2-1 所示。

房屋评定等级 **表 4.2-1**

评估等级	评定要求
A 级	地基基础：地基基础保持稳定，无明显不均匀沉降； 墙体：承重墙体完好，无明显受力裂缝和变形；墙体转角处和纵、横墙交界处无松动、脱闪现象。非承重墙体可有轻微裂缝；梁、柱：梁、柱完好，无明显受力裂缝和变形，梁、柱节点无破损，无裂缝； 楼、屋盖：楼、屋盖板无明显受力裂缝和变形，板与梁搭接处无松动和裂缝
B 级	地基基础：地基基础保持稳定，无明显不均匀沉降； 墙体：承重墙体基本完好，无明显受力裂缝和变形；墙体转角处和纵、横墙交界处无松动、脱闪现象； 梁、柱：梁、柱有轻微裂缝；梁、柱节点无破损、无裂缝； 楼、屋盖：楼、屋盖有轻微裂缝，但无明显变形；板与墙、梁搭接处有松动和轻微裂缝；屋架无倾斜，屋架与柱交界处无明显位移； 次要构件：非承重墙体、出屋面楼梯间墙体等有轻微裂缝；抹灰层等饰面层可有裂缝或局部散落；个别构件处于危险状态
C 级	地基基础：地基基础尚保持稳定，基础出现少量损坏； 墙体：承重的墙体多数轻微裂缝或部分非承重墙墙体明显开裂，部分承重墙体明显位移和外闪；非承重墙体普遍明显裂缝；部分山墙转角处和纵、横墙交界处有明显松动、脱闪现象； 梁、柱：梁、柱出现裂缝，但未达到承载能力极限状态；个别梁柱节点破损和开裂明显。 楼、屋盖：楼、屋盖显著开裂；楼、屋盖板与墙、梁搭接处有松动和明显裂缝，个别屋面板塌落
D 级	地基基础：地基基本失去稳定，基础出现局部或整体坍塌； 墙体：承重墙有明显歪闪、局部酥碎或倒塌；墙角处和纵、横墙交界处普遍松动和开裂；非承重墙、女儿墙局部倒塌或严重开裂； 梁、柱：梁、柱节点破坏严重；梁、柱普遍开裂；梁、柱有明显变形和位移；部分柱基座滑移严重，有外闪和局部倒塌； 楼、屋盖：楼、屋盖板普遍开裂，且部分严重开裂；楼、屋盖板与墙、梁搭接处有松动和严重裂缝，部分屋面板塌落；屋架歪闪，部分屋盖塌落

3. 房屋危险性定量分析

当对房屋危险性定性分析等级为 D 时，则需要对房屋进行定量分析。

对房屋危险性定量分析，首先需要确定房屋各个组成部的构件数量，单个构件的划分应符合下列规定：

独立柱基：以一根柱的单个基础为一构件；

条形基础：以一个自然间一轴线单面长度为一构件；

墙体：以一个计算高度、一个自然间的一面为一构件；

柱：以一个计算高度、一根为一构件；

梁、檩条、搁栅等：以一个跨度、一根为一构件；

板：以一个自然间面积为一构件；预制板以一块为一构件；

屋架、桁架等：以一榀为一构件。

在确定完各个房屋各个组成部分的数量之后，要对各个组成的危险性进行鉴定，确定各个部位的每个构件是否为危险点，评判危险点的标准如下。

1）地基基础危险性鉴定

地基基础危险性鉴定应包括地基和基础两部分。地基基础应重点检查基础与承重构件连接处的斜向阶梯形裂缝、水平裂缝、竖向裂缝状况，基础与上部结构连接处的水平裂缝状况，房屋的倾斜位移状况，地基稳定、特殊土质变形和开裂等状况。

当地基部分有下列现象之一时，应评定为危险状态：

（1）地基沉降速度连续 2 个月大于 4mm/ 月，并且短期内无终止趋向；

（2）地基产生不均匀沉降，上部墙体产生裂缝宽度大于 10mm，且房屋局部倾斜率大于 1%；

（3）地基不稳定产生滑移，水平位移量大于 10mm，并对上部结构有显著影响，且仍有继续滑动的迹象。

当房屋基础有下列现象之一时，应评定为危险点：

（1）基础腐蚀、酥碎、折断，导致结构明显倾斜、位移、裂缝、扭曲等；

（2）基础已有滑动，水平位移速度连续 2 个月大于 2mm/ 月，并在短期内无终止趋向；

（3）基础已产生通裂，且最大裂缝宽度大于 10mm，上部墙体多处出现裂缝，且最大裂缝宽度达 10mm 以上。

2）生土结构构件危险性鉴定

对于生土结构构件，应重点检查连接部位、纵墙和横墙交界处的斜向或竖向裂缝状况，生土承重墙体的变形和裂缝状况。注意测量其裂缝宽度、长度、深度、走向、数量及其分布，并观测其发展趋势。当生土结构构件有下列现象之一时，应评定为危险点：

（1）受压墙沿受力方向产生缝宽大于 20mm、缝长超过层高 1/2 的竖向裂缝，或产生缝长超过层高 1/3 的多条竖向裂缝；

（2）长期受自然环境风化侵蚀以及屋面漏雨受潮和干燥的反复作用，受压墙表面风化、剥落，泥浆粉化，有效截面面积削弱达 1/4 以上；

（3）支承梁或屋架端部的墙体或柱截面因局部受压而产生多条竖向裂缝，或最大裂缝宽度已超过 10mm；

（4）墙因偏心受压产生水平裂缝，缝宽大于 1mm；

（5）墙产生倾斜，其倾斜率大于 0.5%，或相邻墙体连接处断裂成通缝；

（6）墙出现挠曲鼓闪；

（7）生土房屋开间未设横墙；

（8）单层生土房屋的檐口高度大于 2.5m，开间大于 3.3m，窑洞净跨大于 2.5m；

（9）生土墙高厚比大于 12，且墙体自由长度大于 6m。

在判断完房屋各个部分的构件数目和危险构件数之后，可用以下公式对房屋的危险等级进行判断。

地基基础危险构件的百分数应按式（4-1）计算：

$$P_{\mathrm{fdm}}=\frac{n_{\mathrm{d}}}{n}\times 100\% \tag{4-1}$$

式中 P_{fdm}——地基基础危险构件的（危险点）百分数；

n_{d}——危险构件数；

n——构件数。

承重结构危险构件的百分数应按式（4-2）计算：

$$p_{\mathrm{sdm}}=\frac{\left[2.4n_{\mathrm{dc}}+2.4n_{\mathrm{dw}}+1.9\left(n_{\mathrm{dmb}}+n_{\mathrm{drt}}\right)+1.4n_{\mathrm{dsb}}+n_{\mathrm{ds}}\right]}{\left[2.4n_{\mathrm{c}}+2.4n_{\mathrm{w}}+1.9\left(n_{\mathrm{mb}}+n_{\mathrm{rt}}\right)+1.4n_{\mathrm{sb}}+n_{\mathrm{s}}\right]}\times 100\% \tag{4-2}$$

式中 p_{sdm}——承重结构中危险构件（危险点）百分数；

n_{dc}——危险柱数；

n_{dw}——危险墙段数；

n_{dmb}——危险主梁数；

n_{drt}——危险屋架构件榀数；

n_{dsb}——危险次梁数；

n_{ds}——危险板数；

n_{c}——柱数；

n_{w}——墙段数；

n_{mb}——主梁数；

n_{rt}——屋架榀数；

n_{s}——板数；

n_{sb}——次梁数。

围护结构危险构件的百分数应按式（4-3）计算：

$$P_{\mathrm{esdm}}=\frac{n_{\mathrm{d}}}{n}\times 100\% \tag{4-3}$$

式中 P_{esdm}——围护结构中危险构件（危险点）百分数；

n_{d}——危险构件数；

n——构件数。

房屋组成部分 a 级的隶属函数应按式（4-4）计算：

$$\mu_{\mathrm{a}}=\begin{cases}1, & p=0\\ 0, & p\neq 0\end{cases} \tag{4-4}$$

式中 μ_{a}——房屋组成部分 a 级的隶属度；

p——危险构件（危险点）百分数。

房屋组成部分 b 级的隶属度函数应按式（4-5）计算：

$$\mu_b=\begin{cases}1 & ,\ 0<p\leqslant 5\% \\ \dfrac{30\%-p}{25\%} & ,\ 5\%<p<30\% \\ 0 & ,\ p\geqslant 30\%\end{cases} \tag{4-5}$$

式中　μ_b——房屋组成部分 b 级的隶属度；

p——危险构件（危险点）百分数。

房屋组成部分 c 级的隶属度函数应按式（4-6）计算：

$$\mu_c=\begin{cases}0 & ,\ p\leqslant 5\% \\ \dfrac{p-5\%}{25\%} & ,\ 5\%<p<30\% \\ \dfrac{100\%-p}{70\%} & ,\ 30\%\leqslant p\leqslant 100\%\end{cases} \tag{4-6}$$

式中　μ_c——房屋组成部分 c 级的隶属度；

p——危险构件（危险点）百分数。

房屋组成部分 d 级的隶属度函数应按式（4-7）计算：

$$\mu_d=\begin{cases}0 & ,\ p\leqslant 30\% \\ \dfrac{p-30\%}{70\%} & ,\ 30\%<p<100\% \\ 1 & ,\ p=100\%\end{cases} \tag{4-7}$$

式中　μ_d——房屋组成部分 d 级的隶属度；

p——危险构件（危险点）百分数。

房屋 A 级的隶属函数应按式（4-8）计算：

$$\mu_A=\max[\min(0.3,\mu_{af}),\min(0.6,\mu_{as}),\min(0.1,\mu_{aes})] \tag{4-8}$$

式中　μ_A——房屋 A 级的隶属度；

μ_{af}——地基基础 a 级隶属度；

μ_{as}——上部承重结构 a 级的隶属度；

μ_{aes}——围护结构 a 级的隶属度。

房屋 B 级的隶属函数应按式（4-9）计算：

$$\mu_B=\max[\min(0.3,\mu_{bf}),\min(0.6,\mu_{bs}),\min(0.1,\mu_{bes})] \tag{4-9}$$

式中　μ_B——房屋 B 级的隶属度；

μ_{bf}——地基基础 b 级隶属度；

μ_{bs}——上部承重结构 b 级的隶属度；

μ_{bes}——围护结构 b 级的隶属度。

房屋 C 级的隶属函数应按式（4-10）计算：

$$\mu_C=\max[\min(0.3,\mu_{cf}),\min(0.6,\mu_{cs}),\min(0.1,\mu_{ces})] \tag{4-10}$$

式中　μ_C——房屋 C 级的隶属度；

μ_{cf}——地基基础 c 级隶属度；

μ_{cs}——上部承重结构 c 级的隶属度；

μ_{ces}——围护结构 c 级的隶属度。

房屋 D 级的隶属函数应按式（4-11）计算：

$$\mu_D = \max[\min(0.3, \mu_{df}), \min(0.6, \mu_{ds}), \min(0.1, \mu_{des})] \tag{4-11}$$

式中 μ_D——房屋 D 级的隶属度；

μ_{df}——地基基础 d 级隶属度；

μ_{ds}——上部承重结构 d 级的隶属度；

μ_{des}——围护结构 d 级的隶属度。

当隶属度为下列值时：

① $\mu_{df} \geqslant 0.75$，则为 D 级（整幢危房）。

② $\mu_{ds} \geqslant 0.75$，则为 D 级（整幢危房）。

③ max（$\mu_A, \mu_B, \mu_C, \mu_D$）$= \mu_A$，则综合判断结果为 A 级（非危房）。

④ max（$\mu_A, \mu_B, \mu_C, \mu_D$）$= \mu_B$，则综合判断结果为 B 级（危险点房）。

⑤ max（$\mu_A, \mu_B, \mu_C, \mu_D$）$= \mu_C$，则综合判断结果为 C 级（局部危房）。

⑥ max（$\mu_A, \mu_B, \mu_C, \mu_D$）$= \mu_D$，则综合判断结果为 D 级（整幢危房）。

4.3 安全性能评价方法

4.3.1 农村危房鉴定技术现存问题

在具体鉴定工作中可以发现，面对具有地区特色的村镇房屋，4.2 节提到的《农村住房安全性鉴定技术导则》中的鉴定技术存在一些盲点与适用性问题，在实际的房屋危险性鉴定过程中，定性鉴定和定量鉴定中皆存在一些问题，具体问题如下。

1. 定性鉴定中存在的问题：

（1）缺乏对结构类型的考虑，仅调查房屋不同构件发生变形、裂缝和位移等情况，给出危险性等级。

（2）对构件使用的材料没有特别说明，缺乏对施工质量的考虑。

（3）没有考虑影响农村房屋安全性的房屋高度、开间进深、建设年代、施工工艺等因素。

（4）未考虑混合承重形式，忽视了混合承重形式对房屋整体性、安全性的影响。

（5）乡村危房数量庞大，且各地乡村危房差异很大，村镇房屋具有明显的地域性特点，按照城镇建筑的危险性鉴定方法难以准确评估危房等级。

2. 定量鉴定中存在的问题

在对《危险房屋鉴定标准》JGJ 125—2016 中隶属函数进行鉴定评级的应用过程中发现，该导则存在理论缺陷，现举例说明。

1）案例一

某房屋结构简图如图 4.3-1 所示，该结构为框架结构，独立柱基，现浇屋面板，四周为围护墙，经查勘已有 3 个基础属于危险点。本例计算过程如下。

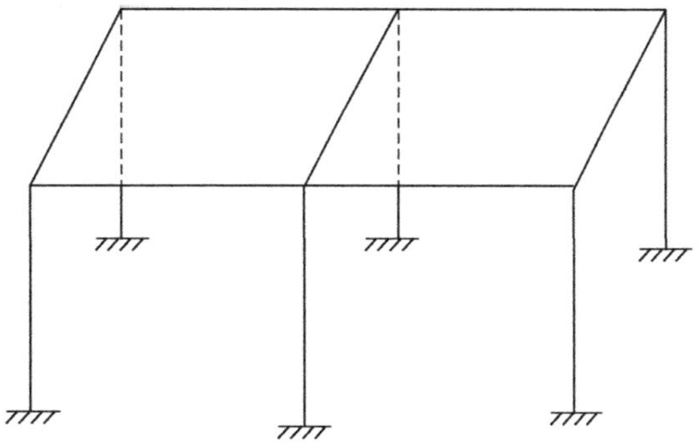

（1）构件数

基础：n=6；

承重结构：柱 n_c=6；主梁 n_{mb}=7；次梁 n_{sb}=0；屋面板 n_s=2；屋架 n_{rt}=0；承重墙 n_w=0；

围护结构：n=6。

（2）危险构件数

基础 n_d=3，其余均为 0。

（3）危险构件百分比计算

基础：$p_{fdm}=\dfrac{n_d}{n}\times 100\%=\dfrac{3}{6}\times 100\%=50\%$。

承重结构：p_{sdm}=0。

围护结构：p_{esdm}=0。

图 4.3-1　结构简图

（4）房屋组成部分隶属度函数计算

基础：μ_{af}=0，μ_{bf}=0，$\mu_{cf}=\dfrac{100\%-p_{fdm}}{70\%}=0.71$，$\mu_{df}=\dfrac{p_{fdm}-30\%}{70\%}=0.29$。

承重结构：μ_{as}=1，μ_{bs}=0，μ_{cs}=0，μ_{ds}=0。

围护结构：μ_{aes}=1，μ_{bes}=0，μ_{ces}=0，μ_{des}=0。

（5）房屋隶属函数计算

$\mu_A=\max[\min(0.3,\mu_{af}),\min(0.6,\mu_{as}),\min(0.1,\mu_{aes})]=0.6$,

$\mu_B=\max[\min(0.3,\mu_{bf}),\min(0.6,\mu_{bs}),\min(0.1,\mu_{bes})]=0$,

$\mu_c=\max[\min(0.3,\mu_{cf}),\min(0.6,\mu_{cs}),\min(0.1,\mu_{ces})]=0.3$,

$\mu_d=\max[\min(0.3,\mu_{df}),\min(0.6,\mu_{ds}),\min(0.1,\mu_{des})]=0.29$。

（6）房屋危险性判断

$\max[\mu_A, \mu_B, \mu_C, \mu_D]=\mathrm{mas}[0.6, 0, 0.3, 0.29]=0.6=\mu_A$（非危房）

从上述算例可以看出，当房屋已有 50%基础出现危险时，用隶属函数计算出来的结果只能判定该房屋为非危房，即没有任何危险点。显然，这种鉴定结论不仅与实际情况不符，而且与计算的前提条件（50%基础危险）自相矛盾，并且根据《危险房屋鉴定标准》JGJ 125—2016 所给出的隶属函数计算规则进行反算，可以得到当基础危险率达到 82%时该房屋仍然要被判定为A级（非危房）的结论，这显然与实际情况完全不相符。

2）案例二

房屋的基本情况与例 1 相同，但基础和承重结构无损坏，只是所有的围护结构因施工无锚拉等原因致使围护墙体倾斜率均超过 0.7%，而形成危险点。计算过程如下。

（1）构件数

基础：n=6；

承重结构：柱 n_c=6；主梁 n_{mb}=7；次梁 n_{sb}=0；屋面板 n_s=2；屋架 n_{rt}=0；承重墙 n_w=0；

围护结构：n=6。

（2）危险构件数

基础：n_d=0，承重结构：n_d=0，围护结构：n_d=6。

（3）危险构件百分比计算

基础：p_{fdm}=0；

承重结构：p_{sdm}=0；

围护结构：$p_{esdm}=\frac{n_d}{n}\times100\%=\frac{6}{6}\times100\%=100\%$。

（4）房屋组成部分隶属度函数计算

基础：μ_{af}=1，μ_{bf}=0，μ_{cf}=0，μ_{df}= 0。

承重结构：μ_{as}=1，μ_{bs}=0，μ_{cs}=0，μ_{ds}=0。

维护结构：μ_{aes}=0，μ_{bes}=0，μ_{ces}=0，μ_{des}=1。

（5）房屋隶属函数计算

$\mu_A=\max[\min(0.3,\mu_{af}),\min(0.6,\mu_{as}),\min(0.1,\mu_{aes})]=0.6$，

$\mu_B=\max[\min(0.3,\mu_{bf}),\min(0.6,\mu_{bs}),\min(0.1,\mu_{bes})]=0$，

$\mu_C=\max[\min(0.3,\mu_{cf}),\min(0.6,\mu_{cs}),\min(0.1,\mu_{ces})]=0$，

$\mu_D=\max[\min(0.3,\mu_{df}),\min(0.6,\mu_{ds}),\min(0.1,\mu_{des})]=0.1$。

（6）房屋危险性判断

$\max[\mu_A, \mu_B, \mu_C, \mu_D]=\mathrm{mas}[0.6, 0, 0.3, 0.29]=0.6=\mu_A$（非危房）

在本例中，所有的围护结构均因严重倾斜而发生危险，应该属于危险点房，但是根据隶属函数计算结果来判定，该房屋却属于A级（非危房）。显然，这种鉴定结论同样既不符合实际情况，也与计算的前提条件（围护结构已存在危险点）自相矛盾。

《危险房屋鉴定标准》JGJ 125—2016规定B级（危险点房）的含义或概念如下：结构承载力基本能满足正常使用要求，个别结构构件处于危险状态，但不影响主体结构，基本能满足正常使用要求。实际上，如果按照《危险房屋鉴定标准》JGJ 125—2016隶属函数的计算规则进行计算时，当房屋危险构件的百分数小于17.5%时，该房屋都应判定为B级（危险点房），如百分数为17.4%时，房屋属于B级（危险点房），百分数为17.6%时，房屋属于C级（局部危房），危险构件百分数相差0.1%时，鉴定结论截然不同，这显然也是不科学的。17.4%危险构件已远不是个别构件的含义。很显然，按照隶属函数的方法作出的鉴定结论与危险点房的含义或概念相矛盾。据了解，许多城市的鉴定机构沿用原来的习惯做法，没有将B级（危险点房）列入危房范围内，不发危险房屋通知书。用同一个技术标准作出的鉴定报告，其结论与其规定的含义应该是一致的，绝不应产生矛盾和理解歧义。

4.3.2 现有鉴定方法改进

如前所述，该导则在定性鉴定中对结构的材料以及形式等方面未考虑全面，并且在定量鉴定中的隶属度函数理论存在一些缺陷，因此对这些内容进行调整和修订也是必要的。

总结鉴定江西全省近万户房屋的经验教训，结合省内村镇房屋存在的抗震安全问题以及现有文献、规范，本节总结归纳出适用于江西村镇房屋抗震性能的评估方法。该评估方

法在现场查勘基础上，对房屋各组成部分实际损害情况进行评估评级，最终结合各组成部分评估等级对房屋危险性进行评级，房屋危险性评估标准如表 4.3-1 所示。本评估方法同样主要包括场地危险性评估、地基基础危险性评估、承重结构危险性评估以及围护结构危险性评估。

房屋危险性评估标准　　**表 4.3-1**

评估等级	评定要求
A 级	房屋无损坏，结构安全，房屋各组成部分均应为 A 级
B 级	房屋轻微破损，结构轻度危险，房屋各组成部分至少有一项为 B 级
C 级	房屋中度破损，结构中度危险，房屋各组成部分至少有一项为 C 级
D 级	房屋严重破损，结构重度危险，房屋各组成部分至少有一项为 D 级

1. 场地危险性评估

场地安全性对房屋安全性有决定性影响，因此，房屋场地危险性评估等级对房屋危险性评估等级评定有一票否决权。由于江西村镇建筑多建于山区，场地危险性的评估主要考虑山体与房屋的位置关系，需要判断有无山体滑坡的危险，如图 4.3-2 所示。场地危险性评估等级按场地类型评定，场地类型可简单分为有利场地、不利场地和危险场地。

图 4.3-2

1）有利场地

有利场地指处于结构安全有利，不良地质作用无发育，地质环境基本未受破坏，地形地貌简单，无地下水影响地段，该类场地应评为 A 级。就江西省内而言，主要指平原地段。

2）不利场地

不利场地指对结构安全不利地段，不利场地评估等级不应高于 B 级。省内村镇房屋的结构安全不利地段主要为山脚、坡地、水沟、田地等地段。其中，坡地、水沟、田地地段场地的鉴定需结合地基基础评估等级进行评定，若地基基础评估等级为 A 级或 B 级，不良地质无发育，场地可评定为 B 级；若不良地质有轻微发育，或不良地质无发育，地基基础评估等级为 C 级，可评定为 C 级；若不良地质有明显发育，已导致房屋有局部倒塌或整体倒塌危险，可评定为 D 级。此外，对于邻近山脚场地，需考虑边坡的稳定性，通过计算边坡稳定性安全系数和调查实际边坡稳定情况来进行综合考虑，若边坡稳定性安全系数 F_s 大于等于 F_{st}，且历史无滑坡情况，可评定为 B 级；若边坡稳定性安全系数小于 F_{st}，且历史无滑坡情况，可评定为 C 级；若边坡稳定性安全系数小于 F_{st}，且历史有滑坡情况，可评定为 D 级。边坡稳定性安全系数公式如下。

$$F_s=\frac{B}{H} \tag{4-12}$$

式中　F_s——边坡稳定性安全系数；

B——边坡展宽；

H——边坡高，m。

3）危险场地

危险场地指对建筑物有潜在威胁或直接危害的滑坡、地裂、地陷、泥石流、崩塌以及岩溶、土洞强烈发育地段，暗坡边缘，浅层故河道，暗埋的塘、浜、沟等场地，以及已经有明显变形下陷趋势的采空区，该类场地危险性评估等级为D级。

2. 地基基础危险性评估

经调研发现，若按《农村危险房屋鉴定技术导则（试行）》对地基基础进行鉴定，很难对处在地表以下的地基基础进行实际评估操作，如测量沉降量、水平滑移量等，往往以观察、询问、测量裂缝宽度等方法进行评估。江西村镇房屋地基基础的问题主要与地基类型、基础埋深、地圈梁有关，常表现为由明显不均匀沉降引起地面开裂、墙体裂缝以及上部结构倾斜，这些现象是易鉴别、直观且具有评定价值的证据，由此评定评估等级则易于实现。调研发现，局部不均匀沉降是省内村镇房屋地基基础的主要问题，常表现为地面开裂、明显竖向裂缝，严重者上部结构局部出现明显倾斜，如图4.3-3所示。因此，地基基础危险性主要根据地基类型、基础埋深、地圈梁、地面开裂程度以及裂缝来进行评定，详见表4.3-2。

图4.3-3 不均匀沉降表现形式

地基基础危险性评估 **表4.3-2**

评估等级	评定要求
A级	地基基础完好、稳固，有地圈梁，无不均匀沉降，无竖向裂缝，墙体无倾斜
B级	基础埋深略小，无地圈梁；有轻微不均匀沉降，地面轻微开裂，墙体有轻微竖向裂缝，裂缝不发展，裂缝宽度为0～1mm
C级	毛石干垒，基础埋深较小，无地圈梁；有明显不均匀沉降，地面明显开裂，墙体有明显竖向裂缝，裂缝宽度为1～5mm；上部结构明显倾斜
D级	地基失稳；基础局部或整体塌陷；地面、墙体严重开裂，裂缝宽度在5mm以上；上部结构倾斜严重，存在局部倒塌危险

注：裂缝指由不均匀沉降引起的裂缝，如阶梯形裂缝、水平裂缝、竖向裂缝等。

3. 承重结构危险性评估

承重结构危险性评估即墙体危险性评估，墙体的抗震安全问题主要体现在砌筑方式、砌筑质量、剥蚀程度、局部承载力、纵墙和横墙的联结及墙体倾斜方面，如空斗砌筑、墙体开裂。因此，墙体危险性评估主要从上述方面来进行评定。

经调研发现，江西省内村镇生土结构房屋建造年代普遍在20世纪80年代以前，墙体长期受风化剥蚀，本身抗震性能较差，且部分生土结构房屋已达大修年限，生土墙体评估等级不应高于B级。此外，由于砌筑方式不同，土坯墙体和夯土墙体的抗震性能有所差异，评定要求也应不同，详见表4.3-3、表4.3-4。

土坯墙体危险性评估　　表4.3-3

评估等级	评定要求
A级	砌筑质量良好，泥浆饱满，无剥蚀、裂缝、脱闪，纵、横墙设有可靠连接措施
B级	砌筑质量一般；轻微剥蚀，泥浆较饱满；轻微开裂，裂缝宽度为0～2mm
C级	砌筑质量很差；剥蚀严重，泥浆流失严重；裂缝较多，裂缝宽度为2～5mm；横、纵墙有脱闪，出现竖向裂缝，裂缝宽度为2～5mm
D级	墙体严重开裂，裂缝宽度在5mm以上；局部或整体有倒塌危险

夯土墙体危险性评估　　表4.3-4

评估等级	评定要求
A级	砌筑质量良好，无剥蚀、脱闪，轻微干缩开裂，裂缝宽度为0～1mm，纵、横墙设有可靠连接
B级	砌筑质量一般，较少干缩裂缝，裂缝宽度为1～2mm；轻微剥蚀，截面削弱不超过1/4；轻微开裂，非干缩裂缝宽度为0～2mm
C级	砌筑质量很差；剥蚀严重，截面削弱超过1/4；干缩裂缝较多且贯通，裂缝宽度为2～5mm；非干缩裂缝较多，裂缝宽度为2～5mm
D级	墙体严重开裂，裂缝宽度在5mm以上；局部或整体有倒塌危险

4. 围护结构危险性评估

围护结构危险性评估主要指楼面、屋面危险性评估、门窗洞口危险性评估。

其中，门窗洞口主要对过梁安全性进行评估，楼面、屋面主要对适用性、安全性进行评估。

1）门窗洞口危险性评估

江西省内村镇房屋门窗洞口的抗震安全问题多为无过梁或过梁设置不合理，常导致洞口或窗间墙出现竖向裂缝，因此，门窗洞口危险性评估主要是对过梁设置、裂缝宽度进行评定，详见表4.3-5。

门窗洞口危险性评估　　表4.3-5

评估等级	评定要求
A级	设有合理过梁，洞口无裂缝
B级	设有不合理过梁，洞口有轻微开裂，裂缝宽度为0～1mm
C级	无过梁，洞口有明显裂缝，裂缝宽度为1～5mm
D级	无过梁，洞口严重开裂，裂缝宽度为5mm以上

2）楼面、屋面危险性评估

江西省内村镇房屋楼面、屋面可按材料分为混凝土板和瓦屋面，结合调研情况，混凝土板主要对浇筑质量进行评估，如保护层有无脱落、有无漏筋，详见表 4.3-6。另外，瓦屋面主要从木构件安全性和屋面适用性进行评估，详见表 4.3-7、表 4.3-8。

混凝土板危险性评估 **表 4.3-6**

评估等级	评定要求
A 级	浇筑质量良好，无蜂窝、麻面、孔洞，无保护层脱落，无漏筋，无裂缝
B 级	浇筑质量一般或较差，较小蜂窝、麻面或孔洞；轻微保护层剥落，个别漏筋轻微开裂，非贯通裂缝，裂缝宽度为0 ~ 0.3mm
C 级	浇筑质量很差，较大蜂窝、麻面或孔洞；保护层明显剥落，较多漏筋；有明显裂缝，贯通裂缝的宽度大于0.5mm，非贯通裂缝的宽度大于 0.3mm
D 级	严重开裂，有局部倒塌或整体倒塌危险

木构件危险性评估 **表 4.3-7**

评估等级	评定要求
A 级	无腐朽或虫蛀，无变形，有轻微干缩裂缝
B 级	轻微腐朽或虫蛀；有轻微变形；构件纵向干缩裂缝深度超过木材直径的 1/6
C 级	有明显腐朽或虫蛀；梁檩跨中明显挠曲，或出现横纹裂缝；梁檩端部出现劈裂；柱身明显歪斜；柱础错位；构件纵向干缩裂缝深度超过木材直径的 1/4；节点有破损或有拔榫迹象
D 级	严重腐朽或虫蛀；梁檩跨中出现严重横纹裂缝；柱身严重歪斜；柱础严重错位；构件纵向干缩裂缝深度超过木材直径的1/3；榫卯节点失效或多处拔榫

注：硬山搁檩构造自身抗震性能较差，鉴定等级不应超过 B 级。

屋面危险性评估 **表 4.3-8**

评估等级	评定要求
A 级	无变形，无渗水现象，椽、瓦完好
B 级	局部轻微沉陷；较小范围渗水；椽、瓦个别部位有损坏
C 级	较大范围出现沉陷；较大范围渗水；椽、瓦有部分损坏
D 级	较大范围出现塌陷；大范围渗水漏雨；椽、瓦损坏严重

4.3.3 基于机器学习生土房屋安全鉴定

1. 机器学习的概述

除了上述提出的适用于江西村镇房屋抗震性能特点的评估方法，还可将机器学习应用于村镇生土房屋的鉴定中。作为实现人工智能的核心方法，机器学习坚持最简单的假设是最好的“奥卡姆剃刀假设理念”，以及“任何事物都是相关的，距离越近相关性越强”的托布勒地理学第一定律，通过计算事物属性的相关关系，归纳事物客体的“聚类、分类、回归”知识，获得预测事物现象空间发展规律的能力。通俗地说，机器学习就是在计算机环境中，仿照人类有监督（有老师提供对错信息）和无监督（自学）的学习方式，通过分析某学习任务 T 和学习正确性度量标准 P，获得经验 E，再应用 E 执行属于 T 的某一项具体任务，在P的再次衡量下，通过衡量执行效果，使得经验E不断完善，最终完成学习。

机器学习（Machine Learning）来源于统计学和人工智能领域，是现今数据分析领域中的热点和重要研究方向之一。当前，机器学习一般分为监督学习（Supervised Learning）、无监督学习（Unsupervised Learning）、半监督学习（Semi-supervised Learning）、强化学习（Reinforcement Learning）和迁移学习（Transduction）五大类。其中，监督式学习的主要任务是分类和回归，即实现数据的预测和分析，其中数据集的标记对预测结果有很大影响。监督式学习常用的算法包括哀持向量机（SVM）、决策树、朴素贝叶斯等。无监督式学习常作为监督式学习的辅助工具，不需要对数据集中的样本进行标记，它基于相似性原理，根据聚类做出预测。半监督式学习的数据集中部分有标签部分没有标签，这是在标签数据较少的情况下常被研究的一种形式，它能够根据标记的数据不断更新数据集，提升网络性能。强化学习常用于控制机器人的研究，最著名的代表是阿尔法狗，常用的算法包括时序差分算法、Q-learning、policy Gradient等。在过去的20年里，机器学习得到快速的发展，从实验室初步探究到广泛应用在多个领域，目前已经成为一种高效的预测方法。通过设计一些算法，机器学习使计算机对样本数据进行训练学习，从而进行预测。

近年来，土木工程行业从开始设计到完成施工乃至使用过程中都会产生大量数据，机器学习在地震工程领域的诸多方面如地震危险性分析、系统识别与损伤检测、地震易损性评估、结构控制领域均已有一定的应用。大量机器学习算法的兴起，也为解决土木工程领域的大数据问题提供了一条行之有效的途径。可以看出，机器学习在土木工程领域具有广阔的应用前景。随着人工智能技术的发展，机器学习方法已逐步被引入建筑结构的安全鉴定中，可通过将建筑结构安全鉴定转化为分类任务来实现对结构破坏状态的快速鉴定。

2. 机器学习模型建立

目前，基于机器学习的生土结构震害快速鉴定方法主要包括数据集的建立、模型的建立与评估以及模型的验证三部分。实现的具体过程如图4.3-4所示。具体步骤如下。

1）数据库的选取

机器学习的第一个步骤就是收集数据，这一步非常重要，因为收集到的数据质量和数量将直接决定预测模型的准确性。我们可以对收集的数据去重复、标准化、错误修正等，保存成数据库文件，为下一步加载数据做准备。

依托住房和城乡建设部研究项目（建村［2017］号）：江西省农房加固改造技术研究与示范等项目，通过对江西省内村镇生土结构的大量走访与鉴定，编者选取了江西省宜春市的232栋较为完备生土房屋作为本次训练的数据源。记录的数据有每栋生土房屋的总高度、房屋的长度、房屋的宽度、墙体厚度等尺寸参数，并且根据《农村危险性房屋鉴定技术导则》对生土房屋进行了A、B、C、D四个等级安全评价。由于走访的村落房屋建造年代都较为久远，故对生土房屋的安全评价中未出现A级。并且依据数据的量化原则，将B、C、D三个安全等级分别量化为2、3、4三个数字，根据调研结果，建立了江西省生土房屋安全鉴定模型的样本数据库，见表4.3-9，限于篇幅，文中仅列出部分生土房屋主要参数的数据。

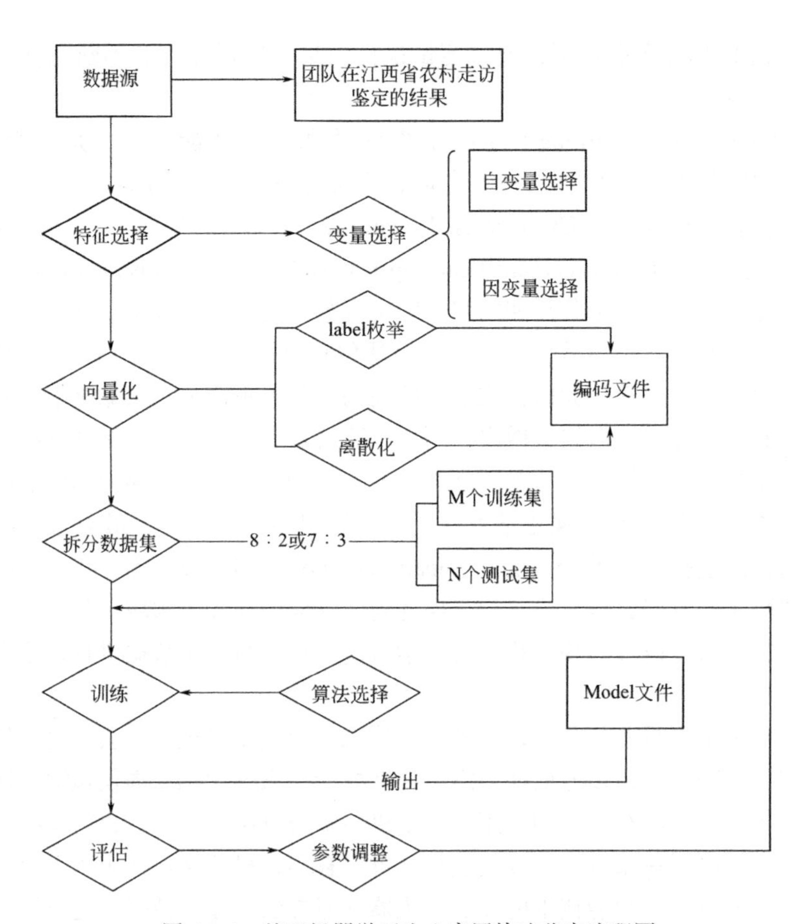

图 4.3-4　基于机器学习生土房屋快速鉴定流程图

宜春市部分生土房屋主要参数 **表 4.3-9**

层数 /m	总高 /m	总宽 /m	总长 /m	墙厚 /mm	安全等级
2	6.7	5.4	14.2	320	2
2	6.4	5.4	16.8	330	3
2	6.3	5.7	17.2	350	3
2	6.4	5.8	22.0	320	3
1	4.6	4.3	6.1	360	2
2	6.3	6.1	12.4	310	3
2	6.4	6.3	12.9	310	3
2	6.6	6.5	12.4	400	2
2	6.8	6.7	12.8	350	3
2	7.2	7.1	22.6	380	2
1	5.4	5.4	19.6	320	3
2	5.9	5.9	13.3	350	3
2	7.1	7.3	18.6	340	3
2	6.5	6.7	14.1	350	3
2	5.2	5.4	14.8	380	4
2	7.3	7.6	14.1	370	2
2	6.5	6.8	13.7	330	3

续表

层数 /m	总高 /m	总宽 /m	总长 /m	墙厚 /mm	安全等级
2	6.1	6.4	12.8	340	3
2	6.0	6.3	24.7	310	3
2	5.9	6.3	16.3	340	3

2）特征选择

特征选择就是指变量的选择，也就是对机器模型进行训练的自变量（输入变量）以及因变量（输出变量）的选择。使用机器学习对生土建筑物进行安全鉴定时，输入向量的选取至关重要。选择输入向量时，一般遵循两个原则：一是输入向量对输出向量的影响较大，二是输入向量的参数要易于获取，且相关性较小。基于上述第一个原则，在对生土房屋进行安全鉴定时，所选择的输入向量取决于影响生土结构安全的主要因素，影响生土安全的主要因素如下。

（1）层高与层数：历次生土安全调查结果显示，生土结构房屋的安全损伤程度与总层数有密切关系，总层数越多，其房屋破坏越严重，并且房屋的倒塌率与总层数成正比。

（2）墙厚：生土房屋的墙体是房屋的主要承重构件，生土墙体的厚度对生土房屋的安全性能起决定性的作用，并且抗震鉴定规则对生土墙体的厚度有一定的规定，如表 4.3-10 所示：

生土墙厚度规定　　　　表 4.3-10

墙体类型	厚度 /mm
卧砌土坯墙	≥ 250
夯土墙	≥ 400
灰土墙	≥ 250

（3）高厚比：生土承重墙体的高厚比与地震烈度、房屋荷载大小、开间进深、层数层高等多种因素有关。高厚比太大，会降低生土墙的承载力和稳定性；高厚比太小，会增大墙体自重。因此，应选择一个合适的高厚比，保证生土墙在正常使用和极限压弯作用下不失稳，满足生土房屋的安全要求。生土墙的计算高度，应根据房屋种类和构件支承条件确定，如表 4.3-11 所示。生土墙的高厚比也有一定的允许范围，生土墙的高厚比限值，如表 4.3-12 所示。

$$\beta = \frac{H_0}{h} \tag{4-13}$$

式中　H_0——生土墙的计算高度（mm）；

h——生土墙的厚度（mm）；

β——生土墙的高厚比。

生土墙计算高度　　　　表 4.3-11

房屋种类	支承条件	生土墙计算高度	无改性材料
多层房屋	两端固定	H_0=0.75H	H≤11h
	一端固定	H_0=0.85H	H≤10h
	两端固定	H_0=1.0H	H≤8h
	一端固定	H_0=2.0H	H≤4h

生土墙高厚比限值 **表 4.3-12**

结构种类	材料	允许高厚比 β
土坯结构	素土坯	10
夯土结构	素夯土	12
	改性夯土	14

（4）高宽比：高宽比是影响生土建筑安全的一个重要参数，抗震鉴定标准 4.2.2 条规定：房屋的高度与宽度之比不宜大于 2.2，且高度不大于底层平面的最长尺寸。故抗震鉴定标准 4.2.10 条又规定：房屋高宽比大于 3 时，可不进行第二级鉴定，而直接评为综合抗震能力不满足抗震鉴定要求，且要求对房屋采取加固或其他相应措施。

根据上述生土结构安全因素，再结合输入向量的参数要易于获取的原则，结合之前团队走访测量的数据，最终确定输入向量为层高、层数、墙厚、房屋宽度、房屋总长、生土墙高宽比、高厚比七个参数为输入变量。具体输入变量见表 4.3-13。输出向量为对生土房屋安全鉴定的最终评级，相对应的输出向量见表 4.3-14。

输入参数一览表 **表 4.3-13**

编号	输入参数	编号	输入参数
X1	层高	X5	房屋宽度
X2	层数	X6	生土墙高宽比
X3	墙厚	X7	高厚比
X4	房屋总长		

输出参数一览表 **表 4.3-14**

安全鉴定等级	输出参数
B	2
C	3
D	4

3）向量化

向量化是对特征提取结果的再加工，目的是增强特征的表示能力，防止模型过于复杂和学习困难，比如对连续的特征值进行离散化，label 值映射成枚举值，用数字进行标识。

4）拆分数据库

这一步需要将数据分为两部分。用于训练模型的第一部分是数据集的主要部分。第二部分将用于评估我们训练有素的模型的表现。通常将数据以 8 ∶ 2 或者 7 ∶ 3 的比例进行划分。不能直接使用未分类的训练数据来进行评估。

5）训练

进行模型训练之前，要确定合适的算法，比如线性回归、决策树、随机森林、逻辑回归、梯度提升、SVM 等。选择算法的时候，最佳方法是测试各种不同的算法，然后通过交叉验证来选择最好的一个。但是，如果只是为模型寻找一个“足够好”的算法，或者一个起点，有一些优秀的一般准则可供选择。比如，如果训练集很小，那么高偏差 / 低方差分类器（如朴素贝叶斯分类器）要优于低偏差/高方差分类器（如k近邻分类器），因为后者容易过拟合。然而，随着训练集的增大，低偏差/高方差分类器将开始胜出（它们具有较低的渐近误差），因为高偏差分类器不足以提供准确的模型。生土房屋的快速鉴定归根结底还是属于分类模型，SVM、RF、ANN是三种采用不同理念的代表性模型。这三种模型在分类任务中应用非常广泛，分类表现也比较突出。SVM的基本思想是在多维空间中构造超平面将对象进行分类。SVM实现简单且具有良好的鲁棒性，在高维数据和低维数据上均表现良好。RF结合了装袋和随机特征选择的概念，是对决策树的一种改进，可以提高预测效果，且简化了超参数调整的步骤。ANN凭借可累加的隐含层和非线性神经元激活方法在许多实际应用领域得到广泛的应用。因此，生土房屋的快速鉴定可以采用SVM、RF和ANN算法进行机器学习的训练。选择好合适的算法之后，使用Spss modeler软件对前面生成的数据库进行模型的训练。

6）模型评估

采用SVM、RF和ANN方法训练完模型之后，通过拆分出来的训练数据来对模型进行评估，通过真实数据和预测数据进行对比，来判定模型的好坏。选取准确率（Accuracy），精确率（Precision）、召回率（Recall）、F1分数和ROC曲线作为各个模型的评价指标。计算每个类别的精确率和召回率的公式如下：

$$\mathrm{Precision}=\frac{\mathrm{TP}}{\mathrm{TP}+\mathrm{FP}} \tag{4-14}$$

$$\mathrm{Pecall}=\frac{\mathrm{TP}}{\mathrm{TP}+\mathrm{FN}} \tag{4-15}$$

式中　TP——正类样本被预测为正类；

FP——负类样本被预测为正类；

FN——正类样本被预测为负类。

以计算基本完好预测结果的精确率和召回率为例，TP代表基本完好标签的样本被预测为基本完好状态，FP代表非基本完好标签的样本被预测为基本完好状态，FN代表基本完好标签的样本被预测为其他破坏状态。最后，以各个类别的精确率取平均值作为最终的精确率值，对各个类别的召回率取平均作为最后的召回率值，即

$$p=\frac{1}{3}\sum_{i=1}^{3}p_i \tag{4-16}$$

$$r=\frac{1}{3}\sum_{i=1}^{3}R_i \tag{4-17}$$

式中　p_i——第i个类别的精确率；

p——最后的精确率值；

R_i——第i个类别的召回率；

r——最后的召回率值。

F_1分数计算公式如下：

$$F_1=2\cdot\frac{p\cdot r}{p+r} \tag{4-18}$$

7）预测结果

根据上面给出的评价指标，得出三个模型在测试集的预测结果，并得到测试集中每个样本预测需要的时间。基于混淆矩阵计算得到各个模型的精确率和召回率，如表 4.3-15 ～表 4.3-17 所示，F_1 分数和准确率如表 4.3-18 所示。三个模型的 ROC 曲线及 AUC 值如图 4.3-5 所示。

基于 RF 模型的精确率和召回率 **表 4.3-15**

预测值 真实值	B	C	D	召回率
B	28	9	0	76%
C	6	104	4	91%
D	0	3	2	40%
精准率	82%	90%	33%	69% 68%

基于 ANN 模型的精确率和召回率 **表 4.3-16**

预测值 真实值	B	C	D	召回率
B	37	0	0	100%
C	1	113	0	99%
D	0	0	5	100%
精准率	97%	100%	100%	99.3% 99%

基于 SVM 模型的精确率和召回率 **表 4.3-17**

预测值 真实值	B	C	D	召回率
B	33	3	1	89%
C	4	106	4	92%
D	0	0	5	100%
精准率	89%	97%	50%	93.6% 78.6%

三种模型的准确率与 F_1 分数 **表 4.3-18**

机器模型算法	准确率	F_1 分数
RF	95.4%	68.5%
ANN	99.4%	99.1%
SVM	97.5%	85.4%

从表 4.3-15 ～表 4.3-17 可以看出，基于 RF 模型的精确率和召回率分别为 68% 和 69%；基于 ANN 模型的精确率和召回率分别为 99% 和 99.3%；基于 SVM 模型的精确率和召回率分别为 78.6% 和 93.6%。由此可见，RF 模型的精确率和召回率在三个模型中较低，ANN 模型的预测效果最好，精确率和召回率均能达到 95% 以上。从表 4.3-18 可以看

出，三个模型均取得了比较良好的预测结果，ANN 模型的 $F1$ 分数达到 99.1%，且准确率也达到 99.4%，明显高于其他两个模型。从图 4.3-5 的 ROC 曲线也可以看出，ANN 模型的 AUC 值为 0.884，均高于 RF 模型的 0.83 以及 SVM 模型的 0.754，说明 ANN 模型的可靠性也优于另外两种模型。综合五项评价指标，初步筛选出 ANN 模型为最优模型。因此，最终认为基于 ANN 模型建立的方法最适用于完成生土体结构震害快速精准预测的任务。

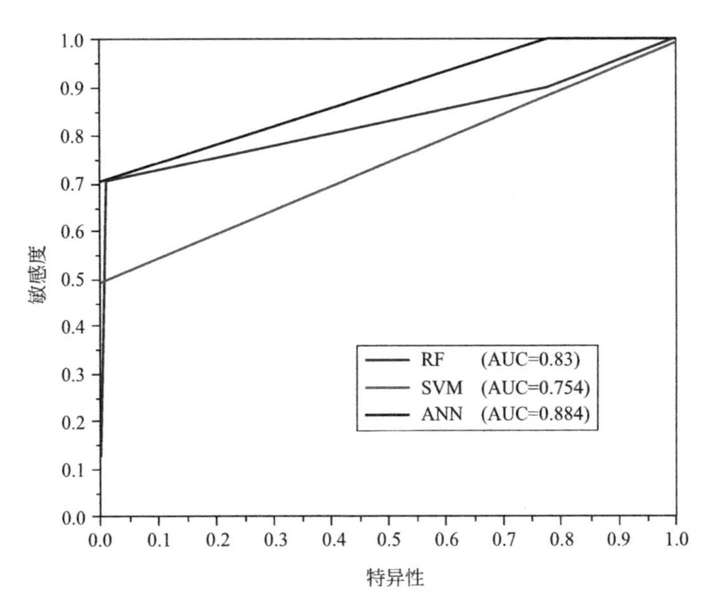

图 4.3-5　RF、SVM、ANN 模型的 ROC 曲线图

8）模型验证

如上所述，最终筛选出基于 ANN 模型的生土体结构震害快速预测方法为最优的方法，为了进一步验证 ANN 模型的性能，在已用的数据集之外，重新选取了江西省抚州市乐安县的 60 栋有具体尺寸参数以及安全评价等级的生土房屋样本作为新的测试集，对 ANN 模型进行验证。在新的测试样本中，ANN 模型的预测准确率可达到 88.3%。其中，有 47 个样本预测的安全等级与专家鉴定的安全评价等级一致。在不一致的 13 个样本中，预测的安全评价等级都比专家评定的安全等级低一级。采用新的测试集基于 ANN 模型得到的混淆矩阵如表 4.3-19 所示，从混淆矩阵中可以看出，在面对全新的未知数据时，ANN 模型依然展现出较为准确的预测能力。

新的测试集基于 ANN 模型的混淆矩阵　　**表 4.3-19**

预测值 / 真实值	B	C	D	召回率
B	35	6	0	85.4%
C	0	13	1	92.9%
D	0	0	5	100%
精准率	100%	68%	83.3%	92.8% / 83.8%

4.4 案例分析

4. 3 节提出了基于机器学习方法对生土房屋快速安全鉴定的方法，并经过乐山市生土房屋的安全鉴定结果进行验证，证明了机器学习方法对生土房屋快速鉴定具有一定的准确性。本节将通过具体的安全鉴定案例进一步验证 ANN 训练模型的准确性。

4.4.1 房屋概况

依托住房和城乡建设部研究项目（建村［2017］号）：江西省农房加固改造技术研究与示范等项目，经前期大量调研，选择乐安县金竹乡引水村某具有典型地区建筑风格，且已定为危房的生土结构房屋进行安全鉴定，该房屋建于 20 世纪 70 年代，共 1 层，单层建筑面积为 132.93m^2，檐口位置层高 4.4m，山墙最高位置达到 8.9m，屋面为小青瓦双坡屋面。该结构为外墙承重，墙体主要为夯土墙，无圈梁构造柱，门窗无过梁，屋架为硬山搁檩构造。房屋的建筑图如图 4.4-1 所示。

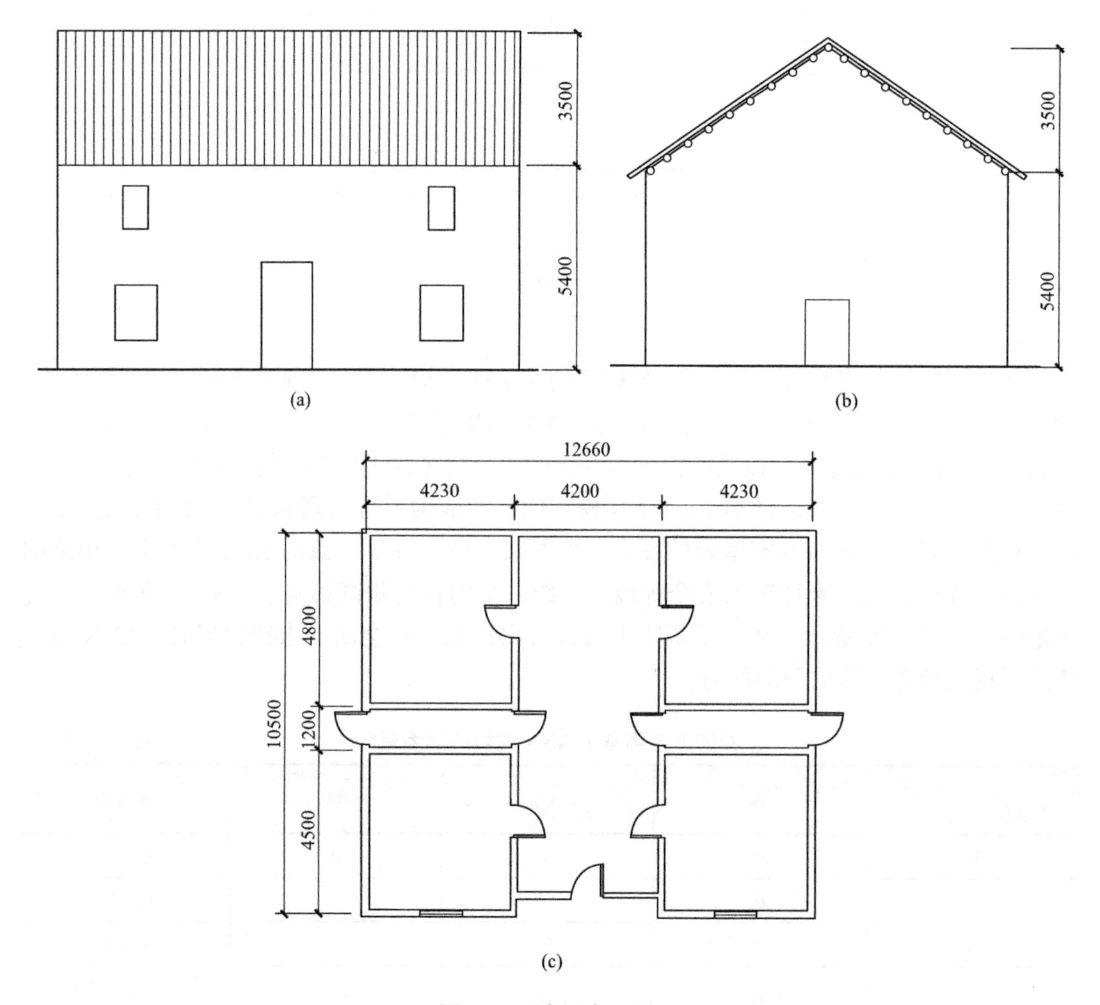

图 4.4-1 房屋布置图

（a）房屋正立面图；（b）房屋侧立面图；（c）房屋平面图

4.4.2　房屋评估

1. 现场调研

在对生土房屋主进行安全评价之前，团队成员对该房屋进行了详细的现场调研，具体情况如下。

（1）现场调研未发现因地基基础沉降引起的墙体、地面开裂和上部结构倾斜等现象，地基基础无严重静载缺陷。

（2）房屋为生土结构，开间大、举架高，未设置地圈梁、圈梁和构造柱，墙体主要以单向木梁提供部分水平向刚度，房屋的整体性差。

（3）房屋建造年代久远，常年受风化侵蚀，调研发现，土坯砌体砂浆流失严重，材料性能出现不同程度的老化。

（4）屋盖为硬山搁檩，檩条上铺设木板条做椽子使用，泥瓦屋面。硬山搁檩构造对房屋的水平向约束能力弱，木构件和墙体几乎很少设置联结措施，相互间不能形成协同工作，不利于抗震。此外，屋面瓦片损坏较多，屋面渗水，木构件有不同程度腐朽。

（5）由于未设过梁、梁垫等，承重墙出现多处裂缝，裂缝宽度在 0.5 ～ 3.0mm 之间，如图 4.4-2 所示。

（6）左侧山墙出现大量的裂缝，如图 4.4-3 所示。

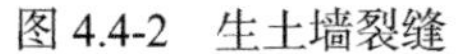

图 4.4-2　生土墙裂缝

图 4.4-3　右侧山墙现状

（7）墙角长有青苔，墙体局部碱蚀，无散水等地面防水构造。

2. 房屋危险性评估

根据现场调研情况，对房屋危险性进行评估评级，评定结果如下。

（1）场地 C 级：房屋曾出现暴雨引起滑坡，此后几十年并未再次发生，考虑可能存在潜在滑坡危险，因此，房屋场地评级为 C 级。

（2）地基基础 B 级：未发现因地基基础沉降引起的墙体、地面开裂和上部结构倾斜等现象，说明地基基础无严重静载缺陷，地基基础评定为 B 级。

（3）承重结构 C 级：房屋开间大、举架高，土坯砌体砂浆流失严重，墙体裂缝较多，裂缝宽度为 0.5 ～ 3.0mm，左侧山墙出现大量裂缝，承重结构评定为 C 级。

（4）围护结构 C 级：屋架采用硬山搁檩，木檩有不同程度的腐朽，屋面瓦片损坏较多，屋面渗水，围护结构评定为 C 级。

房屋局部出现大量破坏，部分构件存在较大安全隐患，房屋局部存在进一步破坏的可能。此外，墙体稳定性差，房屋整体性差，在地震等灾害作用下，存在破坏甚至倒塌危害。因此，房屋危险性评估为 C 级，急需加固处理。

3. 基于机器学习模型评估

将上述实例结构中生土房屋的层高、层数、墙厚、房屋宽度、房屋总长、生土墙高宽比、高厚比七个参数输入训练完成的 ANN 模型，最终得到的生土房屋安全鉴定结果也为 C 级，与上述评价的结果一致，进一步证明了该模型的可行性。

第5章　生土民居的加固及实例分析

5.1　生土民居加固改造的意义

如前文所述，生土民居在我国各地分布广泛，不但数量庞大，构造形式也丰富多样。但我国既有生土民居大多为自建房屋，难以保证施工质量，并且缺乏必要的抗震设计与构造，在地震等灾害中生土结构房屋破坏严重，《中国大陆地震灾害损失评估报告汇编》中统计，我国5级以上的地震80%发生在农村，其中生土建筑的破坏非常严重。

经过对国内生土房屋的材料性能、房屋构造以及施工技术等问题的调查研究，编者发现造成生土民居抗震性能较差的原因如下。第一，生土材料的强度较低、耐久性差。相比于砌体与混凝土结构，生土材料的抗剪与抗弯能力低，并且容易受到风雨侵蚀，因此生土材料的抗震性能存在天然的劣势。另外，梁柱与屋架结构多使用木构件，如保养不当，易腐化或受白蚁蛀损。第二，生土民居的构造不合理，房屋未设置抗震构造措施，如缺少圈梁与构造柱等抗震构造；平面与立面布置不规则；窗间墙过窄等洞口布置问题。第三，生土民居大多为自建房屋，缺乏正规设计，难以保证施工质量，如生土建筑屋盖一般由大木梁、二梁和檩条、瓦片组成，有时也采用混凝土预制板，建造时直接将屋盖浮于墙上，导致屋盖与墙体没有可靠地联结在一起，整体性差。因此，针对既有生土民居的上述构造缺陷，进行必要的加固与维护意义重大，既能提高房屋的抗震等安全性能，解除居民的安全隐患；又能改善房屋的使用功能，提升居民的生活质量。

近年来，为了改善农村居民的生活水平与居住环境，国家相继提出“乡村振兴”“美丽乡村建设”“精准扶贫”等惠民政策。其中，推进农村危旧住宅加固改造与重建是实现上述目标的重要工作之一。但在危旧农房改造工作中，面对建造时间较早（20世纪80年代以前）的生土民居，普遍存在两种观念。一种观念认为老旧生土民居没有保留价值，应全部拆除重建；同时，很多住户强烈反对上述观点，这些住户满足于生土民居现有的生活环境，且难以承担相同面积其他类型房屋的建房费用，与其拆除现有生土民居，他们更希望通过加固改造提升住宅的功能性与安全性。经过走访，针对既有生土民居的改造处理，笔者赞同采用“精准评价，宜修则修”的原则进行处理。对于废弃或危险等级高且难以修复的生土民居，可以拆除，但在加固维修后仍可以继续使用的生土民居，应鼓励对房屋进行加固维修，以保证房屋的安全性，提升房屋的适用性。对于既有生土民居，应采取“宜修则修”的观点对待，首先从经济方面考虑，生土民居的住户普遍年龄较大，新建房屋的经济负担重，甚至可能导致“因房返贫”。从实际情况来看，经过加固改造的生土民居不但消除了安全隐患，保留了原有较大面积的居住条件，而且在墙面与屋面土瓦维修后，房子舒适耐用，冬暖夏凉，外观亦古朴大气（图 5.1-1）。此外，生土民居在建筑风格与构造形式方面往往继承了当地的建筑文化，体现了当地的风土人情与乡村风貌。因此，保护生土民居有利于传承传统民居的建筑工艺，保护乡村的传统风貌，留住游子对故乡的一片乡愁。最后，从“双碳减排”的国家政策考虑，提倡加固房屋，不但可以减少建筑垃圾的产生，还可以节约建房资金与资源。生土材料是天然的零能耗建材，传承生土民居，提倡保护生土建筑，有利于践行绿色建筑理念与可持续发展战略。

图 5.1-1　江西某传统民居加固改造后效果图

5.2　生土民居加固技术研究

由于生土民居在地震等灾害中往往损伤与破坏严重，对既有生土民居的抗震加固与房屋维护研究已引起国内外学者的广泛关注，很多人利用结构试验、数值模拟、工程应用等手段加以研究。本书以江西省及周边地区生土民居为例，从房屋的构造缺陷出发，从易施工、造价低、效果好等方面考虑，对既有生土民居的加固技术进行系统总结。

5.2.1　墙体加固技术

针对生土承重能力较差，外墙生土易被侵蚀的情况，较多加固工程利用钢筋网水泥砂浆层加固法以及增设木圈梁和构造柱等，可以有效提高生土墙体的稳定性，增强房屋的整体抗震性能。如 Yamin L. E. 提出了水平与竖向钢丝网带，或使用竖、横向木条加固生土墙体的方案，并且验证了该加固方案的有效性。Yorulmaz 同样发现，在生土结构房屋外墙加设多道圈梁，可以显著提高墙体的整体稳定性，在地震中能有效防止结构倒塌。为了更好地验证该类生土墙体的加固效果与受力机理，朱伯龙等利用结构模型的推压试验，发现以钢筋网水泥砂浆加固生土墙之后，其抗震能力会明显提高，这个方法对质量差的房屋效果尤为显著。此外，为了进一步降低施工难度，许浒等提出利用薄壁型钢条带代替钢筋网水泥砂浆带来加固生土墙体，利用角钢加固屋盖和独立柱的方案，并通过数值计算证明了该加固方法的有效性。以上生土墙体的加固方法亦称为“夹板墙”或“穿衣”法，其在理论研究与实际工程中均表现出良好的抗震效果，广泛使用在生土民居的加固改造工程中。5.3 节将详细介绍该墙体加固的设计与施工方法。

图 5.2-1　砖柱生土混合结构

相比于“夹板墙”加固方法，一些简单的加固措施也可以起到提升房屋抗震能力作用，如图 5.2-1 所示，在房间四角处设置砖柱，可形成砖柱-生土墙体混合承重的结构形式。此类生土民居的砖柱加固法在静力作用下能够有效提高墙体的承载能力及刚度，而且在地震中能够在一定程度上限制平面内位移，减少生土主墙体的剪切破坏。

为研究砖柱加固法对生土民居加固的效果，团队采用有限元模拟技术对其进行研究，选取江西省赣州市龙南市某建于 20 世纪 60 年代，两层三开间，屋面类型为双坡、木梁承重、瓦屋面的生土房屋作为研究对象，分别建立原始生土结构和砖角柱加固结构模型（图 5.2-2），对比不同工况生土民居的抗震性能。

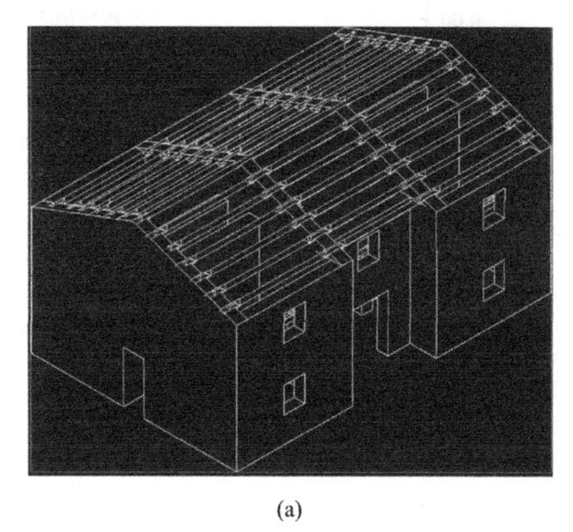

(a)

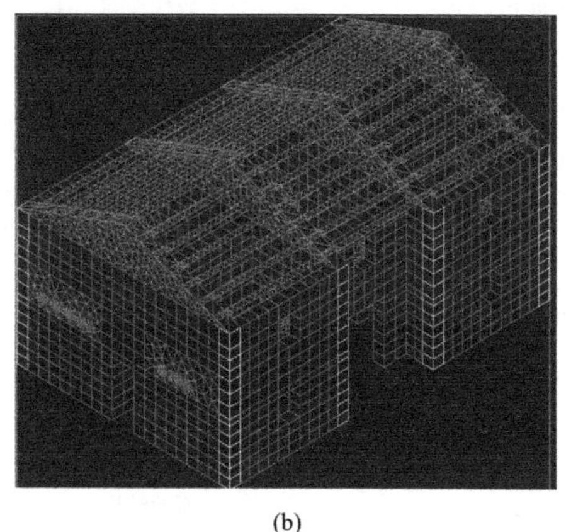

(b)

图 5.2-2　生土民居加固前后的有限元模型

（a）未加固结构有限元模型；（b）砖柱加固结构有限元模型

总结多次地震作用下结构的地震反应，研究发现加固前后纵向位移最大值都集中在山尖顶部，原结构位移有向下发展趋势，四面山尖墙体大部都产生了较大位移，如图 5.2-3 所示。虽然砖柱加固纵向位移相对于原始结构的最大位移并未有很大减小，但墙体位移较大处都集中在山尖顶部，未向下部结构发展。正立面纵墙也产生了较大的纵向位移，这说明生土材料在双向地震波作用下，平面内刚度也较低，这是由于材料强度较低所致。砖柱加固能有效地增加墙体的平面内、外刚度，限制下部墙体的位移，但限于生土墙体的整体强度与刚度不足，砖柱加固法尚不能全面改善生土民居的抗震性能，仍存在局部破坏的风险。此外，从墙体的位移时程反应（图 5.2-4）、山墙位移包络图（图 5.2-5）等计算结果同样可以得出上述结论。

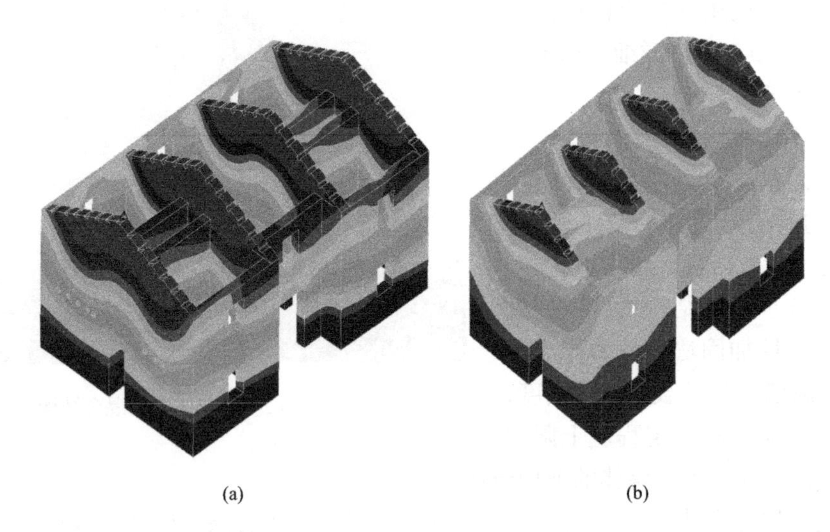

图 5.2-3　7 度区罕遇地震作用下 X 向位移云图对比示意（EL-Centro 波）
（a）原始结构；（b）砖柱加固

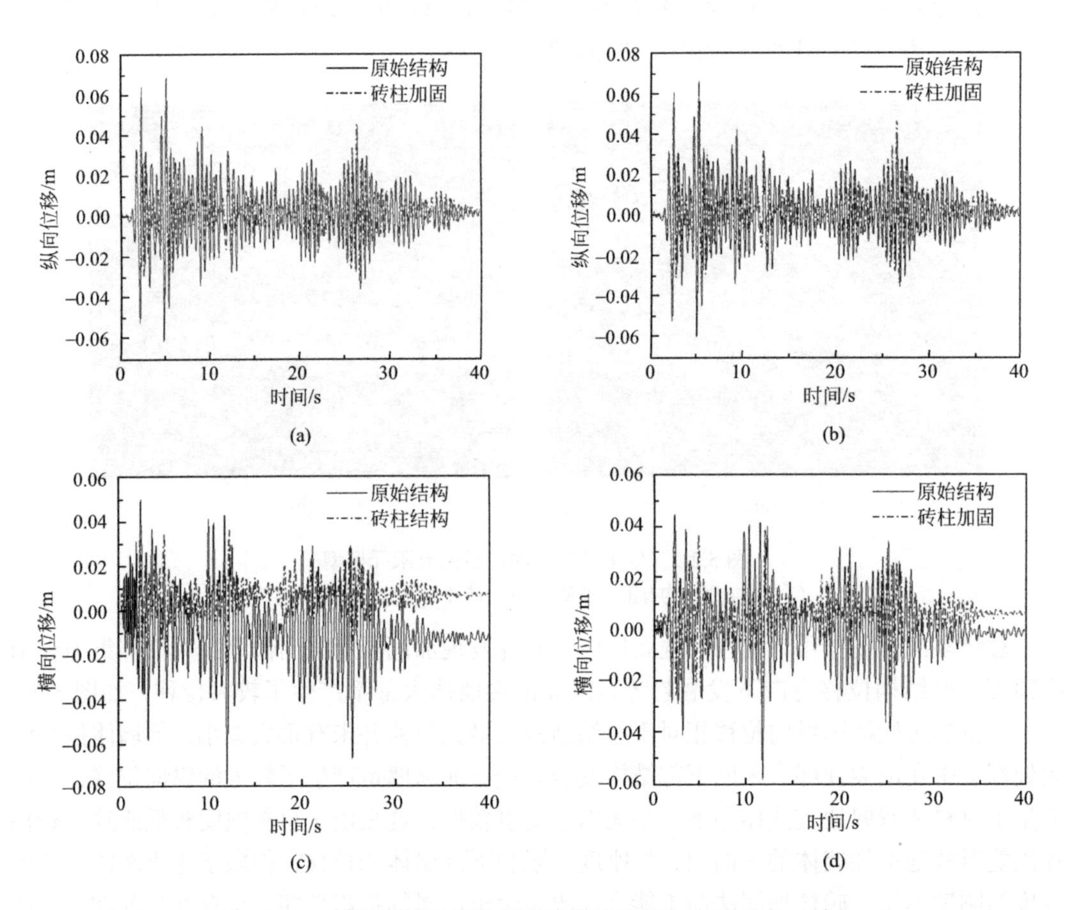

图 5.2-4　7 度区罕遇地震作用下位移时程对比（EL-Centro 波）
（a）山墙山尖节点；（b）内横墙山尖节点；（c）外纵墙檐口处；（d）内纵墙檐口处

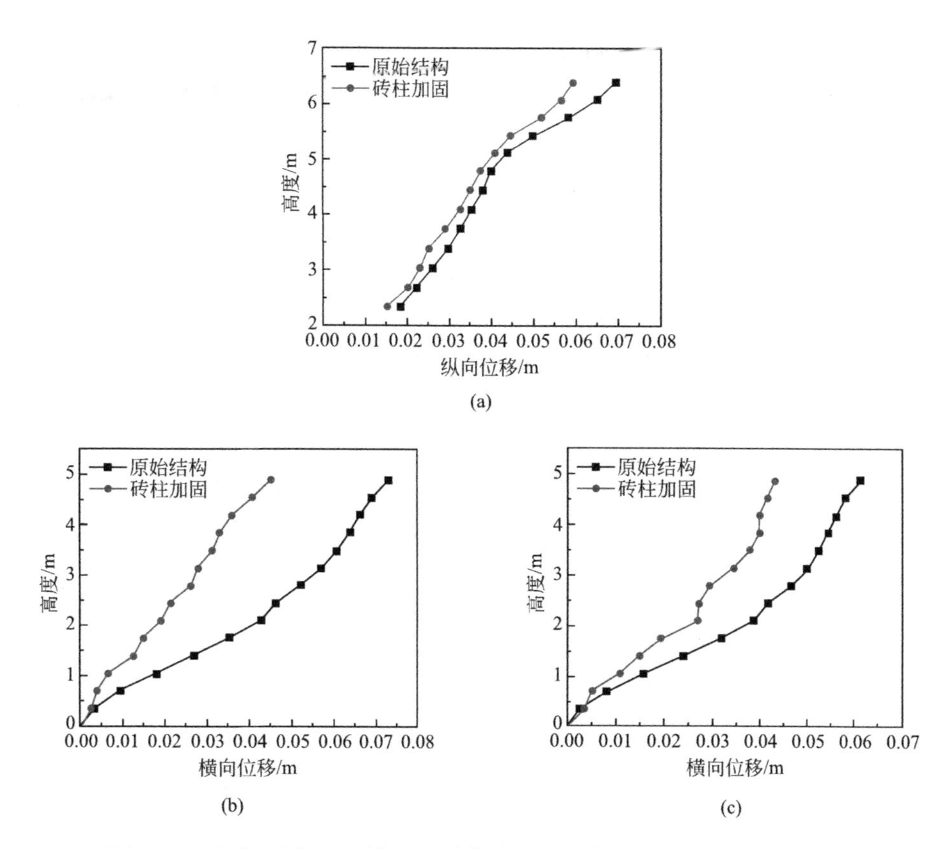

图 5.2-5　七度区罕遇地震作用下墙体位移沿着高度变化（EL-Centro 波）

（a）左山墙墙体；（b）正立面墙体；（c）内部纵墙

综上研究发现，由于本地区生民居的墙体普遍较高，且生土材料强度低，在地震作用下，房屋易产生较大变形。并且，该类房屋采用硬山搁檩等木屋架结构，易在山尖墙位置产生应力集中现象，单纯增加局部的抗震构造措施，难以全面消除生土民居的地震安全隐患。因此，在生土民居的加固工作中，有必要联合使用“夹板墙”等加固措施，提高房屋的整体刚度及其抗震性能。

5.2.2　屋面结构的加固技术

土坯与夯土民居中常使用木质屋面结构，对于木质屋架与木檩构件的维修与加固，长久以来人们传承了一些宝贵的施工经验。比如，对于木构件，常使用嵌补与剔补技术对木料本身收缩产生的裂缝进行修理。当其裂缝宽度较小且小于 3mm 时，可以直接采用腻子将裂缝填补严实，或者采用其他化学胶粘剂进行修补即可。当裂缝宽度大于 3mm 时，则需要采用木条或者木楔进行嵌补，并用耐水性胶粘剂粘牢。胶粘剂可选用环氧树脂、白乳胶或水玻璃等。嵌补后，再附加 2 ～ 3 道铁箍，保证构件的整体性，避免裂缝贯通，使得构件具有因抵抗内部缺陷而引起的弯矩和偶然作用引起的弯矩。当裂缝过大，构件承载能力不能满足使用要求时，则需要更换构件。而当木构件中心完好，仅有表层腐朽，同时经过验算剩余截面尚能满足受力要求时，可采用剔补的方法进行加固。将腐朽部分剔除干净后，经防腐处理后，用干燥木材依原样和尺寸修补整齐，并用耐水性胶粘剂粘牢。如果构件一圈都需剔补，则还需加设一道铁箍。

此外，考虑木质柱梁节点、梁檩节点、檩椽节点、屋架节点有变形、松动或不符合连接要求时，通常采用扁铁、扒钉、铁丝等材料进行加固。通过加固屋架节点提高节点的承载能力，减小木构件的变形与节点转动，增强结构的整体性。其中，扁铁加固木结构节点是利用扁铁容易弯曲成型，可以与构件表面贴紧，而且可以对节点施加紧固力，提高节点的刚度与强度。扁铁可以采用螺杆两侧对拉紧固，也可采用自攻螺丝紧固。当木材腐朽严重或者材质较差时，可以选择使用对拉螺杆进行紧固。固定扁铁之前，最好对木材表面进行打磨与清理，再涂上一层胶粘剂，保证扁铁与木节点更好地连接在一起。扒钉造价低廉，施工便捷，非常适合对木结构榫卯节点出现的连接不牢、有轻微脱榫等现象进行加固。扒钉的型号一般根据被加固构件的尺寸确定，当构件直径大于 150mm 时，可采直径大于 12mm 的扒钉；当构件直径小于 100mm 时，采用直径为 6mm 或 8mm 的扒钉即可。使用时，为了不影响外观，最好将扒钉钉在隐蔽部位，如檩 - 檩连接或檩 - 椽连接部位的上侧。

在传统木屋架加固维修技术的基础上，针对硬山搁檩式屋架与墙体联结不牢固、稳定性弱的问题，近年来常采用增设扶壁柱、木圈梁，在木柱和屋盖间加设角钢等支撑的方法对生土民居进行加固。例如，张琰鑫等提出在夯土民居中檩子与生土墙联结部位搁置弧形垫块，并在山墙中部等结构薄弱部位外设扶壁柱等抗震构件，可以有效提升屋面结构的稳定性与抗震安全性能。于文等为了分析真实生土民居木屋面系统的抗震性能，利用振动台试验与工程应用的方法，提出了一套包括屋面与墙体的整体加固方法：沿生土墙体加设角钢带，木柱和屋盖间加设角钢支撑，木垫梁与木檩条用扒钉拉接，屋盖增设扁钢带等。此外，伴随 FRP 等新型材料的广泛应用，利用其几何可塑性大、易裁剪成型、耐腐蚀性好以及自重轻等优点，人们逐渐尝试把 FRP 材料应用在木构件的加固工程中，如利用 FRP 纤维布代替铁箍对木构件进行加固。

针对硬山搁檩式房屋通常举架高、开间大，木檩与墙体搭接不牢，在地震中易产生木梁脱落等震害的问题，本课题组提出了一种新型的减震限位装置，即在木梁两端墙体位置安装橡胶钢板装置，可以有效地防止木檩脱落，并且降低使用墙揽等构造引起的应力集中现象。3.4.1 节已经介绍过这种新型的减震限位装置的详细构造与减震效果，此处不再赘述。

5.2.3 房屋耐久性维护技术

针对生土结构房屋的耐久性等问题，首先，应根据当地气候与水文情况正确选址；其次，应在房屋外设置散水、排水沟等设施，有效排水防潮；另外，使用耐久好、强度高的屋面瓦，外墙粉刷防水涂料等也能有效地增强房屋的耐久性。此外，可以参考国内外相关研究成果，不断增进生土结构房屋的耐久性。Blondet 探讨了历史生土结构耐久性的问题，以及对土坯结构抗震性能的影响，创新提出内部添置藤网、电线、PVC 水管、塑料网等废弃工业原料的加固措施。兰州大学孙满利等提出使用木质锚杆加固生土遗址的方法，并取得理想的应用效果。卜永红等也提出了一种内置绳网的夯土墙体建造技术，并通过试验证明该新型墙体比生土墙体拥有更强的整体性和抗震能力。

5.2.4　施工技术的改进

此外，生土民居的建造与施工方法也会对结构的抗震性能产生影响，如土坯墙体自身强度也与砌筑形式有关，相较于灰缝会出现无浆或少浆现象的立砌法砌筑，平砌法更能保证土坯墙体的抗剪强度和抗震性能。另有相关学者也提出，生土墙体可以使用草绳拉结、增设斜撑、新增抗震墙、配筋砂浆带等可行的传统生土结构民房抗震加固措施。

近年来，伴随现代施工技术的发展以及大型设备加固能力的提升，生土民居的施工技术也得到大幅度的提升与改进，如现代夯土技术依托发达的混凝土施工体系，采用铝镁合金模板体系、可移动的胶合板或高密度板，一次夯筑成型，压实效果好，墙体抗压强度高，成型后表面效果美观。对于夯土工程，因传统土坯强度不一，尺寸有差异，效率低下，土坯的施工技术也有待改进。采用机械统一成型的土坯砖具有生产高度模式化、工业化，土坯砖质量稳定，生产效率高等优点。

5.2.5　型钢框架加固

考虑到生土结构抗震性能较差，房屋改造工作中难以变动承重墙的位置或对其开洞，有专家提出增设钢框架结构，改变单一由生土墙承重的受力方式，以增强墙体的侧向刚度，加强主要受力构件的承载能力，从而提高房屋的整体性与抗倒塌能力。钢框架加固法根据位置分为外套式和内嵌式两种。外套式是在其建筑外侧延长横墙长度、增加纵墙，或在墙体外侧增设型钢构造柱进行加固，故需要占用一定的外部空间，不适宜对密集村落农宅进行加固。外套式也可以在纵墙和横墙的联结部位、房屋四角设置角钢，通过焊接钢板将其连为整体。内嵌式是通过在结构内部加入框架来增强房屋的稳定性及抗震性能，如图 5.2-6 所示，使用型钢框架的加固方法不破坏房屋整体结构，不占用胡同、过道等外部空间，且该加固方式采用装配式施工方式，湿作业少，施工简便高效。

图 5.2-6　内框架加固示意图

5.3　生土民居加固改造技术

我国各地区生土民居的结构形式相差较大，结构特点与存在的安全隐患相差较大。限于篇幅，本书主要以江西省生土民居结构形式为例，对其加固与维护的设计方法与施工技术进行介绍。

5.3.1 现场鉴定

1. 结构体系鉴定

（1）鉴定生土结构农房横墙间距是否符合表 3.4-4 的规定。

（2）鉴定生土结构农房的结构体系是否符合下列规定：① 宜采用横墙承重或纵、横墙共同承重的结构体系；② 生土结构房屋不宜采用单坡屋盖，坡屋顶的坡度不宜大于 30°，屋面宜采用轻质材料（瓦屋面）。

2. 场地、地基和基础鉴定

（1）对建造于危险地段的既有建筑，应结合当地村镇规划迁建；暂时不能迁建的，应并采取应急安全措施。

（2）符合下列情况之一的既有生土建筑，可不进行地基基础的抗震鉴定：① 7 度时地基基础现状无严重静载缺陷的生土建筑；② 地基主要受力层范围内不存在软弱土、饱和砂土和饱和粉土或严重不均匀土层的生土建筑。

（3）地基基础现状的鉴定，应着重调查上部结构有无不均匀沉降裂缝和倾斜，基础有无腐蚀、酥碱、松散和剥落，上部结构的裂缝、倾斜程度以及有无发展趋势。

（4）对于生土墙体，应着重检查基础砖墙、墙的砌筑高度。基础砖墙、墙的砌筑高度应为室外地坪以上 500mm 和室内地面以上 200mm 中的较大者。

（5）对地基基础现状进行鉴定时，当基础无腐蚀、酥碱、松散和剥落，上部结构无不均匀沉降裂缝和倾斜，或虽有裂缝、倾斜但不严重且无发展趋势，该地基基础可评为无严重静载缺陷。

3. 材料、房屋外观和质量鉴定

（1）鉴定生土结构农房的外观和质量是否符合下列规定：

承重墙体无影响承载力裂缝，无截面削弱、倾斜和墙体高厚比过大引起的缺陷；

木构件（如木梁、屋架、檩、椽等）无明显变形、腐朽、蚁蚀和明显开裂；主要构件无变形及失稳，木屋架端节点无受剪面裂缝，屋架无出平面变形，屋盖支撑系统完善稳定；

房屋地基稳定，未出现房屋整体的沉降或倾斜；

墙角宜设防潮层，防潮碱草无腐烂现象；

屋面以及墙体无防水问题。

（2）土坯墙、夯土墙的厚度，外墙不应小于 400mm，内墙不应小于 250mm。

（3）鉴定土坯墙的砌筑方式是否符合下列规定：

土坯墙墙体的转角处和纵、横墙交界处的土坯块体应为错缝咬槎，不应有竖向通缝出现；

土坯的大小、厚薄应均匀，墙体转角和纵、横墙交界处应有拉结措施；

土坯墙水平灰缝应饱满，立砌土坯墙体应保持土坯块体外观排放整齐，与地面保持垂直，不发生倾斜；

水平泥浆缝厚度应在 12 ～ 18mm 之间。

（4）鉴定生土结构农房室外散水是否符合下列规定：

生土房屋室外应做散水；

散水面层可采用砖、片石及碎石三合土等，散水面应完好无开裂，保证其隔水性。

4. 整体性连接和抗震构造措施鉴定

（1）鉴定纵、横墙交界处是否符合下列规定：

墙体布置在平面内应闭合；

烟道不应削弱墙体，应附设在生土墙内侧或外侧的墙垛里，并与墙体有效拉结；

纵、横墙交界处应咬槎较好，并应在纵、横墙交界处沿高度每 300 ～ 500mm 设一层荆条、竹片、树条等拉结材料，每边伸入墙体不应小于 1000mm 或至门窗洞边；若墙中有木柱，拉结材料与木柱之间应采用 8 号铁丝连接。

（2）鉴定楼、屋盖的整体性连接，是否符合下列规定。

楼盖、屋盖构件的支承长度和连接方式应符合表 5.3-1 的规定。

生土结构农房楼盖、屋盖构件的最小支承长度和连接方式　　表 5.3-1

构件名称	木屋架、木大梁	对接木龙骨、木檩条		搭接木龙骨、檩条
位置	墙上	屋架上	墙上	屋架上、墙上
支撑长度	240	60	240	满搭
连接方式	木垫板或 混凝土垫块	木夹板 与螺栓	砂浆垫层、木夹板与螺栓	扒钉

每道横墙应在屋檐高度处设置不少于 3 道的纵向通长水平系杆，并应在横墙两侧设置墙揽与纵向系杆连接牢固，墙揽可采用方木、角钢等材料。

木屋架屋盖两端开间和中间隔开间山尖墙应设置竖向剪刀撑。

山墙、山尖墙应采用墙揽与木檩条和系杆等屋架构件拉接。

木楼、屋盖各构件之间应分别采用榫卯、螺栓、扒钉、圆钉、铁丝等可靠连接。

（3）当采用硬山搁檩屋盖时，鉴定檩条的连接与构造是否符合下列规定：

檩条支承处应设置不小于 200mm × 400mm × 60mm 的木垫板或设置砖垫。

内墙檩条应满搭，并用扒钉钉牢，不能满搭时，应采用木夹板对接或燕尾榫扒钉连接。

檐口处椽条应伸出墙外做挑檐，并应在纵墙墙顶两侧放置檩条，形成双檩条檐口。

硬山搁檩房屋的端檩应出檐，山墙两侧应采用方木墙揽与檩条连接。

山墙尖斜面宜放置木卧梁支撑檩条。

木檩条宜采用铁丝与山墙配筋砂浆带或配筋砖圈梁中的预埋件拉接。

5.3.2 场地、地基和基础加固设计与施工

（1）对地基基础存在严重静载缺陷的生土结构，宜结合上部结构加固改造提高房屋抵抗不均匀沉降的能力，可采取下列措施：

①提高建筑的整体性或合理调整荷载。

②加强圈梁与墙体的连接。对未设地圈梁的房屋，应增设地圈梁。当可能产生差异沉降，或基础埋深不同且未按 1/2 的比例过渡时，应局部加强圈梁。

③ 用钢丝（筋）网砂浆面层等加固生土墙体。

（2）当生土结构房屋基础砖（石）墙砌筑高度不满足要求时，可采用水泥砂浆面层局部抹面加固，抹面高度不应低于要求的基础砖（石）墙砌筑高度。

（3）当房屋已出现不均匀沉降，且地基条件较差时，可以使用水泥注浆加固，即通过压浆泵、灌浆管将水泥均匀注入土体中，水泥本身的水化作用能够提高地基的承载力。灌浆一般用净水泥浆，水灰比变化范围为 0.6 ～ 2.0，常用水灰比从 8 ：1 至 1 ：1；要求快凝时，可采用快硬水泥或在水中掺入水泥用量 1% ～ 2% 的氯化钙；如要求缓凝时，可掺加水泥用量 0.1% ～ 0.5% 的木质素磺酸钙；也可以通过掺加其他外加剂来调节水泥浆性能。

5.3.3 房屋加固设计与施工

1. 墙体水泥砂浆面层加固

（1）采用水泥砂浆面层加固时，加固墙体的砌筑砂浆强度等级不宜高于 M2.5。

（2）面层的材料和构造应符合下列规定：

① 面层的砂浆强度等级宜采用 M10。

② 钢丝网水泥砂浆面层厚度不宜小于 30mm。

③ 钢丝网的铁丝直径不宜小于 2mm，且不宜大于 4mm。铁丝直径为 2mm 时，网格尺寸不宜大于 25mm；铁丝直径为 4mm 时，网格尺寸不宜大于 150mm。

④ 生土结构房屋宜采用双面钢丝网加固，双面加固面层的钢丝网应采用直径为 4mm 的 S 形穿墙钢丝连接，间距不宜不大于 500mm，并呈梅花状布置。

⑤ 钢丝网面层加固在遇洞口时，宜将钢丝网弯入洞口侧边锚固。

⑥ 钢丝网四周宜采用直径为 6mm 的钢筋锁边，钢丝网与锁边钢筋绑扎。

⑦ 钢丝网四周宜采用直径为 6mm 的锚筋、插入短筋等，与墙体、楼盖、屋盖构件可靠连接，锚筋、插入短筋应与锁边钢筋绑扎。

⑧ 楼层为底层的面层，在室外地面下宜加厚，并伸入地面以下不小于 200mm。

（3）面层加固的施工应符合下列规定。

① 面层宜按下列顺序施工：清除原墙面装饰层并清底（砂浆强度低时，应控制清底时用水量），铺设钢丝网，并按规定间距用穿墙 4mm 钢丝（双面）固定，湿润墙面，并涂素水泥浆，抹面层水泥砂浆并养护。

② 原墙面有严重碱蚀、局部土坯砖块松动或泥浆饱满度过差时，应分别采取修补措施，再进行面层加固。

③ 墙面上固定钢丝网的锚固钢丝位置应按要求预先标出，保证满足间距要求。

④ 钢丝网应用钢筋头等垫起，不应紧贴墙面，抹水泥浆时，应分层抹灰，每层厚度不应超过 15mm。

⑤ 双面钢丝网水泥砂浆面层加固时，穿墙的 4mm 钢丝可设在泥缝处。

⑥ 面层抹灰完成后，应浇水养护，保持湿润，同时防止阳光暴晒；避免冬期施工，否则应采取措施防冻。

2. 墙体裂缝修复加固

（1）当墙体裂缝宽度小于 1mm 时，可对裂缝进行清理后，掺入少量水泥或石灰的黏土泥浆砂浆进行简单抹灰处理。

（2）当墙体裂缝宽度在 1 ～ 2mm 之间时，可采用掺入少量水泥或石灰的黏土泥浆砂浆灌缝修复，压力灌浆所采用的材料和施工应符合下列要求。

① 灌注黏土泥浆可采用掺入少量水泥或石灰的黏土泥浆砂浆；

② 灌浆宜按下列顺序施工：清理、湿润裂缝两侧表面，并涂刷水泥浆，设置灌浆嘴并固定，裂缝两侧用黏土泥浆抹面封闭（清水墙可勾缝封闭），压力灌浆；

③ 灌浆应在封闭层有一定强度后进行，灌浆顺序自下而上循序进行，在灌浆过程中，应控制压力；

④ 灌浆应饱满，灌浆后遗留的孔洞应用黏土泥浆堵严；

⑤ 墙体需进行水泥砂浆面层加固时，在留置灌浆嘴后，先进行抹面，然后进行压力灌浆。

（3）当墙体裂缝宽度在 2 ～ 5mm 之间时，可先灌浆，然后在墙体表面裂缝处（剔除装饰层）铺钢丝网，抹 M10 水泥砂浆修复，钢丝网敷设宽度应超过裂缝两侧各 200 ～ 300mm。

（4）当墙体开裂严重，最大缝宽在 5mm 以上时，应视情况局部或整体拆砌。

3. 外加配筋砂浆带加固

为了增强生土民居的整体性，提高房屋的抗震性能，可根据房屋加固需要增设外加配筋砂浆带，具体规定如下：

（1）水平外加配筋砂浆带的宽度不应小于 240mm；竖向配筋砂浆带的宽度应为纵、横墙交界处墙厚每侧各外延 50mm；

（2）砂浆强度等级不宜小于 M10；

（3）配筋砂浆带宽度小于或等于 300mm 时，纵筋不宜少于 3 根直径为 6mm 的钢筋，宽度大于 300mm 时，纵筋不宜少于 4 根直径为 6mm 的钢筋；系筋可采用间距为 200mm 直径为 6mm 的钢筋，竖向、水平配筋砂浆带的节点图详见图 5.3-1。

（4）其他构造规定如下：

① 竖向外加配筋砂浆带应与原有圈梁、木梁或屋架下弦连接成整体；

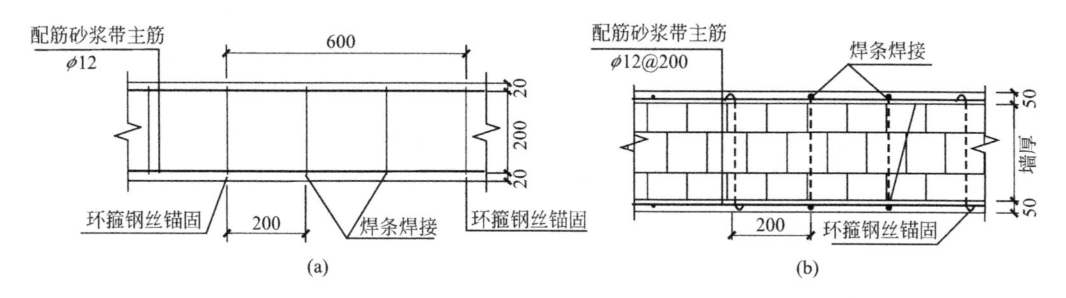

图 5.3-1　生土墙体配筋砂浆带节点图（一）

（a）双侧水平配筋砂浆带配筋图；（b）双侧水平配筋砂浆带剖面图；（c）L 形竖向配筋砂浆带配筋；（d）T 形竖向配筋砂浆带配筋图；（e）竖向配筋砂浆带与水平配筋砂浆带交界处节点图

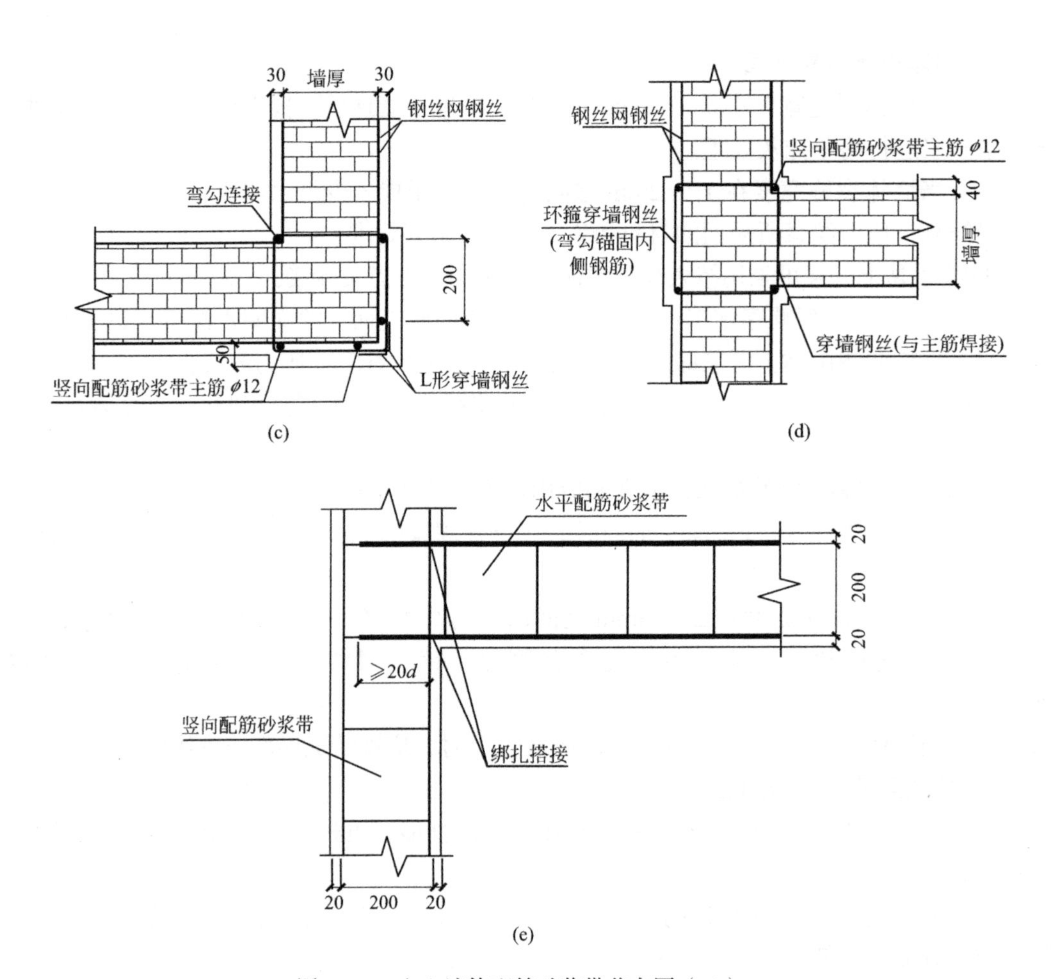

图 5.3-1　生土墙体配筋砂浆带节点图（二）

（a）双侧水平配筋砂浆带配筋图；（b）双侧水平配筋砂浆带剖面图；（c）L 形竖向配筋砂浆带配筋；（d）T 形竖向配筋砂浆带配筋图；（e）竖向配筋砂浆带与水平配筋砂浆带交界处节点图

② 当房屋未设置圈梁时，应同时在屋檐和楼板标高处增设水平外加配筋砂浆带代替圈梁，水平和竖向外加配筋砂浆带应可靠联结；

③ 当房屋同一高度纵、横墙为不同砌块材料（如一侧为生土墙一侧为砖墙等），或纵、横墙交界处竖向为通缝时，可先用水泥砂浆灌（塞）缝，再用钢丝网砂浆带（同一高度纵、横墙为不同砌块材料）或外加配筋砂浆带（纵、横墙交界处竖向为通缝）加固，灌缝前，应将缝隙中的灰渣、杂尘清洗干净；

④ 生土结构房屋应在房屋四角、屋架或梁下、门窗洞口、楼屋盖上下等部位采用水平与竖向外加配筋砂浆带进行加固，竖向、水平配筋砂浆带的布置图详见图 5.3-2。

4. 木楼（屋）盖加固

（1）增设竖向剪刀撑加固增强屋盖整体性时，竖向剪刀撑的设置应符合下列规定：

① 屋盖为三角形木屋架时，屋架的剪刀撑宜设置在靠近上弦屋脊节点和下弦中间节点处；剪刀撑与屋架上、下弦之间及剪刀撑中部宜采用螺栓连接（图 5.3-3），剪刀撑交叉处宜设置垫木，并采用螺栓连接，剪刀撑也可采用圆钢拉条或型钢拉杆制作，剪刀撑交叉

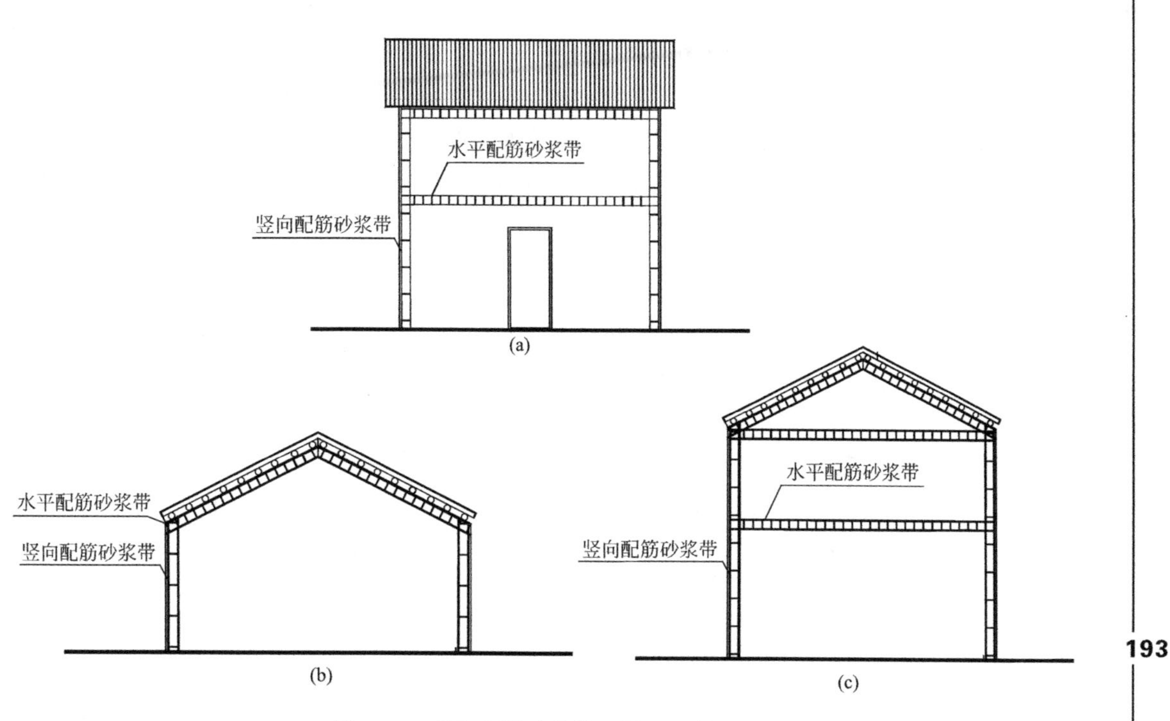

图 5.3-2　外加配筋砂浆带正侧立面布置图

（a）配筋砂浆带正立面布置图；（b）一层房屋配筋砂浆带侧立面布置图；（c）二层房屋配筋砂浆带侧立面布置图

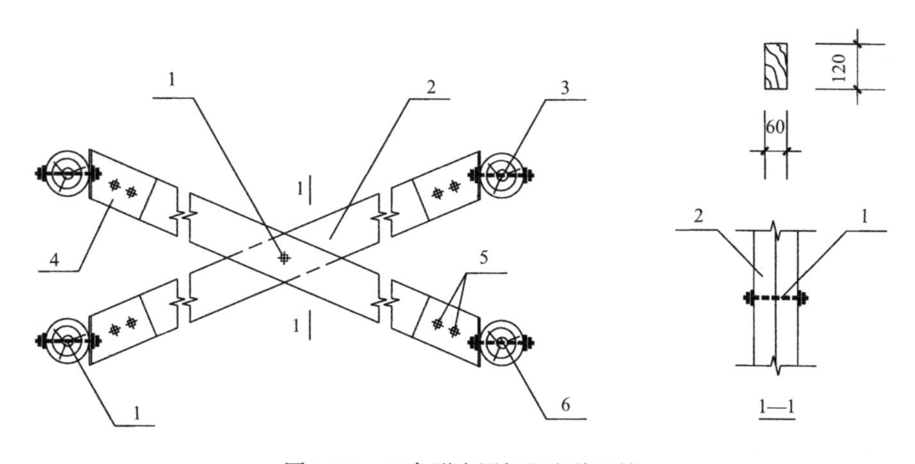

图 5.3-3　三角形木屋架竖向剪刀撑

1—连接螺栓；2—撑杆；3—屋架上弦；4—L 形连接钢板；5—对穿螺栓；6—屋架下弦

处宜设置垫木，并采用螺栓连接，剪刀撑两端应与屋架上、下弦顶紧，不留空隙。剪刀撑断面不应小于 60mm × 120mm；L 形连接钢板厚不应小于 3mm；剪刀撑或斜撑对穿螺栓直径不应小于 8mm；6 度或 7 度时，木柱或屋架上、下弦连接螺栓直径不应小于 10mm，8 度时不宜小于 12mm。

② 屋盖为硬山搁檩时，宜在中间檩条和中间系杆处设置竖向剪刀撑；剪刀撑与檩条、系杆之间及剪刀撑中部宜采用螺栓连接，剪刀撑两端与檩条、系杆应顶紧不留空隙。

（2）木屋架与山墙之间的连接不牢固时，可增设墙揽加固。增设墙揽加固时，应符合以下要求：

① 增设墙揽可采用角钢、梭形铁件或木条等制作；

② 檩条出山墙时，可采用木墙揽，木墙揽可用木销或圆钉固定在檩条上，并与山墙卡紧；檩条不出山墙时，宜采用铁件（如角钢、梭形铁件等）墙揽，铁件墙揽可根据设置位置与檩条、屋架腹杆、下弦或柱固定（图 5.3-4、图 5.3-5）；

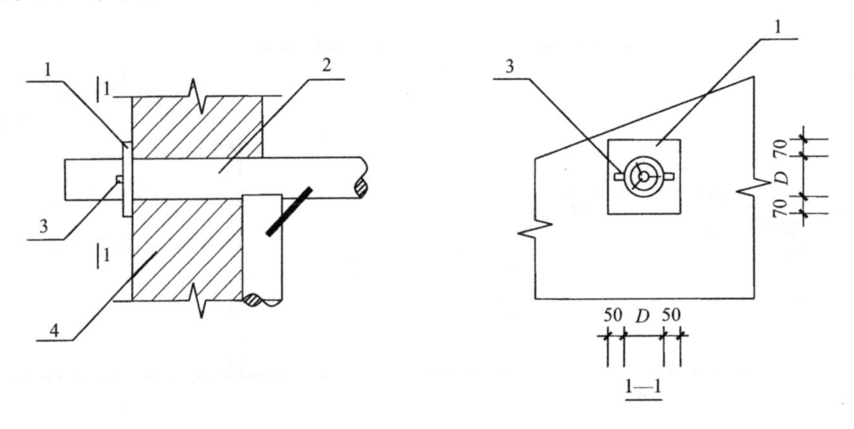

图 5.3-4　出墙面木墙揽与檩条连接做法

1—木墙揽；2—檩条；3—木销；4—山墙

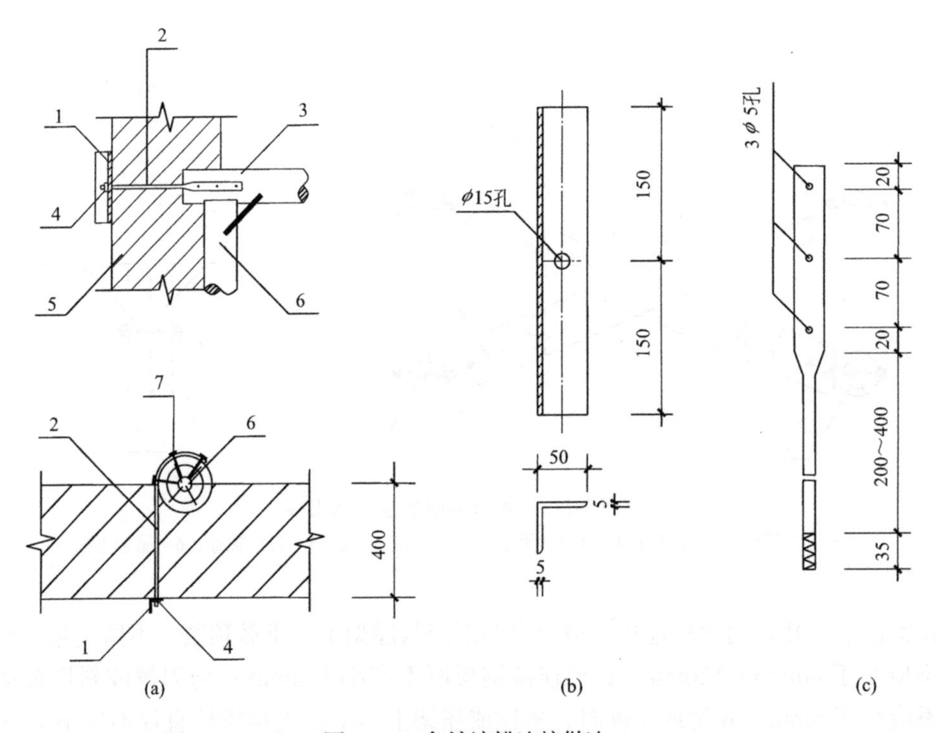

图 5.3-5　角铁墙揽连接做法

（a）墙揽与檩条的连接；（b）墙揽与柱（屋架腹杆）的连接；（c）角铁墙揽做法

1—角铁墙揽；2—连接螺栓；3—檩条；4—垫板；5—山墙；6—瓜柱；7—圆钉

③ 墙揽的长度不应小于 300mm，并应竖向放置；

④ 墙揽应靠近山尖墙面布置，最高的一个应设置在脊檩正下方位置处，其余的可设置在其他檩条的正下方或与屋架腹杆、下弦及柱上的对应位置处；

⑤ 抗震设防烈度为 6、7 度时，山墙设置的墙揽数量不宜少于 3 个。

（3）屋盖木构件加固时，应符合下列规定：

① 木构件因腐朽、疵病、严重开裂而丧失承载能力时，应更换或增设构件加固，新增构件的截面尺寸宜符合现行国家标准的要求，且应与原有的构件可靠联结；

② 当木构件有纵向裂缝时，可采用铁丝勒紧缠绕进行加固；

③ 当木构件支承长度不能满足要求时，可采用在其下增设支托或夹板并用扒钉连接的方法进行加固；

④ 当山墙上搁置檩条处无垫木或垫梁时，可采用在山墙内、外两侧增设方木的方法进行加固；

⑤ 在纵墙墙顶两侧，可通过设置双檐檩夹紧墙顶，以加强椽条与墙体的联结；

⑥ 当采用钢丝网或外加配筋砂浆带加固墙体时，应将钢丝网或配筋砂浆带中的铁丝（或钢筋）与木梁或木屋架的两端拉结牢固；

⑦ 当檩条、龙骨在木梁或屋架上弦为搭接时，宜采用 8 号铁丝将檩条、龙骨与木梁或屋架上弦绑扎牢固；

⑧ 当檩条、龙骨在木梁或屋架上弦为对接时，宜采用木夹板或扁钢将檩条、龙骨的端部钉牢；

⑨ 当檩条、龙骨在内墙搭接时，宜采用 8 号铁丝将檩条、龙骨绑扎牢固；也可采用扒钉将檩条或龙骨钉牢；

⑩ 当檩条、龙骨在内墙对接时，宜采用双面扒钉将檩条或龙骨钉牢；

⑪ 当椽子与檩条连接较弱时，宜采用 10 号、12 号铁丝将椽子与檩条绑扎牢固。

此外，屋架或檩条在墙体上的支承部位需要加固时，应先用千斤顶撑起屋架或檩条，然后按预定尺寸剔除支承处的局部生土墙体，并放置垫木（砖），垫木尺寸不应小于 400mm × 200mm × 60mm，垫砖尺寸不应小于 400mm × 240mm × 120mm；垫木与屋架或檩条之间应可靠联结。

5. 过梁加固

未设置过梁或因构造不合理而需要加固时，过梁可采用墙两侧开槽增设角钢过梁的方式进行加固，宜采用 5 号角钢，并提前在墙体与角钢上开孔，以穿墙螺栓将两侧角钢连接；如洞口位置无窗框等遮挡，也可在两角钢下部用焊条焊接两角钢，详见图 5.3-6。

6. 修缮处理

修缮处理主要解决农房使用性能问题，如房屋漏水、散水问题等。

（1）瓦屋面防水修缮处理，宜采用更换屋面损坏的瓦片，也可以根据当地情况，考虑更换耐久性更好的琉璃瓦、树脂瓦等。

（2）检查房屋外墙角腐蚀情况，当外墙角有腐蚀或碱蚀现象时，应对已腐蚀墙体外部腐蚀层做适当清理，并在墙体勒脚位置采用 1000mm 高钢丝网水泥砂浆带加固。

（3）检查房屋散水层情况，对未设置散水的农房，应增设散水，对散水层腐蚀较严重

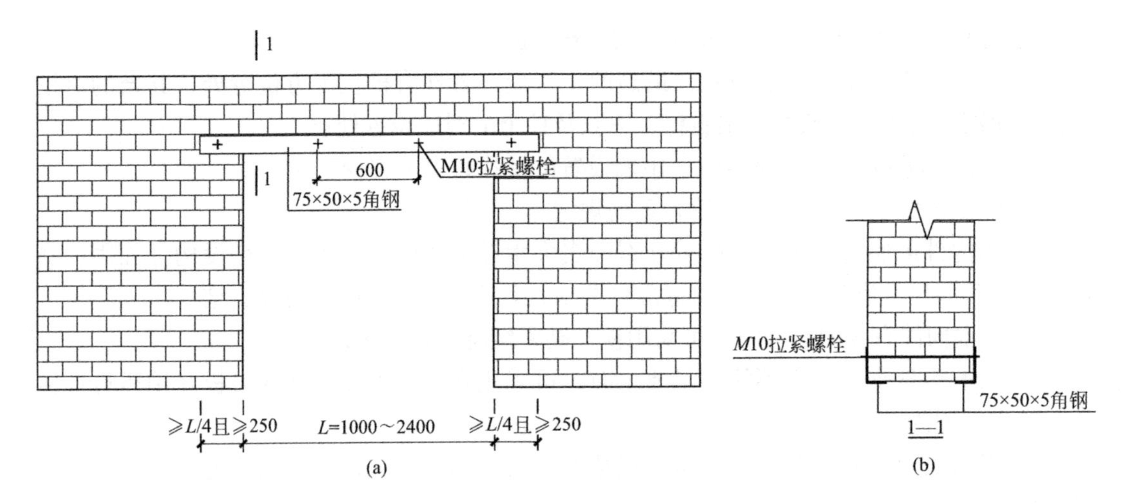

图 5.3-6　过梁加固示意图

（a）门窗过梁加固布置图；（b）1—1 剖面图

的房屋，应清除并修建新的散水。散水的宽度宜为 600 ～ 1000mm，坡度宜为 2% ～ 3% 之间，坡向外侧，散水外缘高出室外地坪 30 ～ 50mm，散水材料可用混凝土、砖等，为防止散水与勒脚结合处出现裂缝，应在此部位设缝，用弹性材料（如沥青油膏）灌缝，做法详见图 5.3-7。

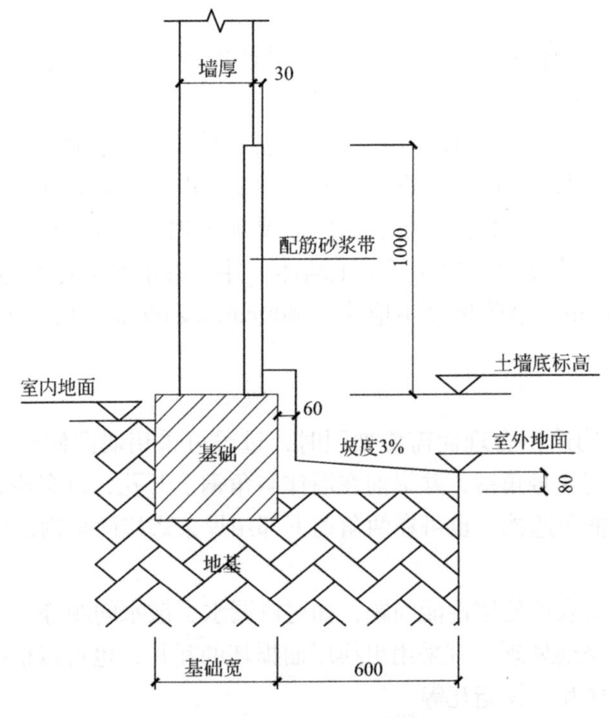

图 5.3-7　混凝土散水示意图

（4）在对农房防水和散水修缮处理中，当发现其他明显影响房屋正常使用的问题时，应相应地进行修缮处理。

5.4 工程案例

5.4.1 案例（一）

1. 房屋基本情况

地点：江西省赣州市龙南市程龙镇。

建造年代：20 世纪 80 年代。

结构形式：土坯结构。

建筑面积：160m^2。

房间数：共 7 间，6 间正房间厨房。

屋面类型：双坡、木梁承重、瓦屋面。

2. 现场调研鉴定和加固建议

1）房屋整体情况

房屋为两层生土结构房屋，如图 5.4-1 所示，层高为 2.85m，墙体较高，未设置地圈梁、圈梁以及构造柱，墙体主要以单向木梁提供部分水平向刚度，房屋的整体性差。墙体大部分为土砖砌筑，墙角由碎石砌体砌筑，墙体整体性差，该类房屋在自然灾害作用下易发生破坏。考虑房屋已使用较长时间，砌体与砂浆存在风化腐蚀及强度降低情况，增强房屋墙体的稳定性是本次加固改造的重点。

此外，房屋屋盖为硬山搁檩，檩条上铺设木板条做椽子使用，泥瓦屋面。部分悬挑屋盖的檩条搁置于悬挑木梁上，房屋部分屋顶存在瓦片损坏、漏雨情况，因此需要对房屋的木梁与檩条进行检查，针对该房屋存在的木屋盖檩条搭接、对接等薄弱环节，采用增设扒钉等铁件的方法进行加固，并替换损坏的屋面瓦等。

为提升房屋的使用功能，对屋内墙面进行粉刷，建议更换部分门窗。根据江西潮湿多雨的特点，应对墙角和散水进行修缮，以增强房屋的耐久性。

(a)

图 5.4-1 房屋原状图（一）

（a）房屋整体构造图；（b）一层平面图；（c）二层平面图；（d）房屋正立面图

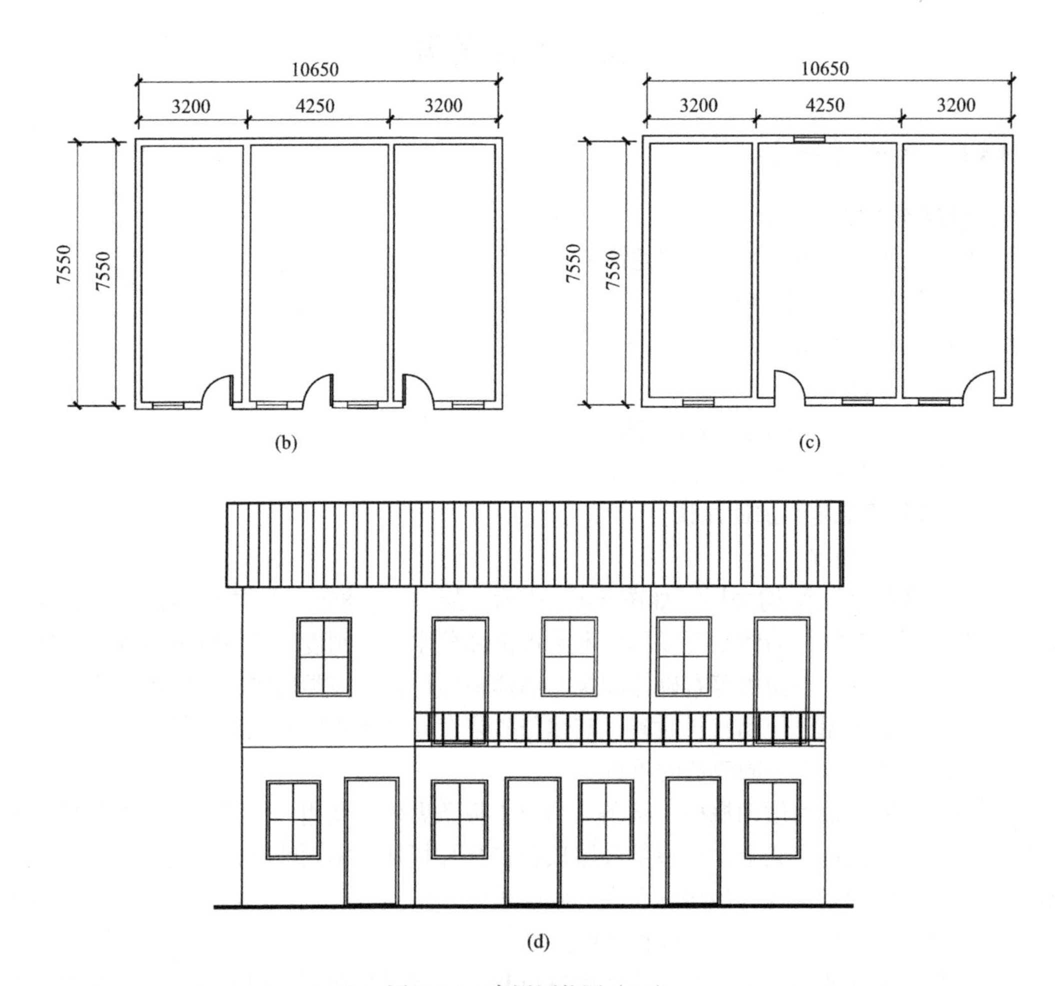

图 5.4-1　房屋原状图（二）

（a）房屋整体构造图；（b）一层平面图；（c）二层平面图；（d）房屋正立面图

2）存在的主要问题

（1）承重砖墙出现局部较大裂缝，裂缝宽度为 1 ～ 5mm，裂缝长度为 1.0 ～ 1.4m，详见图 5.4-2。

图 5.4-2　砖墙裂缝

（2）承重墙体风化腐蚀严重。

（3）屋面瓦片损坏较多，屋面渗水，部分屋盖木梁和搁檩有腐朽现象。

（4）房屋无圈梁和构造柱，门窗处无过梁，承重横墙间距超过4.5m，墙体整体性差。

3）总体评价

（1）房屋部分构件存在安全隐患，局部危险；

（2）墙体稳定性差，房屋整体性差，在地震等灾害作用下，存在破坏甚至倒塌风险。

4）加固建议

根据现场察看情况和房屋在安全性和抗震构造措施方面存在的问题，编者提出以下加固建议：

（1）对墙体开裂部位进行修复；

（2）加强外墙之间的联结与整体性，提高房屋的整体抗震性能；

（3）检查屋顶的木梁与搁檩等木构件，更换损坏的屋面瓦片；

（4）对房屋门窗加设钢过梁，进行补强；

（5）加固完成后，需要对墙面与墙角进行防水处理（抹面与散水台）；

（6）在加固过程中，对房屋的部分使用功能一并进行修复处理。

3. 加固方案

1）加固对象

加固范围是房屋正房，是人们在日常生活中大部分时间的活动场所，要求正房有较好的安全性。加固对象主要是纵、横墙体以及屋面等主要结构构件。

2）加固措施

（1）对承重墙体裂缝抹灰填缝：对墙体裂缝，可采用抹灰填缝，填缝或灌缝时，可采用掺入少量水泥或石灰的黏土泥浆。当泥浆不宜过稀，应随拌随用；当泥浆在使用过程中出现泌水现象时，应重新拌和。

（2）钢丝网水泥砂浆面层加固：考虑到墙体为土坯砌体，根据5.3.3节钢丝网水泥砂浆面层加固方法对外墙进行加固，以增强墙体的稳定性与整体性。竖向和横向钢丝直径选用3mm规格，网格尺寸为120mm×120mm；布置钢丝网时，钢丝网与生土墙体之间采用4mm穿墙拉结钢丝固定；穿墙拉结钢丝呈梅花状布置，间距为500mm。水泥砂浆厚度为30mm，钢丝网布置详图见图5.4-3。在墙体存在裂缝的位置，需要对钢丝网局部加密，钢丝间距应小于60mm，加密范围向裂缝外侧延伸200mm以上。对于其余内墙存在明显裂缝的位置，局部采用钢丝网水泥砂浆面层加固，网格大小为100mm×100mm，加密范围向裂缝外侧延伸200mm以上，水泥砂浆厚度为30mm，详见图5.4-4所示。

（3）增设配筋砂浆带（圈梁和构造柱）加固：增设配筋砂浆带圈梁和构造柱是加强砌体房屋整体性的有效措施，能够对裂缝的开展起到约束作用，同时大大增强砌体墙体的抗倒塌能力。该房屋采用在楼板与檐口（墙顶）标高处增设水平配筋砂浆带作为圈梁，在房屋外墙的纵、横墙交界处与墙端位置增设竖向配筋砂浆带作为构造柱，具体布设位置详见图5.4-5。

水平配筋砂浆带高度240mm，厚50mm，配筋采用2ϕ12，钢筋间距200mm，砂浆

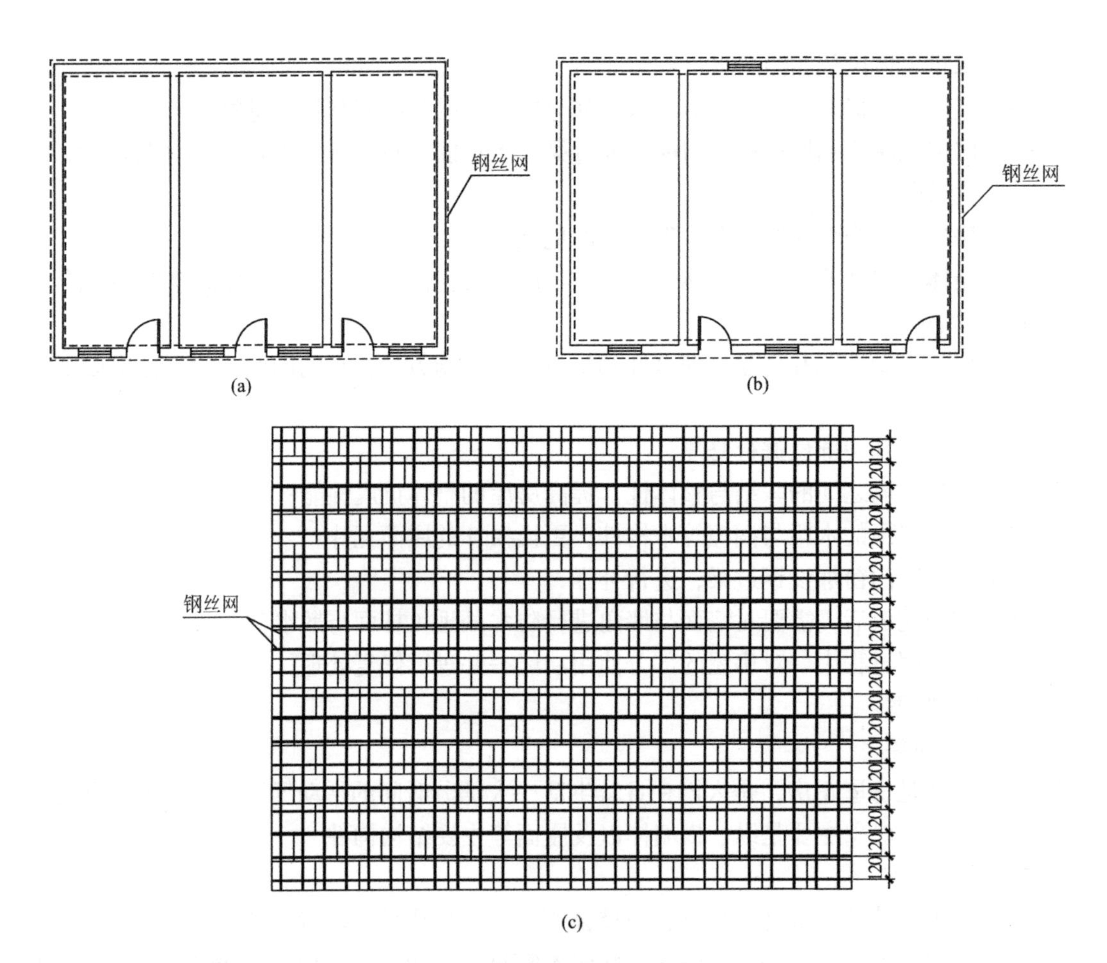

图 5.4-3　钢丝网加固示意图

（a）一层钢丝网平面布置图；（b）二层钢丝网平面布置图；（c）土坯墙钢丝网加固示意图

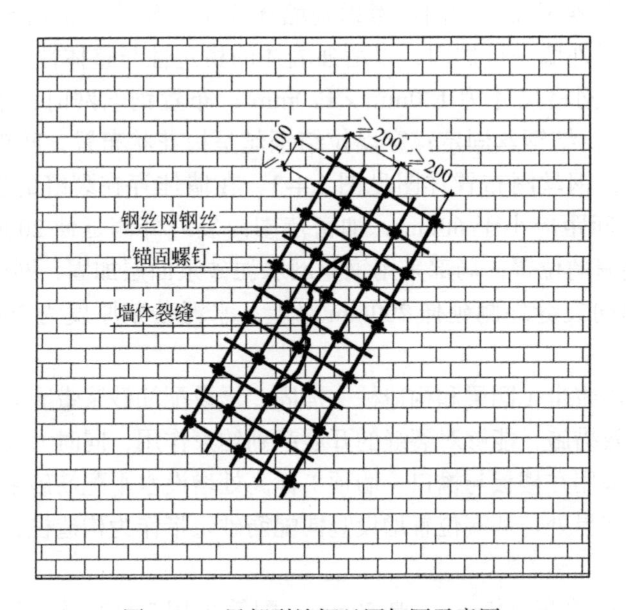

图 5.4-4　局部裂缝钢丝网加固示意图

强度等级为M10，水平钢筋砂浆带配筋详见图5.3-1（a）、（b），其中水平向主筋每隔200mm在墙两侧分别焊接竖向ϕ6钢筋条。每隔600mm设置穿墙环箍钢丝（施工方法是在土坯墙钻孔，插入U形钢丝，并在墙体另一侧弯折绑扎，应选用直径大于4mm钢丝）。竖向钢筋砂浆带布置在外墙的纵墙与横墙交界处，纵向主筋采用ϕ12钢筋，主要布置在L形和T形墙角处。L形竖向钢筋砂浆带采用两个L形穿墙钢丝锚固主筋，T形竖向钢筋砂浆带采用U形穿墙钢丝和一字形穿墙钢丝锚固主筋，钢丝间距为500mm，钢丝直径不小于4mm，详见图5.3-1（c）、（d），横向与竖向钢筋交接处节点详图见图5.3-1（e）。

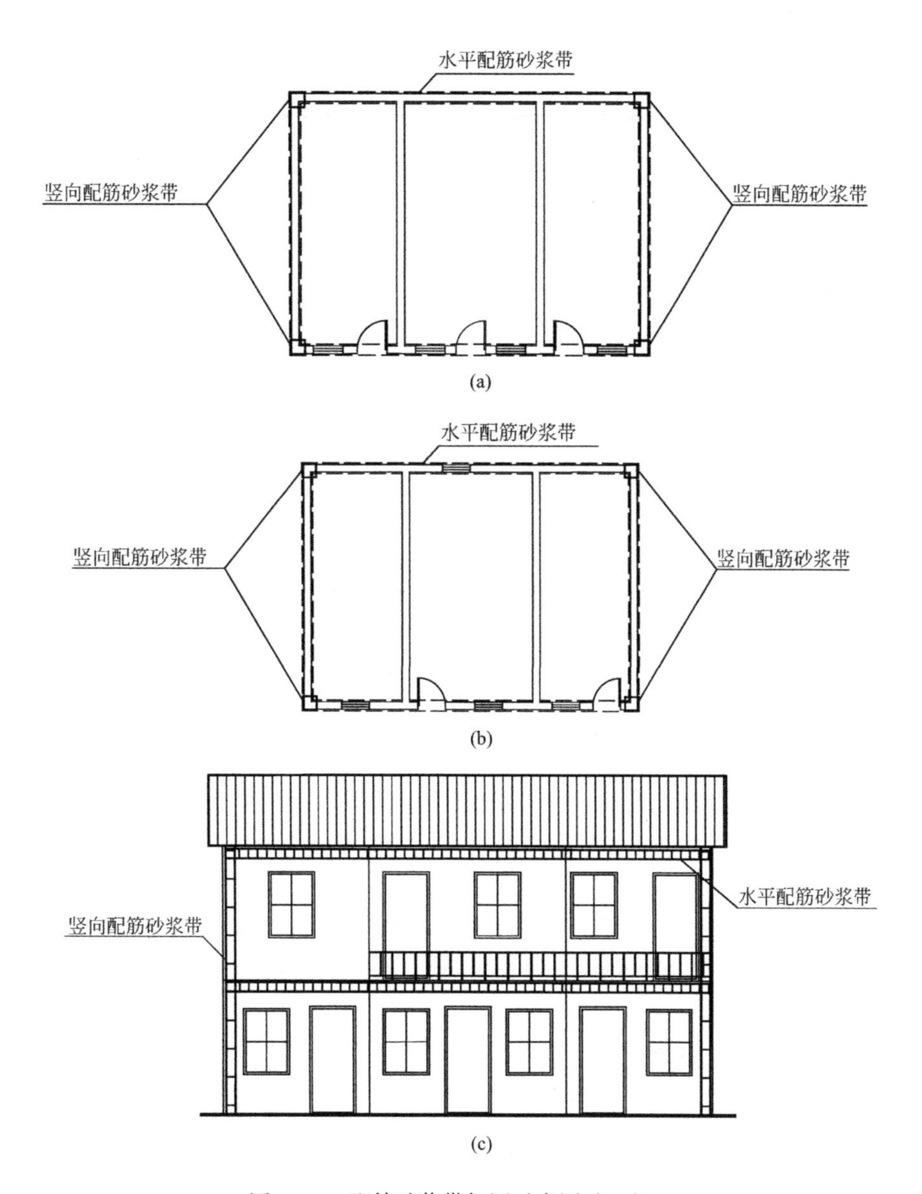

图5.4-5　配筋砂浆带加固示意图（一）

（a）一层配筋砂浆带平面布置图；（b）一层配筋砂浆带平面布置图；
（c）房屋正立面配筋砂浆带示意图；（d）房屋侧立面配筋砂浆带示意图

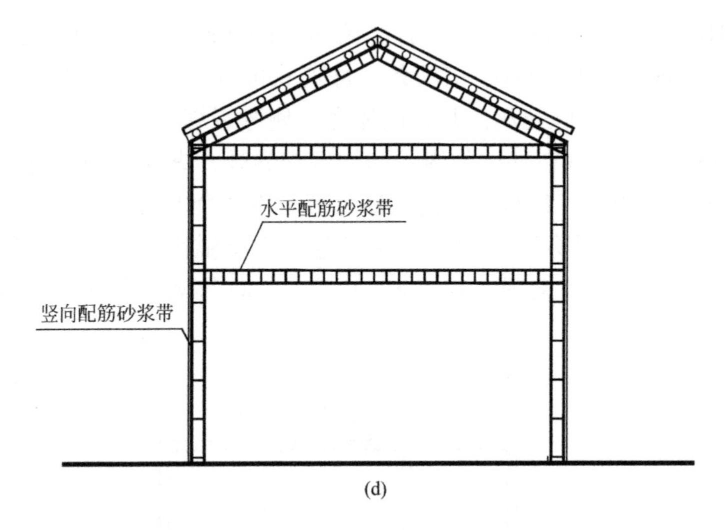

(d)

图 5.4-5　配筋砂浆带加固示意图（二）

（a）一层配筋砂浆带平面布置图；（b）一层配筋砂浆带平面布置图；

（c）房屋正立面配筋砂浆带示意图；（d）房屋侧立面配筋砂浆带示意图

（4）过梁加固：采用 75mm × 50mm × 5mm 的角钢加固过梁，当洞口上部存在木过梁时，视过梁情况以角钢过梁替换。无过梁洞口采用墙两侧开槽增设角钢过梁的方式进行加固。角钢过梁放入槽内后，应与上部墙体的钢丝网或者钢筋网焊接，使角钢与钢丝网形成一个整体；并提前在墙体与角钢上开孔，已穿墙螺栓将两侧角钢连接，详见图 5.4-6。

（5）抹面层加固：在完成布设墙体钢丝或钢筋网，安装过梁后，对墙体进行抹灰与粉刷。水泥砂浆强度等级采用 M10，砂浆厚度不小于 30mm。建议外墙粉刷为白色墙面，墙角与圈梁构造柱位置保留水泥本色，或根据当地风貌自行选择外墙粉刷样式。

（6）屋面防水处理：检查屋顶木梁、搁檩的状况，更换腐蚀严重的木梁、搁檩。对房屋木屋盖檩条搭接、对接等薄弱环节，可采用增设扒钉等铁件进行加固。清理并更换屋面损坏的瓦片，解决屋面渗水问题。也可以根据当地情况，考虑更换耐久性更好的琉璃瓦、树脂瓦等。

（7）墙根处防水处理：清理青苔与杂草，修筑散水台，散水台宽度 800mm，坡度为 2% 左右，坡向外侧，并且散水台贴墙处比室内地面低 50mm，散水材料为素混凝土。详见图 5.3-7。

（8）其他修缮：建议对室外以及室内主要功能房间进行粉刷，外墙可按照当地风貌粉刷，如白墙为主，墙角、圈梁和构造柱为灰色。建议修缮或更换破旧门窗。

4. 施工和人员组织

1）施工组织与注意事项

加固施工应分阶段进行，先进行墙体加固，需考虑到过梁加固的角钢要和钢丝网焊接，在钢丝网固定后，将钢丝网和角钢焊接，然后进行抹水泥砂浆处理。墙体加固完成后，再进行屋面木梁、瓦的更换。

针对同一工作面施工时，可采用流水作业方式，加快进度。比如，表面处理、墙体打孔、绑扎安装钢丝网、涂刷水泥浆（界面剂）可流水作业，以便迅速进行抹灰工序。

2）墙体面层加固施工的规定

面层宜按下列顺序施工：清除原墙面装饰层并清底，铺设钢丝网，并按规定间距用圆钉或穿墙钢筋（钢丝）等固定，湿润墙面，并涂刷水泥浆（界面剂），抹面层水泥砂浆并养护。

当原墙面有严重碱蚀、局部砖块松动或砂浆饱满度过差、粉化时，应分别采取修补措施后，再进行面层加固。

墙面上固定钢丝网的锚筋位置应按要求预先标出，保证满足间距要求。

钢丝网应用钢筋头等垫起，不应紧贴墙面，抹水泥浆时，应分层抹灰，每层厚度不应超过 15mm。

钢丝网面层加固遇到洞口时，应将钢丝网弯入洞口侧边锚固。

钢丝网四周应采用直径为 $\phi 6$ 的钢筋锁边，钢丝网与锁边钢筋绑扎。

土坯砌体采用双面钢丝网水泥砂浆层加固。

面层抹灰完成后，应浇水养护，保持湿润，同时防止阳光暴晒。

3）钢筋砂浆带施工和木屋盖系统的加固保证措施

竖向与水平钢筋砂浆带应可靠连接。木屋盖系统的加固，应按照 5.3.3 节的要求施工。

4）人员组织

人员应按当时人员数量和工种进行合理安排，以充分有效工作。

5）安全措施

加固工作应由有类似施工经验的专业人员实施，并做好必要的安全防护措施，严禁野蛮施工、盲目操作。

5. 加固后效果

按照加固方案，对承重墙体裂缝进行了抹灰填缝，并采用钢丝网砂浆面对开裂部位进行加固，对墙面与墙角进行防水处理，对屋面瓦片进行整理，对室外以及室内主要功能房间进行粉刷，并更换了破旧门窗，对部分塌落洞口原位置增设了角钢过梁，房屋加固后的效果如图 5.4-6 所示。

图 5.4-6 房屋加固后效果

5.4.2 案例（二）

1. 房屋基本情况

地点：江西省赣州市龙南市武当镇。

建造年代：20 世纪 70 年代。

结构形式：土坯结构。

建造面积：236m^2。

开间数：9 间。

屋面类型：双坡、木梁承重、瓦屋面。

2. 现场调研鉴定和加固建议

1）房屋整体情况

如图 5.4-7 所示，房屋为两层生土结构房屋，层高为 4m，墙体较高，未设置地圈梁、圈梁和构造柱，墙体主要以单向木梁提供部分水平向刚度，房屋的整体性差。另外，墙体大部分为土坯砌筑，局部存在碎石砌体与土坯砌体混合使用的情况，墙面砌体老化受损严重，结构十分危险，容易崩塌，且屋顶破损漏水严重，墙面没有覆盖层，考虑房屋已使用较长时间，砌体与砂浆存在风化腐蚀现象，强度降低，增强房屋墙体的稳定性是本次加固改造的重点。

其次，屋盖为硬山搁檩，檩条上铺设木板条做椽子使用，泥瓦屋面。该房屋部分屋顶存在瓦片损坏、漏雨情况，因此需要对房屋的木梁与檩条进行检查。针对该房屋存在的木屋盖檩条搭接、对接等薄弱环节，采用增设扒钉等铁件的方法加固，并替换损坏的屋面瓦等。

最后，为提升房屋的使用功能，对屋内墙面进行粉刷，建议更换部分门窗。根据江西潮湿多雨的特点，应对墙角和散水进行修缮，以增强房屋的耐久性。

(a)

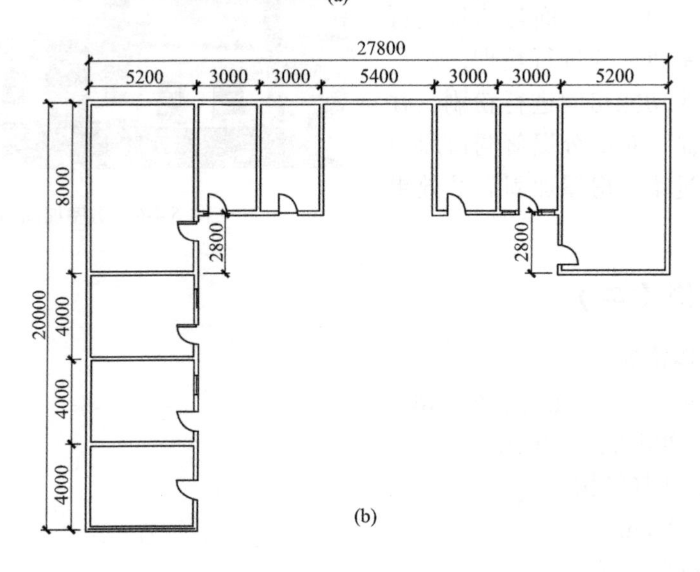

(b)

图 5.4-7　房屋原状图（一）

（a）房屋整体构造；（b）房屋平面图；（c）房屋立面图

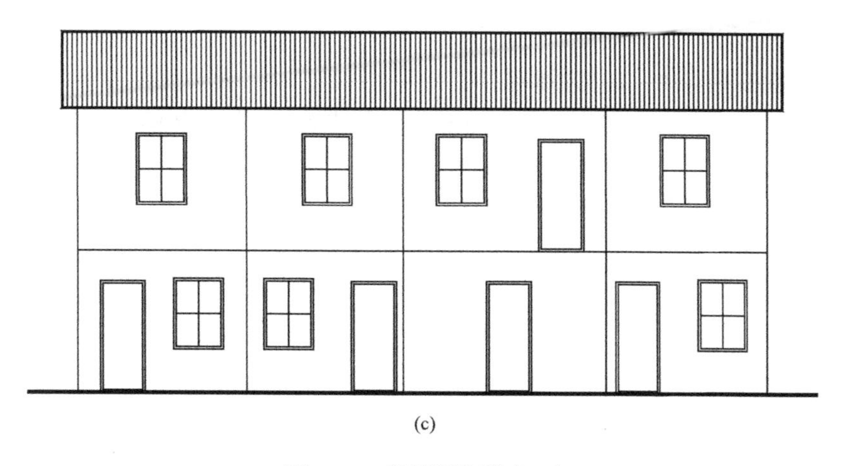

(c)

图 5.4-7　房屋原状图（二）
（a）房屋整体构造；（b）房屋平面图；（c）房屋立面图

2）主要安全问题

① 背面承重砖墙整体出现较多裂隙，裂缝宽度为 1 ～ 3cm，裂缝长度为 20 ～ 25cm，房屋背面窗口存在局部砌体塌落问题，详见图 5.4-8。

② 屋面瓦片损坏较多，屋面渗水，详见图 5.4-9。

③ 该房屋外墙墙根处长满青苔与杂草，且屋后墙体未做抹灰防水处理，易使土坯墙体受雨水冲刷腐蚀，甚至导致墙基失稳，应做好相应的防水与排水处理，详见图 5.4-10。

图 5.4-8　砖墙裂缝

图 5.4-9　屋面构造图

图 5.4-10　外墙根处

④ 房屋无圈梁和构造柱；门窗处无过梁；承重横墙间距超过 4.5m；墙体整体性差。

⑤ 上部楼层外围阳台无围栏，且木头易受雨水等腐蚀，存在危险隐患。

3）现场考察结论

① 房屋存在安全隐患，局部危险；

② 房屋整体性差，在地震等灾害作用下，存在破坏甚至倒塌风险。

4）加固建议

根据现场察看情况和房屋在安全性和抗震构造措施方面存在的问题，提出以下加固建议：

① 对墙体开裂部位进行修复；

② 加强外墙之间的联结与整体性，提高房屋的整体抗震性能；

③ 检查屋顶的木梁与搁檩等木构件，更换损坏的屋面瓦片；

④ 对房屋门窗加设钢过梁，进行补强；

⑤ 对上部楼层阳台增设护栏；

⑥ 加固完成后，需要对墙面与墙角进行防水处理（抹面与散水台）；

⑦ 对部分门窗洞口增设过梁，并补修塌落砌体；

⑧ 在加固过程中，对房屋的部分使用功能一并进行修复处理。

3. 房屋加固方案

1）加固范围和对象

加固范围是房屋正房，是人们在日常生活中大部分时间的活动场所，要求正房有较好的安全性。

加固对象主要是纵、横墙体以及屋面等主要结构构件。

2）加固措施

（1）对承重墙体裂缝抹灰填缝：对墙体裂缝，可采用抹灰填缝，填缝或灌缝可采用掺入少量水泥或石灰的黏土泥浆。泥浆不宜过稀，应随拌随用；泥浆在使用过程中出现沁水现象时，应重新拌和。

（2）钢丝网水泥砂浆面层加固：加固方法同案例一，钢丝网布置详图见图 5.4-11。

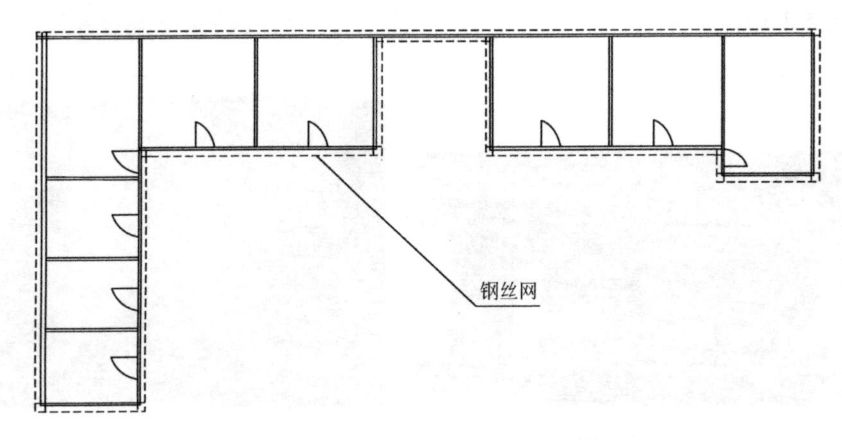

图 5.4-11　钢丝网平面布置示意图

（3）增设钢筋砂浆带（圈梁和构造柱）加固：加固方法同案例一，配筋砂浆带布置图见图 5.4-12。

竖向配筋砂浆带

水平配筋砂浆带

(a)

水平配筋砂浆带

竖向配筋砂浆带

(b)

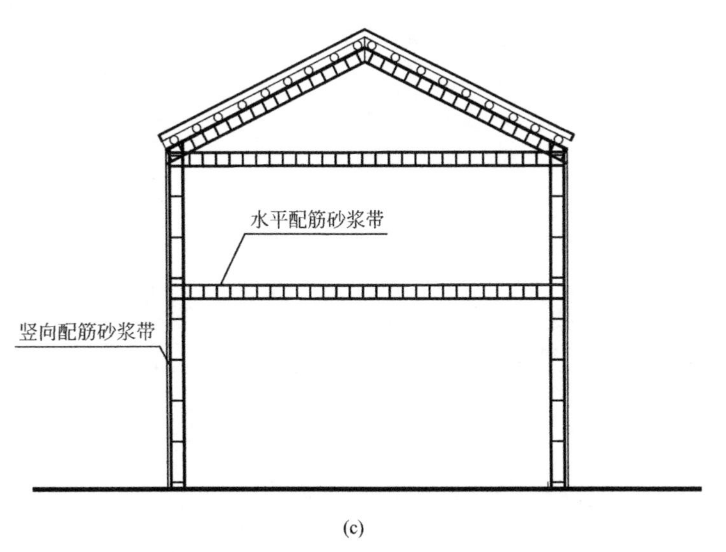

(c)

图 5.4-12　配筋砂浆带加固示意图

（a）配筋砂浆带布置示意图；（b）房屋正立面配筋砂浆带示意图；（c）房屋侧立面配筋砂浆带示意图

（4）过梁加固：部分塌落洞口，建议首先在原洞口位置增设角钢过梁，具体方法见图 5.3-6。

（5）在完成布设墙体钢丝或钢筋网，安装过梁后，对墙体进行抹灰与粉刷。水泥砂浆强度等级采用 M10，砂浆厚度不小于 30mm。

（6）屋面防水处理：检查屋顶木梁、搁檩的状况，更换腐蚀严重的木梁、搁檩。对木屋盖檩条搭接、对接等薄弱环节，应采用增设扒钉等铁件的方法加固。清理并更换屋面损坏的瓦片，解决屋面渗水问题。

（7）清理青苔与杂草，修缮散水与排水。

（8）建议对室外以及室内主要功能房间进行粉刷，外墙可按照当地风貌粉刷，如白墙为主，墙角、圈梁和构造柱为灰色。

3）施工和人员组织

施工要求以及人员组织同案例一。

4. 加固后效果

按照加固方案进行施工，对承重墙体裂缝进行了抹灰填缝，并采用钢丝网砂浆面对开裂部位进行加固，对墙面与墙角进行防水处理，对屋面瓦片进行整理，对室外以及室内主要功能房间进行粉刷，并更换了破旧门窗，对部分塌落洞口原位置增设了角钢过梁，对上部楼层阳台增设了护栏，房屋加固中与加固后的效果如图 5.4-13 所示。

(c)

图 5.4-13　加固过程中与加固后图

（a）房屋加固中 1；（b）房屋加固中 2；（c）房屋加固后

参考文献

[1] 陈莉．浅析福建生土建筑现状［J］．四川建材，2019，45（6）：42-43，46.

[2] 代改珍．重返“生土”世界：生土建筑营造技艺的复兴与乡村振兴［J］．民间文化论坛，2019（2）：27-34.

[3] 范鹭，姜立婷，赵剑峰．基于历史引导下生土建筑的演变及其生态发展研究［J］．建筑节能，2018，46（4）：91-96.

[4] 胡国庆．农村生土结构房屋现状分析与研究［J］．工程抗震与加固改造，2014，36（3）：115-119.

[5] 井晓娟．有关窑洞的结构和建造［J］．内江科技，2012，33（2）：42+64.

[6] 卢治涛．赣南新农村住宅建筑设计研究［D］．南昌：南昌大学，2011.

[7] 刘翔，柏文峰．现代夯土建筑在我国推广发展的策略研究［J］．城市建筑，2018（2）：22-25.

[8] 沈修远．浅析陕北生土建筑的多样性［J］．建材与装饰，2019（25）：136-137.

[9] 史琰．豫西窑洞民居建筑的文化价值研究［J］．中国建筑装饰装修，2019（10）：118-119.

[10] 汪丽君，张晰，杨凯．自然重塑——生土材料在当代建筑设计中的建构逻辑研究［J］．建筑学报，2012（S1）：114-117.

[11] 吴嘉盛，程晓晴，周阔，等．云南彝族民族村落生土民居建筑的现状及发展趋势研究［J］．住宅与房地产，2019（5）：258.

[12] 杨柳，刘加平．黄土高原窑洞民居的传承与再生［J］．建筑遗产，2021（2）：22-31.

[13] 喻鹏，王志勇，周明畅，等．基于生态文明视域下的生土建筑再生设计研究［J］．湖南文理学院学报（自然科学版），2019，31（3）：82-85.

[14] 张继元．简述生土建筑历史演变与建筑生态发展视域下引发创作的相关思考［J］．居舍，2018（29）：168.

[15] 张风亮，朱武卫，田鹏刚，等．下沉式黄土窑洞结构传力机制研究［J］．工业建筑，2019，49（1）：39-42.

[16] 赵雯迪．国外土坯技术对我国西北地区生土建筑的启示与借鉴研究［D］．西安：西安建筑科技大学，2016.

[17] 张雯，林挺．法国生土建筑的发展及其研究教育的现状［J］．建筑技艺，2013（2）：227-229.

[18] Charai，M.，Salhi，M.，Horma，O.，et al. Thermal and mechanical characterization of adobes bio-sourced with Pennisetum setaceum fibers and an application for modern buildings［J］. Construction and Building Materials，2022，326：126809.

[19] Fahmy，M.，Elwy，I.，Elshelfa，M.，et al. Energy efficiency and de-carbonization improvements using court-yarded clustered housing with Compressed Earth Blocks' envelope［J］. Energy Reports，2022，8，365-371.

[20] Hany，E.，Fouad，N.，Abdel-Wahab，M.，et al. Investigating the mechanical and thermal properties of compressed earth bricks made by eco-friendly stabilization materials as partial or full replacement of cement［J］. Construction and Building Materials，2021，281：122535.

[21] Ma，C. ，Xie，Y. ，Long，G. A calculation model for compressive strength of cleaner earth-based construction with a high-efficiency stabilizer and fly ash. J. Clean. Prod，2018，183，292-303.

[22] Saidi，M. ，Cherif，A. S. ，Zeghmati，B. ，Sediki，E. Stabilization effects on the thermal conductivity and sorption behavior of earth bricks [J]. Constr. Build. Mater，2018，167，566-577.

[23] Zhu，J. ，Xing. C. ，Nie，P. Thermal performance of courtyard cave dwellings in western Henan province [J]. Energy Procedia，2019，158，559-564.

[24] 陈宝魁，田洪祥，文明，等. 基于“绿色建筑”理念的生土材料力学试验设计与实践 [J]. 实验技术与管理，2022，39（5）：60-64.

[25] 陈宝魁，田洪祥，文明，等. 江西生土结构房屋材料改性试验研究 [J]. 南昌大学学报（工科版），2022，44（3）：225-233.

[26] 陈宝魁，徐子健，梁佳琪，等. 江西省传统村落保护与开发研究 [J]. 建筑与文化，2022（5）：213-214.

[27] 贾萌. 现代生土砖砌体热工性能与建筑节能研究 [D]. 西安：西安建筑科技大学，2018.

[28] 柯书俊，胡明玉，李晔，等. 新型生土材料的调湿性能及导热性 [J]. 科学技术与工程，2019，19（18）：134-138.

[29] 麻莹楠. 生土民居建筑墙体材料改性试验及墙体热工性能优化研究 [D]. 重庆：重庆大学，2020.

[30] 王赟. 陕南生土材料改性试验研究 [J]. 建筑科学，2011，27（11）：49-50.

[31] 杨永，张树青，荣辉，等. 水泥基材料对生土改性效果及机制研究 [J]. 硅酸盐通报，2019，38（4）：929-936.

[32] 张坤，王毅红，杨战社，等. 以河砂为掺料的改性生土材料抗压试验研究 [J]. 建筑结构，2019，49（4）：86-90.

[33] 张磊. 生土建筑材料的改性优化及墙体热工性能分析 [D]. 西安：西安建筑科技大学，2018.

[34] 中华人民共和国水利部. 土工试验方法标准：GB/T 50123—2019 [S]. 北京：中国计划出版社，2019.

[35] 阿肯江·托呼提，亓国庆，陈汉淯. 新疆南疆地区传统土坯房屋震害及抗震技术措施 [J]. 工程抗震与加固改造，2008（1）：82-86.

[36] 卜永红，王毅红，韩岗，等. 内置绳网承重夯土墙体抗震性能试验研究 [J]. 西安建筑科技大学学报（自然科学版），2013，45（1）：38-42.

[37] Baokui Chen，Bao Jia，Ming Wen，etal. Seismic performance and strengthening of purlin roof structures using a novel damping-limit device，Frontiers in Materials，2021：722018.

[38] Baokui Chen，Li Fan，Jingang Xiong，etal. Yaru Liu，Seismic Performance and Risk Assessment of Traditional Brick-Wood Rural Buildings Based on Numerical Simulation，Advances in Civil Engineering，2021：7648989.

[39] 陈宝魁等. 一种适用于硬山搁檩房屋落梁的减震限位装置，2021，CN214786211U.

[40] 陈宝魁，汪桦林，李世运，等. 一种适用于硬山搁檩房屋防落梁的隔振装置，2021，CN114016793A.

[41] 杜泉锋. 基于新型抗震土坯墙技术的生土民居建筑设计 [D]. 昆明：昆明理工大学，2013.

[42] 郭龙龙，袁康，裴城，等. 新型钢节点木构架 - 生土墙结构抗震性能拟静力试验研究 [J]. 世界地震工程，2019，35（4）：60-67.

[43] 刘华贵，杨钦杰. 广西苍梧 5.4 级地震生土结构房屋震害分析 [J]. 山西建筑，2018，44（23）：41-42.

[44] 李雅静，王昊，王振源，等. 村镇建筑基础隔震技术研究综述 [J]. 工程抗震与加固改造，2021，43（2）：88-95，136.

[45] 孟耀杰. 现代夯土结构民居振动台试验研究 [D] 西安：西安建筑科技大学，2014.
[46] Maria Isabel Kanan. An analytical study of earth-based building materials in southern Brazil. Material and craftsmanship，terra 2000.
[47] 申世元. 农村木构架承重土坯围护墙结构振动台试验研究 [D]. 北京：中国建筑科学研究院，2006.
[48] 谭皓，张电吉，卢海林. 汶川地震萝卜寨生土结构房屋震害分析 [J]. 世界地震工程，2016，32（2）：38-43.
[49] 吴建超，郑水明，李恒，等. 2014年3月30日湖北省秭归M4.7地震房屋震害特征分析 [J]. 地震工程学报，2016，38（4）：669-672.
[50] 王纪元，陈昌材. 传统生土民居建筑浅析 [J]. 山西建筑，2011，37（27）：34-35.
[51] 王召进. 山东省村镇建筑抗震能力分析及抗震措施研究 [D]. 济南：山东建筑大学，2015.
[52] 王冲锋. 生土结构房屋抗震构造措施研究 [D]. 西安：长安大学，2012.
[53] 王驰. 重庆生土墙修缮试验研究 [D]. 重庆：西南大学，2017.
[54] 袁宁，夏广录，吴建刚，等. 夏河5.7级地震村镇木构架房屋震害分析及重建对策 [J]. 工程抗震与加固改造，2021，43（5）：162-167.
[55] 周强，邵峰，孙柏涛. 江西村镇房屋抗震能力调查与分析 [J]. 地震工程与工程振动，2016，36（6）：188-197.
[56] 周铁钢，段文强，穆钧，等. 全国生土农房现状调查与抗震性能统计分析 [J]. 西安建筑科技大学学报（自然科学版），2013，45（4）：487-492.
[57] 陈宝魁，李晓东，雷斌，等. 江西省村镇危险房屋鉴定技术特点 [J]. 防灾减灾学报，2020，36（3）：26-31.
[58] 陈海斌. 关于《危险房屋鉴定标准》（JGJ 125—2016）几个问题的探讨 [J]. 结构工程师，2019，35（2）：123-130.
[59] 成小平，胡聿贤，帅向华. 基于神经网络模型的房屋震害易损性估计方法 [J]. 自然灾害学报，2000（2）：68-73.
[60] 成小平. 人工神经网络方法及其在地震工程中的应用研究 [D]. 北京：国家地震局地球物理研究所，1997.
[61] 高智能，朱南海，曾伟，等. 赣南生土建筑抗震性能现状调研与改进建议 [J]. 工程抗震与加固改造，2022，44（3）：161-167.
[62] 葛学礼，朱立新，李永红，等. 自然灾害对村镇建筑的破坏与防御 [J]. 中国减灾，2001（1）：38-42.
[63] 中华人民共和国住房和城乡建设部. 建筑抗震鉴定标准（GB 50023—2009）[S]. 北京：中国建筑工业出版社，2009.
[64] 金赟赟，李杰. 基于易损性贝叶斯网络的群体建筑快速震害预测 [J]. 自然灾害学报，2020，29（5）：64-72.
[65] 李少荣. 既有村镇生土房屋安全性能评价研究 [D]. 西安：长安大学，2012.
[66] 李晓东. 针对村镇硬山搁檩结构的新型减震限位装置研发与应用 [D]. 南昌：南昌大学，2021.
[67] 中华人民共和国住房和城乡建设部. 民用建筑可靠性鉴定标准 GB 50292—2015 [S]. 北京：中国建筑工业出版社，2015.
[68] 陶文翔. 江西村镇房屋抗震性能与加固方法研究应用 [D]. 南昌：南昌大学，2019.
[69] 王毅红，梁楗，张项英，等. 我国生土结构研究综述 [J]. 土木工程学报，2015，48（5）：98-107.
[70] 中华人民共和国住房和城乡建设部. 危险房屋鉴定标准：JGJ 125—2016 [S]. 北京：中国建筑工

业出版社，2016.
[71] 赵成，阿肯江·托呼提. 生土建筑研究综述 [J]. 四川建筑，2010，30（1）：31-33.
[72] 周铁钢，徐向凯，穆钧. 中国农村生土结构农房安全现状调查 [J]. 工业建筑，2013，43（S1）：1-4，86.
[73] 朱南海，杨彦章，郭亚东. 赣南农村住宅的抗震性能现状及提升对策 [J]. 江西理工大学学报，2018，39（3）：24-28.
[74] Yamin L E，Phillips C A，Reyes J C，et al. Seismic behavior and rehabilitation alternatives for adobe and rammed earth buildings [C] //13th world conference on earthquake engineering. BC Canada：Vancouver，2004：1-6.
[75] Yorulmaz M. Turkish standards and codes on adobe and adobe constructions [C] //Conference proceedings. 1981：503-519.
[76] 阿肯江·托呼提，阿里木江·马克苏提，王墩. 生土坯建筑抗震加固研究综述 [J]. 新疆大学学报（自然科学版），2008（2）：142-149，253.
[77] 卜永红，王毅红，韩岗，等. 内置绳网承重夯土墙体抗震性能试验研究 [J]. 西安建筑科技大学学报（自然科学版），2013（1）：38-42.
[78] 蔡正杰. 江西农村危房加固改造技术的应用研究 [D]. 南昌：南昌航空大学，2018.
[79] 陈宝魁，刘建功，熊进刚，等. 一种新型生土预制装配式填充墙 [P]. 江西：CN208137176U，2018-11-23.
[80] 陈宝魁，史雨萱，熊进刚，等. 江西省既有生土结构房屋抗震性能及加固方法 [J]. 世界地震工程，2018，34（3）：46-51.
[81] 李勤，李文龙. 乡村振兴背景下农村危房集中加固改造方案优选研究 [J]. 工程抗震与加固改造，2021，43（2）：106-112.
[82] 穆钧. 生土营建传统的发掘、更新与传承 [J]. 建筑学报，2016（4）：1-7.
[83] 宋波，程玉珍，王硕. 砖木结构农宅内钢框架加固方法与抗震性能研究 [J]. 建筑结构，2021，51（13）：119-125，36.
[84] 陶燕，侯敏，柴栋，等. 云南省楚雄州生土房屋抗震加固方法研究 [J]. 工程抗震与加固改造，2019，41（4）：133-139.
[85] 王宏明，张伟淼，唐巍. 浅谈农村土坯房的修缮与抗震加固 [J]. 工程抗震与加固改造，2021，43（2）：113-116.
[86] 许浒，李勇志，雷敏，等. 群落生土建筑的抗地震倒塌加固措施 [J]. 工程抗震与加固改造，2017，39（1）：135-143.
[87] 于文，葛学礼，朱立新. 新疆喀什老城区生土房屋模型振动台试验研究 [J]. 工程抗震与加固改造，2007，29（3）：24-29.
[88] 张琰鑫，童丽萍. 夯土住宅结构性能分析及加固方法 [J]. 世界地震工程，2012，28（2）：72-78.
[89] 周铁钢，刘博，柯章亮，等. 砖土混合结构抗震加固振动台试验研究 [J]. 建筑结构学报，2019，40（11）：56-63.
[90] 周铁钢，袁一鸣，赵祥. 配筋砂浆带加固土坯墙体的抗震性能研究与实践 [J]. 建筑结构学报，2018，39（11）：58-64.
[91] 周铁钢. 乡土居民加固修复技术与示范 [M]. 北京：中国建筑工业出版社，2017.
[92] 朱伯龙，吴明舜，蒋志贤. 砖墙用钢筋网水泥砂浆面层加固的抗震能力研究 [J]. 地震工程与工程振动，1984，4（1）：70-81.